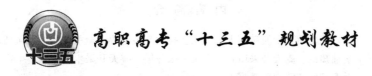

高职高专"十三五"规划教材

金属矿露天开采

主　编　陈国山
副主编　邢万芳　王铁富　陈世江

U0342234

北　京

冶金工业出版社

2017

内 容 简 介

本书系统介绍了金属矿露天开采工艺技术与装备等,全书内容主要包括露天开采基础知识、露天开采境界、露天矿床开拓、露天开采生产工艺、生产剥采比、露天矿生产能力以及露天矿采掘计划。

本书是采矿专业的高职高专教材(配有教学课件),也可作为矿山生产技术人员和管理人员的参考用书以及有关人员的培训教材。

图书在版编目(CIP)数据

金属矿露天开采/陈国山主编 . —北京:冶金工业出版社,
2017.1

高职高专"十三五"规划教材

ISBN 978-7-5024-7386-0

Ⅰ.①金… Ⅱ.①陈… Ⅲ.①金属矿开采—露天开采—
高等职业教育—教材 Ⅳ.①TD854

中国版本图书馆 CIP 数据核字(2016)第 312489 号

出 版 人　谭学余

地　　址　北京市东城区嵩祝院北巷 39 号　邮编　100009　电话　(010)64027926
网　　址　www.cnmip.com.cn　电子信箱　yjcbs@cnmip.com.cn
责任编辑　俞跃春　杜婷婷　美术编辑　杨 帆　版式设计　葛新霞
责任校对　卿文春　责任印制　牛晓波
ISBN 978-7-5024-7386-0
冶金工业出版社出版发行;各地新华书店经销;三河市双峰印刷装订有限公司印刷
2017 年 1 月第 1 版,2017 年 1 月第 1 次印刷
787mm×1092mm　1/16;12.75 印张;307 千字;195 页
36.00 元

冶金工业出版社　投稿电话　(010)64027932　投稿信箱　tougao@cnmip.com.cn
冶金工业出版社营销中心　电话　(010)64044283　传真　(010)64027893
冶金书店　地址　北京市东四西大街 46 号(100010)　电话　(010)65289081(兼传真)
冶金工业出版社天猫旗舰店　yjgycbs.tmall.com
(本书如有印装质量问题,本社营销中心负责退换)

前　言

本书是根据教育部关于矿业工程类教材制定的金属矿开采技术专业人才培养规范和金属矿开采技术专业办学要求编写的高职高专教材。

为适应露天开采已步入大露天的"大设备时代"的需要，本书在编写过程中充分考虑了大型凿岩设备、大型采装设备及大型运输设备的广泛应用给露天开采带来重大变革的影响。首先，本书系统全面地阐述了露天开采的一般概念、基本原理、生产工艺、设计计算方法等内容；同时，详细介绍了矿山露天开采的新技术、新工艺、新方法等内容，特别是"大设备"及现代信息技术在露天矿开采境界优化、采剥进度计划优化、生产调度管理等方面的应用。全书内容主要包括露天开采基本概念和基本理论、露天采矿开拓方法和开拓方式、露天采矿的生产工艺、露天采矿境界确定方法、露天采矿生产剥采比的均衡以及露天采矿生产计划的制定等内容。

本书可作为大专院校采矿工程专业专科生、函授生、职工大学和干部培训班的教材和教学参考书，对从事矿山管理的科技人员也有参考价值。

本书由吉林电子信息职业技术学院陈国山、王铁富、陈西林，长春黄金研究院邢万芳，内蒙古科技大学陈世江，安徽工业职业技术学院黄玉焕，吉林昊融集团王世忠、丁元亮，北京科技大学陈举师，北京市化工职业病防治院王洪胜，红透山矿业公司赵兴柱共同编写，陈国山担任主编，邢万芳、王铁富、陈世江担任副主编。

本书配套教学课件读者可从冶金工业出版社官网（http：//www. cnmip. com. cn）教学服务栏目中下载。

由于编者水平所限，书中不足之处，敬请读者批评指正。

编者
2016 年 8 月

目 录

1 露天开采基础知识

1.1 矿石和矿床

1.1.1 矿石、废石等概念

凡是地壳中的矿物自然聚合体，在现代技术经济水平条件下，能以工业规模从中提取国民经济所必需的金属或矿物产品者，叫作矿石。以矿石为主体的自然聚集体称为矿体。矿床是矿体的总称，一个矿床可由一个或多个矿体组成。矿体周围的岩石称为围岩，据其与矿体的相对位置的不同，有上盘围岩、下盘围岩与侧翼围岩之分。缓倾斜及水平矿体的上盘围岩也称为顶板，下盘围岩称为底板。矿体的围岩及矿体中的岩石（夹石），不含有用成分或含量过少，从经济角度出发无开采价值的，称为废石。

矿石中有用成分的含量，称为品位，常用百分数表示。黄金、金刚石、宝石等贵重矿石，常分别用 1t（或 $1m^3$）矿石中含多少克和克拉有用成分来表示，如某矿的金矿品位为 5g/t 等。矿床内的矿石品位分布很少是均匀的。对各种不同种类的矿床，许多国家都有统一规定的边界品位。边界品位是划分矿石与废石（围岩或夹石）的有用组分最低含量标准。矿山计算矿石储量分为表内储量与表外储量。表内外储量划分的标准是按最低可采平均品位，又名最低工业品位，简称工业品位。按工业品位圈定的矿体称为工业矿体。显然工业品位高于或等于边界品位。

矿石和废石、工业矿床与非工业矿床划分的概念是相对的。它是随着国家资源情况、国民经济对矿石的需求、经济地理条件、矿石开采及加工技术水平的提高以及生产成本升降和市场价格的变化等而变化。例如，我国锡矿石的边界品位高于一些国家规定的 5 倍以上；随着硫化铜矿石选矿技术提高等原因，铜矿石边界品位已由 0.6% 降到 0.3%；有的交通条件好的缺磷肥地区，所开采的磷矿石品位，甚至低于边疆交通不便富磷地区的废石品位。

1.1.2 矿床的开采方法

露出地表或靠近地表的矿体，往往可以采取剥除掩盖在矿体上部的表土及部分的两盘围岩的方法，使矿体暴露在外，以便把矿石采出来，这种方法就是露天开采方法。在露天开采中主要有机械法开采和水力开采两种。水力开采是用水枪射出高速高压的水流冲采矿岩，并用水力冲运矿岩，此法多用于开采松软的砂矿床。机械法则是采用各种采、装、运机械设备进行开采，是最常用的一种露天采矿方法。

露天采矿方法有物理开采方法和化学开采方法两大类。物理开采法有机械化开采方法，如掘坑外排开采法、倒堆内排开采法、螺旋钻开采法、石料开采法、水力机械化开采法等；化学开采法主要有溶浸采矿法和细菌采矿法。

有的矿床规模较大、埋藏较浅，甚至出露地表，只要将上部覆土及两盘围岩剥离，不需要大量的井巷工程，就可以开采有用矿石，这种矿床适合采用露天开采。露天开采作业条件方便、安全程度高、环境好、生产安全可靠、生产空间不受限制，为大型机械设备的应用能够实行机械化作业创造了良好的条件，并且开采强度大、劳动生产率高、经济效益好。露天开采时，最常用的配套设备是穿孔钻机、单斗机械铲、电机车或汽车等。此时生产工艺是不连续的，但它却是适用范围最广而又普遍应用的方式，目前我国主要采用这种方式进行露天开采。此外，还有采用多斗挖掘机与皮带运输机相配合，形成挖掘、运输的流水作业，其生产工艺是连续的。但其适用性小，到目前为止，它只是在开采松软的褐煤、砂矿、磷灰石等矿床中有应用的可能。

金属矿床地下开采适用于矿床规模不大、埋藏较深的矿体，是通过开挖大量的井巷工程接触矿体，通过一定的工艺采出有用矿石。由于作业空间狭窄、大型机械应用困难、生产能力受到限制、作业环境恶劣，需要通风、排水等系统，劳动生产率低，损失贫化较大。

对于赋存条件特殊的矿床，如砂矿、海洋矿床等，可以采用水力开采、采金船开采、海洋采矿、化学采矿等方法。

1.1.3 矿石的种类

地球外部的一层坚硬外壳称为地壳。地壳由天然的矿物元素组成，这些元素包括非金属元素（如氧、硅等）和金属元素（如铁、铜、铅等）。

矿物在地壳中很少单独存在，它们常呈集合体出现，这种矿物集合体就称为岩石。其中凡是含有某种矿物能满足工业上的要求，而且在现代技术经济水平条件下能以工业规模从中提取国民经济所必需的金属或矿物产品的就称为矿石。若不含上述成分或在含量上不适于目前工业应用的岩石，则称为废石。矿石和废石的含义是相对的，它们随着生产的发展和工业技术的改进而变化。有些在当时当地被认为是废石，经过一段时期或在另一地区中则被作为矿石开采。

金属矿石可分为自然金属矿石（如金、银、铂等）、氧化矿石（如 Fe_2O_3、Fe_3O_4 等）、硫化矿石（如 PbS、ZnS 等）和混合矿石四种。一般铁矿石大部分属于氧化矿石这一类。

矿石中含有益成分和有害成分的多少，可反映矿石质量的好坏。有益成分的含量高低，一般以"品位"表示，即矿石中有益成分含量的比例。

最低工业品位（或称最低可采品位）是划分矿石是否具有开采价值的标准。它是指矿体内能够单独开采的某一块段的最低平均品位。当块段的矿石平均品位达到了这个最低品位标准时，该块段才具有工业开采的价值。最低工业品位的确定，一方面既要保证矿石能够为工业所利用，另一方面又要保证最大限度地利用国家的矿产资源。

1.1.4 矿岩的性质

由于露天开采工作的对象是矿石和岩石，因此，矿岩的性质对采矿工作有很大影响。矿岩的性质包括很多内容，其中对开采有直接影响的主要是：

（1）结块性：爆破下来的矿岩，如含有黏土、滑石及其他黏性微粒时，受湿及受压后，在一定时间内就能结成整块。这种使碎矿岩结成整块的性质就是结块性。它对装运、排卸工作都有较大的影响。

（2）氧化性：硫化矿石受水和空气的作用变为氧化矿石而降低选矿回收指标的性能。

（3）含水性：矿岩吸入和保持水分的性能。含水的岩石容易造成排土场边坡的滑落，对排土工作影响较大。

（4）松胀系数：采下矿岩的体积与其原来的整体体积之比。

（5）容重：单位体积矿岩的重量，t/m^3。

（6）硬度：矿岩的坚硬程度，它直接影响穿爆工作。

（7）稳固性：矿岩在一定的暴露面下和一定时间内不塌落的性能。矿岩的节理发育程度、含水性对稳固性有很大的影响，在设计露天矿边坡时要切实加以考虑。

1.1.5 矿体埋藏条件

由于受某种地质作用的影响，由一种或数种有用矿物形成的堆积体称为矿体，与矿体四周接触的岩石称为围岩。在矿体上方的围岩称为上盘，反之则称为下盘。

相邻的一系列矿体或一个矿体组成矿床，其质与量适于工业应用并在一定的经济和技术条件下能够开采的，称为工业矿床，否则称为非工业矿床。影响露天开采的矿床埋藏特征主要有形状、产状和大小。

1.1.5.1 金属矿床的形状

（1）脉状：主要是热液作用和气化作用将矿物质充填于地壳裂缝而成。其特点是埋藏不定和有用成分含量不均，大多数为长度较大、埋藏较深的矿体。

（2）层状：多数是由沉积生成。其特点是长度和宽度都较大，形状和埋藏条件稳定，有用成分的组成和含量比较均匀。

（3）块状：此形状矿体在空间上三个方向大小比例大致相等，其大小和形状不规则，常呈透镜状、矿巢和矿株，一般和围岩无明显界限。有色金属矿床多为此类形状。

1.1.5.2 矿床的产状要素

（1）走向：矿体层面与水平面所成交线的方向。

（2）倾向：矿体层面倾斜的方向。

（3）倾角：矿体层面与水平面的夹角。

据倾角大小不同，矿体可分为近水平、缓倾斜、倾斜、急倾斜矿体。对露天开采而言，可作如下划分：

1）近水平矿体倾角为 $0°\sim10°$。

2）缓倾斜矿体倾角为 $10°\sim25°$。

3）倾斜矿体倾角为 $25°\sim40°$。

4）急倾斜矿体倾角大于 $40°$。

1.1.5.3 矿体的大小

表示矿体大小的主要参数是走向长度、厚度、宽度（对水平矿体而言）或下延深度（对倾斜矿体而言）。矿体厚度又有水平厚度和垂直厚度之分。矿体上下盘边界间的水平距离称为矿体水平厚度；而矿体上下盘边界间的垂直距离则称为矿体垂直厚度。一般来说，水平矿床和缓倾斜矿床只用垂直厚度表示。

矿体按其厚度可分为薄矿体、中厚矿体和厚矿体。对于露天开采可作如下划分：

（1）薄矿体厚度为 0.3~0.5m，对这种矿体很难进行选择开采；

（2）中厚矿体厚度为 3~10m，选择开采较易，对于水平矿体，一般用一个台阶即可开采全厚。

厚矿体厚度为 10~30m 或更大，选择开采容易，对于水平矿体，一般需要几个台阶才能开采全厚。

1.2　露天开采的基本概念

1.2.1　常用名词

采用露天开采方法进行开采的矿床或其一部分，称为露天矿田。从事露天矿田开采的矿山企业则称为露天矿。

露天开采时，通常把矿岩划分成具有一定厚度的水平分层，用独立的采掘、运输设备进行开采。在开采过程中各分层保持一定的超前关系，从而形成了阶梯状，每一个阶梯就是一个台阶或称作阶段。

已经进行和正在进行露天开采的区域，叫作露天矿场。它由已开采的台阶和露天坑道组成。由于矿体在自然界中赋存的条件是多种多样的，就其地形条件来看，有的矿体地处高山，有的在平地或缓丘，这就使露天矿山形成山坡和深凹两种形态。如露天矿场内开采水平处于相对地表标高之上，则为山坡露天矿，而位于相对地表标高以下的，则称深凹露天矿。对于一个露天矿山来说，从开始到终了，可能一直以一种形态存在，也可能开始是山坡露天矿，而到后期发展为深凹露天矿，如图 1-1 所示。

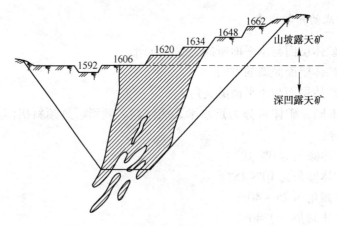

图 1-1　山坡露天矿和深凹露天矿示意图

1.2.2　境界方面名词

露天矿开采终了时一般形成以一定的底平面、倾斜边帮为界的一个斗形矿坑，即露天坑。露天采场开采终了时或某一时期形成的露天矿场称为露天境界。露天矿场边帮与地表平面形成的闭合交线称为地表境界线。露天矿场边帮与底平面形成的交线称为底部界线或底部周界。

露天矿场的边帮即露天矿场的四周表面，它由台阶平盘、坡面和露天坑道底面等组成。位于矿体底盘一侧的称为底帮，位于矿体顶盘的称为顶帮，其余两端称为端帮。露天矿场的构成要素包括（图1-2）：

露天矿场工作帮（*AD*）：正在进行开采的工作台阶所组成的边帮或边帮的一部分。工作帮的位置不是固定的，它随着开采工作的进行而不断移动。

露天矿场非工作帮（*CD* 及 *AB*）：由已经结束开采工作的非工作台阶组成的边帮或其一部分。非工作帮的位置一般是固定的，所以必须保持稳定。

工作帮坡面（*KG*）：通过工作帮最上和最下一个台阶的坡底线所作的假想平面。

工作帮坡角（*φ*）：工作帮坡面与水平面的夹角。

非工作帮坡面（*AB* 及 *CD*）：通过露天矿非工作帮最上部一个台阶的坡顶线和最下部一个台阶的坡底线所作的假想平面。它代表露天矿边帮的最终位置。

露天矿最终边坡角（*β* 及 *γ*）：非工作帮坡面与水平面间的夹角。

上部最终境界线（*B* 及 *C*）：开采结束时，非工作帮坡面与地表相交的闭合曲线。

下部最终境界线（*E* 及 *F*）：开采结束时，非工作帮坡面与露天矿底平面相交的闭合曲线。

露天矿场最终境界：即露天矿场开采结束时，由其上下部最终境界线所限定的位置。

开采深度：是指开采水平的最高点到露天矿场的底平面的垂直距离。

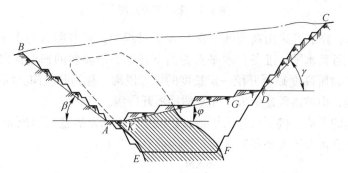

图1-2 露天矿场构成要素

1.2.3 生产方面名词

台阶：露天开采过程中，露天矿场被划分为若干具有一定高度的水平分层，这些分层称为台阶，分层的垂直高度为台阶高度，如图1-3所示。台阶通常以下部水平的海拔标高来标称，如台阶的上平面称为上部平台，相对其上的工作平面称为工作平盘，也以其海拔高度标称。台阶的下平面称为下部平台，上下平台间的坡面称为台阶坡面，其与水平面的夹角称为坡面角。台阶坡面与上部平台的交线称为坡顶线，台阶坡面与下部平台的交线称为坡底线。

非工作平台：组成非工作帮面上的台阶上的平盘称为非工作平盘，也称为非工作平

台。非工作平台按用途分为清扫平台、安
全平台和运输平台。清扫平台是非工作帮
上为了清扫风化下的岩石而设立的平台，
上面能运行清扫设备。安全平台是为降低
最终边坡角而设立的平台，起到保证边坡
稳定的作用。运输平台是为行走运输设备
而设立的平台，保持矿石和废石从深部或
顶部运往选矿厂或排土场。

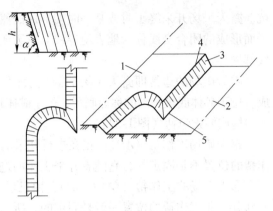

图 1-3　台阶要素图

1—上部平台；2—下部平台；3—台阶坡面；
4—台阶坡顶线；5—台阶坡底线；
h—台阶高度；α—台阶坡面角

　　采区是指位于工作平盘上的凿岩、采
装、运输等设备工作的区域，沿台阶走向将
某工作平盘划分为几个相对独立的采区，每
个采区又称为采掘带。采掘带的大小由采区
带长度和采掘带宽度来表示，如图 1-4 所示。

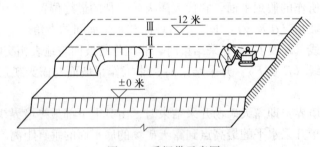

图 1-4　采掘带示意图

　　新水平准备：露天开采由高向低（深）发展过程中，需开辟新的水平形成新的台阶。
这项工作称为准备新水平。准备新水平首先向下开挖一段倾斜的梯形沟段，称为出入沟，
到达一定深度（台阶高度）再开挖一定长度的梯形段沟，称为开段沟。深凹露天矿形成完
整的梯形开段沟，山坡露天矿形成不完整的梯形开段沟。

　　随着开段沟的形成，接下来开始扩帮，矿山工程逐渐发展直至形成完整的露天坑，如
图 1-5 所示，决定露天坑大小和形状的要素为境界三要素。

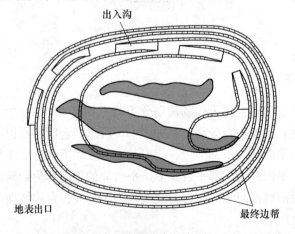

图 1-5　露天开采的露天坑

习　题

1-1　阐述矿石、废石的概念。

1-2　阐述矿石与废石的关系。

1-3　阐述露天开采境界、露天采场等概念。

1-4　阐述台阶的概念及其构成要素。

1-5　阐述露天开采的步骤及主要工作。

2 露天开采境界

2.1 概　述

2.1.1　境界三要素

在矿山开采设计过程中，由于各种矿床的埋藏条件不同，可能遇到下列几种情况：

（1）矿床用露天开采剥离量太大，经济上不合理，而只能全部采用地下开采。

（2）矿床上部适合于露天开采，下部适合于用地下开采。

（3）矿床全部宜用露天开采或部分宜用露天开采，另一部分目前不宜开采。

对于后两种情况，都需要划定露天开采的合理界限，即确定露天开采境界。

露天开采境界的确定十分必要，因为它决定着露天矿的工业矿量、剥离总量、生产能力及开采年限，而且影响着矿床开拓方法的选择和出入沟、地面总平面布置以及运输干线的设置等，从而直接影响整个矿床开采的经济效果。因此，正确地确定露天开采境界是露天开采设计的重要一环。

露天开采境界是由露天采矿场的底平面、露天矿边坡角和开采深度三个要素组成的。因此，露天开采境界设计应包括确定合理的开采深度、确定露天矿底平面周界和露天矿最终边坡角。在上述三项内容中，对于埋藏条件不同的矿床，设计的重点内容也不同。对水平或近水平矿床来说，合理确定露天采矿场底平面周界是最主要的；对于倾斜和急倾斜矿床来说，主要课题是研究合理的开采深度；对于地质条件复杂、岩层破碎、水文地质条件较差的矿床，如何确定露天矿的最终边坡角，以保证露天矿安全、经济地生产，就将成为主要问题。由此可见，在确定露天开采境界时，应针对具体的矿床条件，找出设计的关键问题，综合研究各方面的影响因素，合理解决。

2.1.2　影响境界确定的因素

影响露天开采境界的因素有：

（1）自然因素：包括矿床埋藏条件（矿体的分布情况、倾角、厚度等）、矿石及围岩的物理机械性质、矿区地形及水文地质情况等。

（2）经济因素：包括基本建设投资、开采成本、矿石质量、开采时的矿石损失和贫化、矿山基建期限及达到设计产量的期限、机械设备供应情况等。

（3）组织技术因素：包括的范围很广，其中限制露天开采的因素有地面的重要建筑物、厂房、铁路、河流以及设置排土场的可能性等；促进露天开采的因素有矿石和围岩松软极不稳定、矿物易燃或含泥量很多的矿床，而使之不能采用地下开采方法。

上述这些因素，对于不同的矿床，在不同时间、地点和条件下，对露天开采境界的影响程度是不同的。例如地表厂房和建筑物的限制，在一般矿山是次要因素，但在某些地区和矿山却起着决定性的作用。因此,在确定露天开采境界时,必须综合考虑各种因素的影响,分清哪些是影响本设计的主要因素、起限制作用的因素,哪些是次要因素。但是,对于组织技术上限制的一些因素也不是绝对的,如河流对露天开采境界的影响,一方面河流改道很困难,费用高,但另一方面这种改道又不是不可能的,应结合具体条件,在设计中加以研究比较才能确定。

在一般情况下,露天开采境界主要是根据经济因素来确定。只有当受其他条件限定时,才不作或简化经济计算,而直接按其他限制条件确定。

2.1.3 剥采比

反映露天开采经济条件的重要指标是剥采比,它是指用露天开采方法,采出单位有用矿物所需剥离的岩石量。随着露天开采境界的变化,可采的矿石量和所需要剥离的岩石量也相应改变。因此,露天开采境界的确定,就与剥采比联系在一起。在确定露天开采境界时,常用下列几种剥采比,如图 2-1 所示。

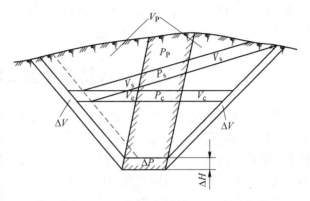

图 2-1 各种剥采比示意图

(1) 平均剥采比 n_p。露天开采境界内的岩石总量与矿石总量之比,即

$$n_p = \frac{V_p}{P_p} \qquad (2-1)$$

式中　V_p——露天开采境界内的岩石总量,m^3;

　　　P_p——露天开采境界内的矿石总量,m^3。

(2) 分层剥采比 n_c。在同一分层内剥离岩石量与采出矿石量之比,即

$$n_c = \frac{V_c}{P_c} \qquad (2-2)$$

式中　V_c——分层的剥离岩石量,m^3;

　　　P_c——分层的采出矿石量,m^3。

(3) 境界剥采比 n_k。将以最终边坡角划定的境界,由某一水平延深至另一水平时,增加的剥离岩石量与采出矿石量之比,即

$$n_k = \frac{\Delta V}{\Delta P} \qquad (2-3)$$

式中　ΔV——境界延深时增加的剥离岩石量,m^3;

　　　ΔP——境界延深时增加的采出矿石量,m^3。

(4) 时间剥采比 n_s。露天矿以最大工作帮坡面角生产时,延深 ΔH 所采出岩石量与矿石量之比,即

$$n_s = \frac{V_s}{P_s} \qquad (2-4)$$

式中　V_s——延深 ΔH 所采出岩石量,m^3;

P_s——延深 ΔH 所采出矿石量，m^3。

（5）生产剥采比 n。露天矿某一生产时期内剥离岩石量与采出矿石量之比。

（6）经济合理剥采比 n_j。它是根据经济因素确定的，是理论上允许的最大剥采比。以该剥采比进行露天开采时，露天开采的成本不大于地下开采成本。

应当指出，露天开采境界的确定往往只能以当前的技术经济条件作为确定的依据。但是，一个矿山服务年限为十几年到几十年，随着技术的发展，生产水平的提高，露天开采经济效果不断改善，原来设计的境界往往需要扩大，从而需要重新修改设计和改变原来的境界。由此可见，已确定的露天开采境界并不是一成不变的，所谓正确确定露天开采境界，是指对一定时期、一定条件而言。

2.2　经济合理剥采比的确定

经济合理剥采比的含意，是指允许分摊到单位有用矿物上最大的剥离量。它是确定露天开采境界的重要指标，也是衡量露天开采经济合理性的主要依据。尽管它的确定受多种因素的影响，而且在某种程度上尚具有一定的近似性，但尽力求取一个最接近实际的数值，仍是境界设计开始时应实现的首要目的。

经济合理剥采比的确定方法很多，大体上可合并为两类：（1）以比较露天开采和地下开采成本或盈利为基础；（2）以有用矿物的允许价格为基础。

2.2.1　按成本比较确定经济合理剥采比

按成本比较确定经济合理剥采比的方法是以成本比较作为衡量露天开采和地下开采的经济效果。根据矿床开采的损失贫化程度和矿石的贵重性不同，它又可有下列几种计算方法。

2.2.1.1　按原矿成本比较计算

按原矿成本比较计算的方法，是用原矿作为计算的基础，使露天开采出来的原矿成本等于地下开采成本。

露天开采单位体积矿石的成本为

$$C_L = \gamma_p a + nb \tag{2-5}$$

式中　C_L——露天开采的原矿成本，元$/m^3$；

a——露天开采每吨矿石的纯采矿成本，元$/t$；

b——露天开采剥离单位体积岩石的成本，元$/m^3$；

γ_p——矿石容重，t/m^3；

n——剥采比，m^3/m^3。

设以地下开采那部分矿体的原矿成本为 C_D（元$/t$），按露天开采的基本要求，应保证露天开采的原矿成本不超过地下开采成本，其关系式为

$$\gamma_p a + np \leqslant \gamma_p C_D$$

满足上式的最大剥采比，就是经济合理剥采比，即

$$n_j = \frac{\gamma_p(C_D - a)}{b} \tag{2-6}$$

式中 n_j——经济合理剥采比，m^3/m^3；

　　　C_D——地下开采原矿成本，元/t。

　　原矿成本比较法是最简单的一种计算经济合理剥采比的方法，它要求的基础数据最少，数据来源也比较方便，因此，式（2-6）是矿山设计中常用的一个基本计算式。但公式中没有涉及矿石回收率和贫化率的项目，即没有考虑露天开采和地下开采两者在损失、贫化方面的差别，从而未能反映露天开采在这方面的优越性。

2.2.1.2 按最终产品成本比较计算

　　按最终产品成本比较计算的方法是按露天开采后经选、冶所得产品的成本等于地下开采产品的成本进行计算的。根据这一原则，当只计算到相同品位的精矿成本时，经过分析计算可得：

$$n_j = \frac{\gamma_P}{b}\left\{\frac{[a_0(1-\rho_L)+a''\rho_L]\varepsilon_L}{[a_0(1-\rho_L)+a''\rho_D]\varepsilon_D}(C_D+S_D)-(a+S_L)\right\} \tag{2-7}$$

式中 S_L，S_D——分别为露天开采和地下开采时每吨原矿的选矿成本，元/t；

　　　a_0——矿石的工业品位；

　　　a''——围岩的含矿品位；

　　　ρ_L，ρ_D——分别为露天开采和地下开采的贫化率；

　　　ε_L，ε_D——分别为露天开采和地下开采的选矿回收率。

　　如果最终产品不是精矿而是金属时，其计算方法基本相同。可得

$$n_j = \frac{\gamma_P}{b}\left\{\frac{[a_0(1-\rho_L)+a''\rho_L]\varepsilon_L\delta_L}{[a_0(1-\rho_L)+a''\rho_D]\varepsilon_D\delta_D}(C_D+S_D+y_D)-(a+S_L+y_L)\right\} \tag{2-8}$$

式中 δ_L，δ_D——分别为露天开采和地下开采的冶炼回收率；

　　　y_L，y_D——分别为露天开采和地下开采时分摊每吨原矿的冶炼成本，元/t。

　　按产品成本比较计算比按原矿成本比较计算进步了，它考虑了露天开采和地下开采两者在贫化率上的差别，但尚未考虑在开采回收数量上的差异。而且该法要求的基础数据较多，计算繁琐，给实际应用带来一定的困难。

2.2.2 按储量盈利比较确定经济合理剥采比

　　按储量盈利比较确定经济合理剥采比的方法是以矿石的工业储量作为计算基础的。其原则是使露天开采出来的矿石盈利等于地下开采的矿石盈利，经过分析计算可得：

　　（1）若只计算到原矿盈利，则

$$n_j = \frac{\gamma_P}{b}[\eta_L(D_L-a)-\eta_D(D_D-C_D)] \tag{2-9}$$

式中 η_L，η_D——分别为露天开采和地下开采的视在回收率，%；

　　　D_L，D_D——分别为露天开采和地下开采的原矿销售价格，元/t。

　　（2）若计算到金属产品时，则

$$n_j = \frac{\gamma_P}{b}\left[J\left(\frac{\eta_L}{K_L}-\frac{\eta_D}{K_D}\right)+\eta_D(C_D+S_D+y_D)-\eta_L(a+S_L+y_L)\right] \tag{2-10}$$

式中　J——扣除税金后的金属销售价格，元/t；

K_L，K_D——分别为露天开采和地下开采时生产 1 吨金属所需原矿吨数，t/t。

　　按储量盈利比较确定经济合理剥采比全面地考虑了露天开采和地下开采两者在损失贫化上的差异，与前述方法相比，这是一个在理论上最合理的 n_j 计算方法。但在实际应用时，要求的基础数据最多，而且数据来源不尽可靠，受产品价格影响较大，计算也最繁琐。因此，它在一般矿床的开采设计中应用不多。

2.2.3　按矿石的销售价格确定经济合理剥采比

　　对于一些只宜露天开采的矿床，如砂矿床、含硫高易自燃的矿床等，只用露天开采不宜地下开采的矿床，如石灰石、白云石等，由于不能用地下开采与之对比，故不用上述比较法，而按矿石的销售价格确定经济合理剥采比。确定的原则是使露天开采的原矿成本不超过其销售价格，以保证矿山不亏损。

$$n_j = \frac{\gamma_p(D - a)}{b} \tag{2-11}$$

式中　D——原矿的销售价格，元/t。

2.2.4　能附带回收其他有用矿物时经济合理剥采比的确定

　　对于某些矿床，上下盘岩石中有时还赋存其他有用矿物和表外矿量，如铝土矿，常有硬质黏土、软质黏土、高铝黏土及石灰石等多种矿物。对于露天开采来说，这些副产矿物均属剥离对象，采出它们无需额外支付费用，而地下开采则要付回采费。这时，经济合理剥采比的确定要考虑这一因素，计算时在露天开采费用中扣除顺便采出的有用矿物的收益。即

$$n_j = \frac{\gamma_p(C_D - a)}{b} + \frac{j\omega\gamma_f}{b} \tag{2-12}$$

式中　ω——附带采出的有用矿物储量与主要开采矿物储量之比，m³/m³；

　　　j——附带采出的有用矿物的价格，元/t；

　　　γ_f——附带采出的有用矿物的容重，t/m³。

　　如果有多种附带回收有用矿物需逐个计算。

　　从以上各计算 n_j 的公式表明，正确确定经济合理剥采比的重要前提是对 C_D、a、b 值的正确选取。但这些数值，只有当矿山建成之后才能获得，或者是在编制了矿山的露天开采与地下开采的设计之后才能得出估算的数值。然而在开始编制设计时，又必须预先知道经济合理剥采比，这就存在一定矛盾。解决这一矛盾的方法就是调查相似矿床开采的实际情况，采取条件相似的实际经济指标或设计的指标，作为新矿设计的依据。由于相似矿床与设计矿床的具体条件，所采用的工艺不可能完全相同，而且各地区的资源情况、技术水平和原有经济基础不同所带来的成本差异也可能很大，为了使所选用的数据尽可能切合实际，就要针对具体条件进行修改。

　　应当指出，关于 n_j 的计算方法目前还有争论，有些问题还有待进一步探讨。然而，无论采用哪种方法计算，所得的 n_j 值都不是绝对的，只是作为确定露天开采境界时经济上的参考数据。根据我国冶金矿山技术经济状况和上述确定方法，在一般情况下，经济合

理剥采比也可按表 2-1 参考选取。

表 2-1　经济合理剥采比　　　　　　　　（ m³/m³ ）

矿床类型	大型矿山	中型矿山	小型矿山
铁矿、锰矿、菱铁矿	<8 ~ 10	<6 ~ 8	<5 ~ 6
白灰石、白云石、硅石	<1.5	<1.5	<1
铝土矿	13 ~ 16		

2.3　确定露天开采境界的原则

前面介绍了经济合理剥采比的意义，它是确定露天开采境界的依据。但是，除先要确定合适的经济合理剥采比作为比较的依据外，还必须根据一定的原则确定露天开采境界。从节约的观点出发，确定露天开采境界的原则应使所确定的境界，在满足市场对该种矿石的需求下，能达到良好的经济效果。目前，用来衡量经济效果的指标有成本和盈利。下面仅就这两个方面来说明上述原则的实质及其应用。

2.3.1　使矿床开采总费用最小的原则

为研究问题简便起见，如图 2-2 所示的简单矿体加以分析。假定矿体沿走向方向长度很大且厚度变化不大，不必考虑端帮的影响。地下、露天两种开采方式的矿石回收率相差不大可视为相同。此时可按矿床开采总费用最小的原则确定露天开采深度。

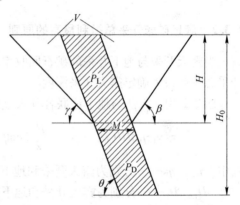

图 2-2　确定露天开采深度示意图

如图 2-2 所示，如果矿床在单位走向长度上采出的总矿量为 P，其中在深度 H 以上的采出矿量 P_L 用露天开采，深度 H 以下的采出矿量 P_D 用地下开采，则联合开采单位长度矿床的总费用为

$$C = P_L \gamma_P a + Vb + P_D \gamma_P C_D$$
$$= Vb - P_L \gamma_P (C_D - a) + P \gamma_P C_D \tag{2-13}$$

其中，$P = MH_0$；$P_L = MH$；$V = \dfrac{H^2}{2}(\cot\beta + \cot\gamma)$。

将 P、P_L 及 V 值代入式（2-13）中，可得

$$C = \frac{H^2}{2}(\cot\beta + \cot\gamma)b - \gamma_p MH(C_D - a) + \gamma_p MH_0 C_D \tag{2-14}$$

式中　H——露天开采的垂直深度，m；

　　β,γ——露天矿上、下盘边坡角，（°）；

　　　H_0——矿床开采的总垂直深度，m；

　　　M——矿体的水平厚度，m；

　　　γ_P——矿石容重，t/m³；

　　a——露天开采纯采矿成本，元/t；

　　b——露天开采剥离成本，元/m^3；

　　C_D——地下开采成本，元/t。

　　从式（2-14）中可看出，矿床开采总成本随露天开采深度而变化，变化规律曲线如图2-3所示。

　　由图2-3可知，总费用C最小点A对应的深度就是露天开采合理深度。用数学方法解C的极小值得：

$$H_K = \frac{\gamma_P M(C_D - a)}{(\cot\beta + \cot\gamma)b} \qquad (2\text{-}15)$$

式（2-15）又可写成

$$\frac{H_K(\cot\beta + \cot\gamma)}{M} = \frac{\gamma_P(C_D - a)}{b} \qquad (2\text{-}16)$$

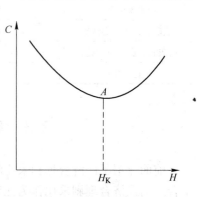

图2-3　矿床开采总成本与开采深度关系曲线

　　式（2-16）的左边即为深度H_K时的境界剥采比，右边为经济合理剥采比，即

$$n_k = n_j$$

2.3.2　满足矿床开采总盈利最高的原则

　　当露天开采与地下开采的矿石回收率相差较大及矿石较贵重的情况下，一般可按矿床开采总盈利最大确定露天开采深度。

　　图2-2用露天法与地下法联合开采该矿床的总盈利为

$$U = \gamma_P\eta_L MH(D_L - a) - \frac{H^2}{2}(\cot\beta + \cot\gamma)b + \gamma_P\eta_D M(H_0 - H)(D_D - C_D) \qquad (2\text{-}17)$$

式中　η_L，η_D——分别为露天开采和地下开采的回收率；

　　　D_L，D_D——分别为露天开采和地下开采的销售价格，元/t。

　　由式（2-17）可知，矿床开采总盈利是露天开采深度H的二次函数，两者的关系曲线如图2-4所示。

　　当总盈利U最大时，其对应点H_K就是露天开采的合理深度。数学求解得

$$\frac{H_K(\cot\beta + \cot\gamma)}{M} = \frac{\gamma_P}{b}\left[\eta_L(D_L - a) - \eta_D(D_D - C_D)\right]$$

$$(2\text{-}18)$$

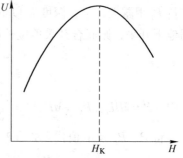

图2-4　总盈利与开采深度曲线

　　式（2-18）的左边即为深度H_K时的境界剥采比，右边与公式（2-16）相同为经济合理剥采比，即

$$n_k = n_j$$

　　由以上分析可知，无论是按矿床露天地下联合开采总成本最小，还是按矿床露天地下联合开采总盈利最大原则确定露天开采境界，均可用境界剥采比等于经济合理剥采比这一公式。只是由于采用衡量经济效果的指标不同，而表现为经济合理剥采比有所不同罢了。

　　在用$n_k = n_j$的方法确定露天开采境界时，可能遇到下面几种情况，要充分注意和正确

处理。

（1）由于断层和矿体自然条件的特殊性，境界剥采比随深度变化可能是不连续的，难以找到 $n_k = n_j$ 的深度，而在 $n_k < n_j$ 的某一深度后突然过渡到 $n_k > n_j$ 或者 $n_k \to \infty$ 的状况，这时露天开采深度 $n_k < n_j$ 也是合理的，因此确定露天开采境界的公式常表示为 $n_k \leqslant n_j$。

（2）当境界剥采比与经济合理剥采比重合或境界剥采比与深度关系的曲线成上下波浪式变化时，可能出现多个满足 $n_k = n_j$ 的深度，如图 2-5 所示。这时确定露天境界应满足两个原则条件：第一，用地下及露天开采整个矿床总费用最低；第二，划归露天开采的有用矿物储量最大。

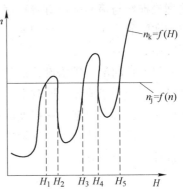

图 2-5 境界剥采比与深度关系
曲线成波浪式变化

（3）对于某些矿体上部小下部大，埋藏较深或上部覆盖岩层很厚时会出现按 $n_k = n_j$ 确定的露天开采深度，其境界内的平均剥采比大于经济合理剥采比，即 $n_k \geqslant n_j$，此时说明露天开采境界内，矿石的平均成本超过地下开采成本，因此用露天开采是不合理的。有时即使 $n_k \leqslant n_j$，也可能由于基建时期剥离工程量太大、露天矿建设年限拖长、投资太大等原因，而不适于采用露天开采。这种情况直观难以判断，需在分析露天开采时的矿山基建工程量、生产剥采比、建设年限及达到设计生产能力的年限、投资成本等指标的基础上加以确定。

（4）当按 $n_k = n_j$ 确定的露天开采境界以外所剩的工业储量不多，不值得再用地下开采时，或对于用地下开采在安全上受威胁或在技术上有较大困难，如开采易发火的高硫矿床、含泥很多的矿床、矿石和围岩极不稳定不利于坑内开采以及对矿石分采要求严格的矿床，则可适当扩大露天开采境界。

应用 $n_k = n_j$ 这个原则确定露天开采境界的优点是，保证矿床开采的总经济效果最大，方法简便，所确定的露天矿境界较小，深度较浅，在较小的露天开采境界内进行生产，单位产品投资或成本都要小些。因而它得到了广泛的实际应用。

但是，用 $n_k = n_j$ 确定露天开采境界存在以下几个问题：

（1）n_k 不能反映现代化露天开采的生产实际。也就是说，$n_k = n_j$ 这一原则没有考虑现代露天矿场工作帮坡角较缓的情况下，为采出矿石 ΔP 相应需剥离的岩石 ΔV 不是同时进行，而是剥离提前进行的特点，即剥岩费用较采矿费用提前支付。这就影响上述分析所得结论的真实性。

（2）根据这一原则设计的露天矿，其生产剥采比的变化完全不同于 n_k 的变化规律，在某些情况下，如矿床埋藏较深、地形复杂、矿体厚度及倾角变化剧烈等，就可能产生基建剥离量过大，基建时间太长及有时生产成本超过允许成本的现象。

（3）未能考虑露天及地下开采生产技术的远景发展和生产费用的变化。

（4）没有考虑投资和经营费用的差别。

鉴于上述存在问题，有人提出另外一些确定露天开采境界的方法，其中主要有：（1）时间剥采比等于或小于经济合理剥采比，即 $n_s \leqslant n_j$；（2）均衡生产剥采比与初始剥采比之和等于或小于经济合理剥采比，即 $n + n_0 \leqslant n_j$。它们都是按露天开采的日常生产费用不超过地下开采成本或允许的最高成本的原则，确定露天开采境界。这种原则反映了现代化露天开采剥采比变化的实际规律，而后者比前者更完善和接近实际一些。但它不能满足矿床开采总经济效果最大的要求，确定的露天矿开采深度较大，生产成本较高，同时生产剥采比通常又只能在确定了境界并相应地确定了开采程序之后才能确定，从而使原则本身的理论推导与境界确定有着程序上的矛盾，而且计算复杂、工作量大。因此这一方法没有得到实际的应用。关于合理的确定露天开采境界的方法，国内外采矿工作者仍在努力探讨研究中。

目前我国冶金矿山设计部门普遍采用境界剥采比不大于经济合理剥采比，即 $n_k = n_j$，来确定露天开采境界，同时平均剥采比也不应大于经济合理剥采比。但是，对于特厚的巨大矿床，有时是根据勘探程度确定露天开采境界，而不是按境界剥采比来确定。而对于石灰石、白云石、硅石等很少采用地下法开采的矿床，则主要是根据服务年限和勘探程度确定合理的开采境界。

2.4　境界剥采比的计算方法

确定境界剥采比首先要计算边界的矿岩量。因此，必须知道矿体的最低工业品位、边界品位及可采厚度和夹石剔除厚度等指标。在计算矿量时，矿层大于或等于最低可采厚度的计入矿量，否则按岩石计算。在可采的矿层中夹有岩层时，岩层厚度小于夹石剔除厚度的，上下层矿体及夹石一起计入矿量，但平均品位还应大于最低工业品位，否则按矿层计算矿量。

根据露天矿端帮量与矿岩总量之比值，将露天矿划分为长露天矿与短露天矿两类。该比值小于 0.15~0.20 时为长露天矿，反之为短露天矿。在设计中简便地按长宽比等于或大于 4:1 为长形露天矿，反之为短露天矿。长露天矿可不考虑端帮量，短露天矿必须考虑端帮量。

确定境界剥采比的目的在于找出境界剥采比与深度的变化关系，从而确定合理的露天开采深度。为了使计算结果更接近实际，应针对矿床的埋藏条件，采用不同的确定方法。

2.4.1　长露天矿境界剥采比的计算

对于矿体埋藏条件比较稳定的长露天矿，境界剥采比可在地质横断面图上进行计算。这种方法又可分为面积比法、分析法和线段比法。

2.4.1.1　面积比法

任意深度 H 的境界剥采比确定方法如图 2-6 所示。根据确定的顶底帮边坡角 β 和 γ 作出深度 H 时的境界位置 $ABCD$，当露天底平面宽度小于矿体水平厚度时，按 $AE:EB = DF:FC$ 的条件确定露天底的位置。同样，再在深度 $H - \Delta H$ 上作出境界 $A'B'C'D'$，则露天矿从深度

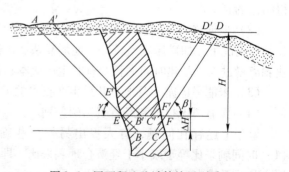

图 2-6　用面积比法计算境界剥采比

$H - \Delta H$ 延深至 H 时增加的矿石量为 ΔP，增加的岩石量为 ΔV，露天矿开采深度延深了 ΔH，于是，深度 H 的境界剥采比为

$$n_k = \frac{\Delta V}{\Delta P} = \frac{S_V \times L}{S_P \times L} \tag{2-19}$$

式中 S_V，S_P——分别为横断面图上露天矿从深度 $H - \Delta H$ 延深至 H 时增加的岩石与矿石的面积，m^2，S_V 及 S_P 可用求积仪量出；

L——沿走向长度，m。

2.4.1.2 线段法

如图 2-7 所示，当开采第 n 水平时，境界剥采比在该地质断面图上等于：

$$n_k = \frac{V_{nu} + V_{ns}}{P_n} \tag{2-20}$$

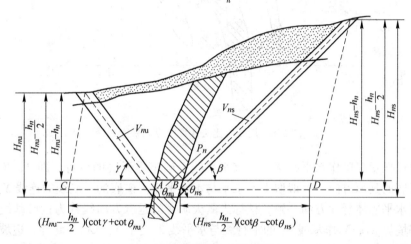

图 2-7 用线段法计算剥采比

当边坡角在研究的水平范围内不变，矿体的水平厚度为 M_n，在露天矿单位走向长度上开采第 n 个水平面采出的边界矿岩量可按下式计算：

$$V_{nu} = \left(H_{nu} - \frac{h_n}{2} \right) h_n (\cot\gamma + \cot\theta_{nu})$$

$$V_{ns} = \left(H_{ns} - \frac{h_n}{2} \right) h_n (\cot\beta + \cot\theta_{ns})$$

$$P_n = M_n \times h_n \tag{2-21}$$

从式（2-20）和式（2-21）可见，境界剥采比取决于露天矿场顶底帮的高度、该水平矿体上下盘的倾角、矿体的水平厚度以及边坡角。

将 V_{nu}、V_{ns}、P_n 代入式（2-20）得

$$n_k = \frac{\left(H_{nu} - \frac{h_n}{2} \right)(\cot\gamma + \cot\theta_{nu}) + \left(H_{ns} - \frac{h_n}{2} \right)(\cot\beta - \cot\theta_{ns})}{M_n}$$

由图 2-7 可知上式可变为

$$n_k = \frac{\overline{CA} + \overline{BD}}{\overline{AB}} \tag{2-22}$$

上述说明，按断面法计算的露天矿在不同深度上的境界剥采比等于该深度被露天矿边界截割岩石和矿石线段在水平轴上投影的比值。这样，就可用线段表示矿岩量以确定境界剥采比，从而把体积问题简化为线段问题，使计算工作简化。

据此原理，如图 2-8 所示确定任意深度的境界剥采比，方法步骤如下。

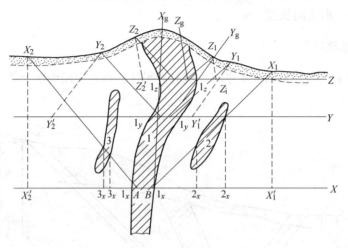

图 2-8　用线段比法计算境界剥采比

首先通过任意深度作水平线 X，在该水平线上确定露天底的位置，即 A、B 两点，然后确定露天底的延深方向，一般取上一水平与本水平露天矿底的坡底线的连线 X_g，延深方向通常与该水平矿体延深方向一致，该标志露天矿底的延深方向线称为投影基线，通过露天矿场上部境界 X_1、X_2 作基线 X_g 的平行线与水平线 X 交于 X_1'、X_2'，此外，边坡线上矿岩的各交点分别平行于基线 X_g。向水平线 X 作投影线，与水平线 X 交于 1_x、2_x、3_x 等处。露天开采深度达 X 水平时的境界剥采比为

$$n_k \frac{\overline{X_1'X_2'}}{\overline{1_x1_x} + \overline{2_x2_x} + \overline{3_x3_x}} - 1 \tag{2-23}$$

2.4.2　短露天矿境界剥采比的计算

短露天矿需要考虑端帮的矿岩量，一般不用横断面图确定境界剥采比，而是把露天矿作为一个整体，在平面图上确定总的境界剥采比。

首先根据各分层平面图矿体的形状，确定出露天矿底部的最小尺寸。然后绘出到达某水平的露天底的周界，当有该水平的分层平面图时，底的周界可在分层平面图上圈定，否则在断面图上确定底的尺寸和位置，再投影到平面图上。

在平面图上确定露天矿上部境界线及露天边帮上矿岩接触线。若有剖面图时，可在横断面图及纵断面图上作出边坡线，找出每条边坡线与上部境界线交点及矿岩接触线交点，然后投影到平面图上。

若无剖面图时，则可在平面图中选有代表性的各点做垂直于底部境界的辅助剖面，如图 2-9 中的 1—1′、2—2′、3—3′ 等，在各辅助剖面上确定采矿场顶部境界及边帮矿岩接触

线，然后投到平面图上，连接各点得出露天采场上部境界线。

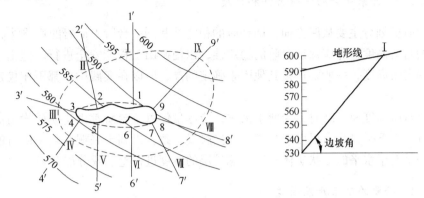

图 2-9　短露天矿境界剥采比确定示意图

上部境界线上各点应符合下列条件：

$$l = (o_u - o_s)\cot\beta$$

式中　l——上部境界线上的点到露天矿底的法线距离，m；

　　　　o_u——上部境界线上的点的标高，m；

　　　　o_s——露天底的标高，m；

　　　　β——露天矿边坡角，（°）。

在平面图绘出上部境界线和矿岩接触线之后，可用求积仪求得境界线内矿岩面积及矿石面积。露天开采深度到达某水平时的境界剥采比为

$$n_k = \frac{S_A}{S_P} - 1 \tag{2-24}$$

式中　S_A——露天矿场上部境界水平投影总面积，m^2；

　　　　S_P——露天矿场底及边帮上矿石投影面积之和，m^2。

2.5　露天开采境界的确定方法和步骤

进行境界圈定之前，必须具备经过上级批准的符合计算要求的地质勘探资料，同时，要选定确定露天开采境界的原则和确定经济合理剥采比，选择露天矿运输设备类型、工艺、开拓运输系统和采剥工程发展程序等。

露天矿境界设计的方法依矿床埋藏条件而异。下面介绍倾斜及急倾斜矿床，以 $n_k \leqslant n_j$ 确定露天开采境界的方法及步骤。

2.5.1　台阶高度和结构的确定

在确定露天开采境界之前必须首先确定台阶高度，因为台阶高度对开拓方法、基建工程量、矿山生产能力等都有很大影响，它不仅是露天矿床开拓的基本要素之一，而且也是露天矿设计的重要问题之一。同时，合理的台阶高度对露天开采的技术经济指标和作业的安全都具有重要的意义。台阶高度大小受各方面因素所限制，确定时一般应考虑下列影响因素。

2.5.1.1　被开采矿岩的埋藏条件和性质

限制台阶的划分主要从两方面，即台阶的稳定性和同一台阶上矿岩的均质性。

合理的台阶高度首先应保证台阶的稳定性，以便矿山工程能安全进行。但由于按稳定条件求出的台阶高度，一般要比按其他因素确定的高，所以在实践中，都不作稳定台阶高度的计算。

在确定台阶高度及标高时，为便于采掘，应尽量使每个台阶都由均质矿岩组成，采矿和剥离台阶的上下平盘标高尽可能与矿岩的接触线一致，以利于采掘和减少矿石的损失与贫化。特别是对于水平的层状矿体，应考虑矿层的厚度进行整层或分层开采。

2.5.1.2　必要的矿床开采强度

台阶高度对工作线推进速度和掘沟速度都有很大影响，因而也影响到露天矿的开采强度。

台阶工作线推进速度（m/年）为

$$V = \frac{N_w Q_w}{Lh} \tag{2-25}$$

式中　Q_w——挖掘机平均年生产能力，$m^3/$（台·年）；

　　　N_w——台阶上工作的挖掘机数；

　　　L——台阶的工作线长度，m；

　　　h——台阶高度，m。

由式（2-25）可知，台阶高度增加，工作线推进速度就随之降低，这样就有可能影响下一个水平的准备。

此外，出入沟和开段沟的掘进工程量分别与台阶高度的立方和平方成正比，这就是说台阶高度增加，掘沟工程量也急剧增加，因而延长了新水平的准备时间，影响矿山工程的发展速度。所以，在实践中为加速矿山建设，尽快投入生产和达到设计生产能力，在露天矿的初期，最好采用较小的台阶高度，以保证在初期的矿山工程进展较快，而当露天矿转入正常生产后，台阶高度可适当增加。

2.5.1.3　穿爆工作的要求

台阶高度的增加，能提高爆破效率，但往往增加不合格大块的产出率和根底，使挖掘机生产能力降低。另外，台阶的高度还必须保证穿孔人员和设备的工作安全。当使用垂直深孔时，台阶高度与底盘抵抗线应保持如下关系：

$$h \leqslant \frac{W - e}{\cot\alpha} \tag{2-26}$$

式中　h——台阶高度，m；

　　　W——底盘抵抗线，m；

　　　e——钻孔中心至坡顶线的安全距离，m；

　　　α——台阶坡面角，（°）。

此外，装药条件对台阶高度也有一定的限制，即钻孔的容药能力必须大于所需的装药

量，用关系式表示为

$$h \geqslant \frac{qW(Z-P)}{q-cmW^2} \qquad (2-27)$$

式中　q——每米钻孔长度的装药能力，kg/m；

　　　Z——填塞系数，一般取 0.75～0.8；

　　　P——超钻系数，一般取 0.1～0.25；

　　　c——炸药单位消耗量，kg/m³；

　　　m——钻孔密集系数，一般取 0.8～1.0。

当平行台阶坡面打斜孔时，在不改变钻孔直径的条件下，可增加台阶高度。在裂缝多的岩石中，由于卡钻使钻凿深孔困难，这时台阶高度应适当减少。如果采用硐室爆破，则台阶高度不应小于 18～20m，否则，在经济上是不合理的。

2.5.1.4 采掘工作的要求

采掘工作的要求是影响台阶高度的重要因素之一。用挖掘机采装矿岩时，它对台阶高度的要求将以后讨论，此处不再叙述。用小型机械化（装岩机、电耙）或人工装矿时，台阶高度的确定，则主要考虑工作的安全性，一般都在 10m 以下。

2.5.1.5 露天矿运输条件的要求

从露天矿场更好地组织运输工作来看，台阶高度较大是有利的，因为这样可以减少露天矿场的台阶数目，简化开拓运输系统，从而能减少铺设和移设线路的工程量，但在露天矿场长度较小的情况下，台阶高度又受运输设备所要求的出入沟长度的限制。

综上所述，影响台阶高度的因素较多，这些因素往往既互相矛盾，又互相联系，互相影响。因此，不能单纯地、片面地以某一个因素来确定台阶高度，应当根据技术经济的综合分析来确定。

一般来说，采掘工作方式及其使用的设备规格，往往是确定台阶高度的主要因素。目前我国大多数露天矿，在采用铲斗容积为 1～4m³ 的挖掘机时，台阶高度一般为 10～12m。在我国一些中小矿山，有的采用凿岩机打眼，人工装车，窄轨运输，机械化程度较低，因此确定台阶高度的主要因素是确保安全和提高工效。如不需要爆破的松软岩石，台阶高度可取 1.0～2.5m；用凿岩机打眼，人工装车的矿山，台阶高度可取 5～10m。对于山坡露天矿，在岩石较稳定的条件下，如储量大和有发展前途的矿山，台阶高度应取 10～14m，为今后采用大型设备准备条件。

2.5.2 露天矿最小底宽的确定

露天矿底宽可能大于或小于矿体的水平厚度，但必须满足最小宽度的要求。确定原则是，保证在全部露天开采范围内，矿石的回采率最高，而剥离的岩石量最少。露天矿底平面最小宽度应保证生产安全和采掘运输设备的正常工作。从矿山采剥工程要求来看，它相当于开段沟的掘进宽度，取决于掘进方法及设备类型规格，见表 2-2。按工作安全条件要求，一般不小于 20～30m。

表 2-2 露天矿底平面最小底宽值

运 输 方 式	装 载 设 备	运 输 设 备	最 小 底 宽/m
铁路运输	人工或 1m³ 以下挖掘机	窄轨（轨距 600mm）	10
	1m³ 挖掘机	窄轨（轨距 762，900mm）	10
	4m³ 挖掘机	准轨（轨距 1435mm）	16
汽车运输	1m³ 挖掘机	7t 以下汽车	16
	4m³ 挖掘机	7t 以上汽车	20

2.5.3 最终边坡角和边坡结构的确定

露天矿场边坡的稳定是保证露天矿生产正常进行的必要条件。边坡稳定性的破坏，必将造成滑坡或岩石塌落等严重事故。正确选择露天采场的边坡角，是保证边坡稳定的首要措施。其数值大小对安全生产有着重大意义，而且对露天开采境界也有重大影响，故在技术条件及稳定安全条件允许的情况下，应取最大的最终边坡角，其目的是减少剥离工程量。实践表明，当其他条件不变时，边坡角度每增加 1°，则沿边坡每米长度上的剥岩量相应增加 4%。

确定露天矿边坡角时，应全面考虑各种因素对边帮稳定的影响，如岩石物理力学性质、地质构造、水文地质条件、开采技术条件、开采年限及气候条件等。在有条件的地方，可作岩体力学性质研究试验，进行边坡稳定计算。但由于现有计算方法仍不很完善，目前在实践中，大多数仍按类似矿山经验数据选取最终边坡角。若缺乏实际资料，表 2-3 所列数据可作选取时的参考。

表 2-3 露天矿最终边坡角

岩石硬度系数 f	露 天 开 采 深 度				台阶坡面角
	90m 以内	180m 以内	240m 以内	300m 以内	
15 ~ 20	60°~68°	57°~65°	53°~56°	48°~54°	75°~85°
8 ~ 14	50°~60°	48°~57°	45°~53°	42°~48°	70°~75°
3 ~ 7	43°~50°	41°~56°	39°~45°	36°~43°	60°~65°
1 ~ 2	30°~43°	28°~41°	26°~39°	24°~36°	45°~60°

在确定露天矿边坡角后，还应根据边帮组成进行验算，并确定边坡细部结构尺寸。露天矿边帮由台阶的坡面及平台组成。平台分有保安平台、清扫平台和运输平台（水平的及倾斜的），如图 2-10 所示。

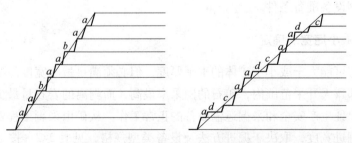

图 2-10 露天矿最终边坡组成示意图

图中 a 是保安平台,为了保证工作安全而设的,但考虑到边帮长期存在的过程中,岩石由于风化及爆破引起的裂缝而碎落,较小的平台常被破坏,因而宽度一般不小于 $2 \sim 4m$。为了清除安全平台上积存的岩块,一般每隔 $2 \sim 3$ 个台阶设一清扫平台 b,其宽度决定于清扫时采用的装载及运输设备,一般大于 $6m$。当运输平台与安全平台或清扫平台重合时,为了工作安全,应加宽 $1 \sim 2m$。

除上述两种平台外,在设有开拓坑线的边帮上,还有为设置开拓运输坑线的倾斜运输平台 d 和为各工作面出入运输设备服务的水平运输平台 c。倾斜运输平台的数目(在非工作帮某一垂直断面上)取决于所采用的开拓方法、运输线路坡度及露天矿场范围。对于内部折返(或回返)坑线开拓,在非工作帮的每一台阶设一折返站时,倾斜运输台阶数目等于露天矿场台阶数目;当隔一个台阶设一个折返站时,倾斜运输平台每隔一个台阶设置一个,以此类推。

按满足设置上述平台的要求,露天矿场最终边坡角可按下式确定:

$$\beta = \tan^{-1} \frac{\sum_{i=1}^{n} h}{\sum_{i=1}^{n} h_i \cot\alpha + \sum_{i=1}^{n_1} a_i + \sum_{i=1}^{n_2} b_i + \sum_{i=1}^{n_3} c_i + \sum_{i=1}^{n_4} d_i} \tag{2-28}$$

式中　h——台阶高度,m;

　　　n——台阶数目;

　　　α——台阶坡面角,(°);

　　　a——保安平台宽度,m;

　　　b——清扫平台宽度,m;

　　　c——水平运输平台宽度,m;

　　　d——倾斜运输平台宽度,m;

　　　n_1——保安平台数目;

　　　n_2——清扫平台数目;

　　　n_3——水平运输平台数目;

　　　n_4——倾斜运输平台数目。

按上式确定的边坡角,绝不允许大于根据边坡稳定条件所选定的数值,应尽可能接近并略小于该值,以求在保证安全的前提下使边坡剥岩量达到最小。

对于无开拓坑线的边帮,通常是先按稳定条件选定边坡角,再确定边帮的细部构造尺寸,此时可按下列程序进行计算。假设露天开采深度 H 为 $150m$,台阶高度 $h = 10m$,岩石硬度系数 $f = 10$。选定的台阶坡面角 $\alpha = 70°$,采场最终边坡角 $\gamma = 50°$,则:

露天矿边坡的水平投影宽度为

$$L = \frac{H}{\tan\gamma} = \frac{150}{\tan 50°} = 126m$$

台阶坡面的水平投影长度为

$$L = h\cot\alpha = 10 \times \cot 70° = 3.64m$$

露天矿的台阶数为

$$n = \frac{H}{h} = \frac{150}{10} = 15 \text{ 个}$$

每个平台的平均宽度为

$$b_{\text{cp}} = \frac{L - nl}{n - 1} = \frac{126 - 15 \times 3.64}{15 - 1} = 5.1\text{m}$$

于是，边坡的组成可按安全平台宽度为5m、清扫平台宽度为7.1m、每隔两个安全平台设一个清扫平台，或按安全平台宽度为5m、清扫平台宽度为7.8m，每隔三个安全平台设一清扫平台来布置。

2.5.4　开采深度的确定

2.5.4.1　长露天矿开采深度的确定

确定各地质横断面图上的露天开采深度在地质横断面图上确定开采深度时，首先要根据矿岩性质和工程水文地质条件及开拓运输条件，初步选择顶底帮边坡角的数值，然后利用方案法或图解法确定出各地质横断面图上的露天开采深度。

在横断面图上（图2-11（a）），根据确定的边帮角 β 及 γ，和露天矿最小底宽作出若干个深度的最终边帮位置。当矿体埋藏条件简单时，深度方案取少些，矿体复杂时深度方案应取多些，并且必须包括境界剥采比有显著变化的深度。

根据选定的开采深度方案，计算不同深度的境界剥采比列于表2-4中，并作出境界剥采比与开采深度的关系曲线（图2-11（b）），该线与 n_{j} 线相交所对应的横坐标 H_{K} 就是露天开采深度。

表 2-4　不同开采深度方案的境界剥采比

深　度	H_1	H_2	H_3	H_4	H_5	H_6
$n_{\text{j}}/\text{m}^3 \cdot \text{m}^{-3}$	3.15	3.00	4.05	6.25	7.85	9.15

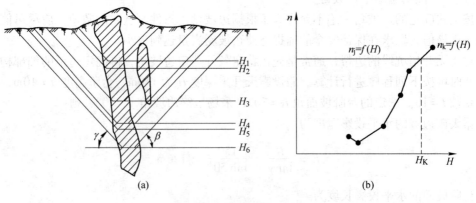

图 2-11　确定露天开采深度

在地质纵断面图上确定露天矿底部标高在各个地质横断面图上初步确定露天开采深度

后，由于各横断面矿体厚度变化和地形不相同，所得深度也大小不一，将各断面不同的深度投影到地质纵断面图上，连接有关各点，可得出露天矿底部纵断面上的理论深度，如图2-12所示，该理论深度是一条不规则的折线。

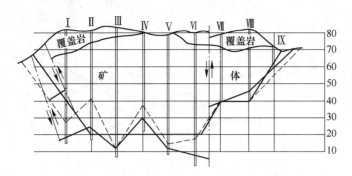

图2-12　在地质纵断面图上确定露天矿底平面标高

为了便于开采及布置运输线路，露天采矿场的底部应调整为同一标高。只有在矿体埋藏深度沿走向变化比较大、并且长度允许时，其底平面才设计成阶梯形。调整的原则是，使少采出的矿石量与多采出的矿石量基本平衡，以保证开采中的经济效果。图2-12中虚线为理论深度，实线为调整后的设计深度。

2.5.4.2　短露天矿开采深度的确定

走向很短、深度和宽度相对较大的露天矿，必须考虑端帮扩帮的影响，不能在断面图上直接确定开采深度。对此种类型的矿床，可用平面图法计算境界剥采比确定露天开采深度。具体步骤是：把预计几个可能深度的境界剥采比分别算出后，选取境界剥采比等于经济合理剥采比的阶段作为露天矿场的底，则其深度就为露天矿开采深度。

2.5.5　确定露天开采的底部周界

露天矿底平面标高及端部位置确定后，即可绘制出底平面的理论周界，绘制的方法是：以地质纵断面图上已调整的露天矿底部标高为准，在各地质横断面图上绘出露天采矿场的境界，将各地质横断面图上露天矿底平面的两端边界投影到该标高的分层平面图上，连接各点，即可得出底平面的理论周界（图2-13中的虚线）。

为了便于采掘运输，露天采矿场底平面应尽可能保持平直。因此，对弯曲处应按运输条件的要求进行修正，使之保持一定的曲率半径。

2.5.6　绘制露天矿终了平面图

将上述绘有露天矿场底部平面图（绘在透明纸上）覆在地形地质图上，从底部开采境界按照边坡组成要素的尺寸，由里向外绘出各个台阶的坡面和平台，如图2-14所示。露天矿场深部各台阶坡面在平面图上部是闭合的，而处在地表以上的各台阶的坡面则不能闭合。因此，在绘制地表以上各台阶的坡面时，应特别注意使末端与相同标高的地形等高线密接。

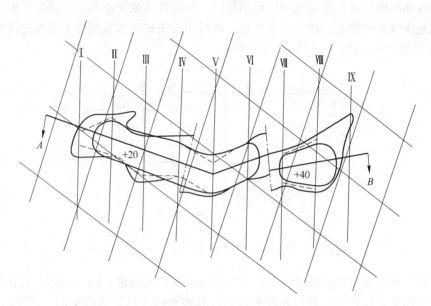

图 2-13　确定露天采矿场底平面周界

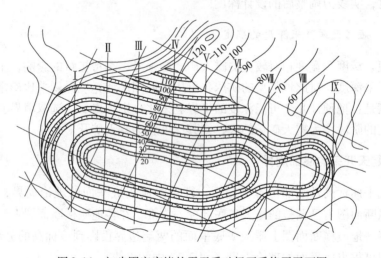

图 2-14　初步圈定完毕的露天采矿场开采终了平面图

在圈定各个阶段的斜坡和平台的过程中，应经常用地质断面图或分层平面图来校对矿体边界，以保证在所圈定的各个阶段的开采范围内，矿石回收率尽可能大而剥岩量尽可能小，此外还要考虑运输要求，在拐弯处保持适当的曲线半径。

初步完成露天采矿场开采终了平面图后，在该平面图上布置开拓运输线路。最后按开拓运输线路要求，修改原定的露天开采境界，如图 2-15 所示，修改后的境界为露天开采的最终境界，此平面图为露天矿场开采终了平面图。

以已经完成的露天采矿场开采终了平面图为准，再投影到横断面图上，进一步修改横断面图，使横断面图上的境界与平面图上的境界一致。

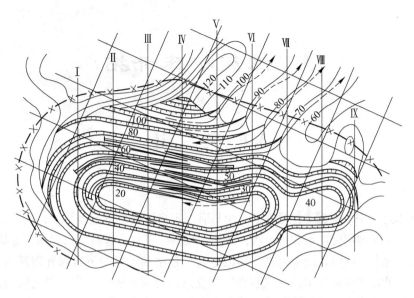

图 2-15　露天采矿场开采终了平面图

 习　题

2-1　阐述剥采比的概念。

2-2　阐述经济合理剥采比的概念及确定方法。

2-3　阐述境界剥采比的概念和种类。

2-4　阐述露天境界的圈定过程和圈定步骤。

2-5　阐述露天境界的圈定原则。

3 露天矿床开拓

3.1 概 述

3.1.1 开拓

露天开采过程中，采掘工作是在若干个具有一定高度的台阶上进行的，所采出的矿石和岩石，需要转运至地面受矿点和排土场，而生产设备、工具、材料又需要从工业场地转运到采矿场各工作地点。同时，随着采掘工作的进行，还必须不断向下延深开辟新的工作水平。露天矿床开拓就是指按照一定的方式和程序建立地面与采矿场各工作水平之间的运输通道，以保证露天矿场正常生产的运输联系，并借助这些通道，及时准备出新的生产水平。

露天矿床开拓是矿山生产建设中的一个重要问题。所选择的开拓方法合理与否，直接影响到矿山的基建投资、建设时间、生产成本和生产的均衡性。因此，研究合理的开拓方法，对于多快好省地建设矿山和持续发展生产具有重要的意义。

露天矿床开拓与运输方式和矿山工程的发展有着密切联系，而运输方式又与矿床埋藏的地质、地形条件、露天开采境界、生产规模、受矿点和排土场位置等因素有关。所以，露天矿床开拓问题的研究，实质上就是研究整个矿床开发的程序，综合解决露天矿场的主要参数、工作线推进方式、矿山工程延深方向、采剥的合理顺序和新水平准备，以建立合理开发矿床的运输系统。

露天矿开拓是通过掘进一系列开拓坑道—露天堑沟和地下井巷来实现的，而掘进的开拓坑道又必须与矿山采用的运输方式相适应。因此，开拓坑道类型和运输方式就往往作为划分露天矿床开拓方法的依据。

3.1.2 按坑道类型分类

开拓方法以开拓坑道的类型及其有无来命名，而以开拓坑道或沟道的特征作为细分类的依据。这种分类方法没有反映运输方式的特点，见表3-1。

表3-1 按开拓坑道的类型分类

开拓方法名称	开拓方法的细分类
沟道开拓法	(1) 外部沟、内部沟 (2) 单沟、组沟、总沟 (3) 直进沟、折返（回返）沟、螺旋沟 (4) 固定坑线、移动坑线
地下井巷开拓法	(1) 溜井—平硐 (2) 竖井—石门 (3) 斜井—石门

开拓方法名称	开拓方法的细分类
无沟开拓法	(1) 无土工建筑的（如排土机） (2) 有土工建筑的（如索道提升机）
联合开拓法	(1) 沟道与地下巷道的联合 (2) 无沟与沟道的联合

3.1.3　按运输方式分类

开拓方法以不同的运输方式命名，而针对各种开拓方法分别以干线的布线方式、固定性和所用的运输设备作为其分类的依据。这种分类法充分反映了运输的特点，有助于生产和设计中的设备选择和拟定开拓方案，但却未能反映出开拓沟道（或坑道）类型的特征。我国冶金矿山设计单位普遍采用这一种分类方法，见表3-2。

表3-2　按运输方式的分类

开拓方法名称	开拓方法的细分类
铁路运输开拓法	(1) 固定干线 (2) 移动干线
汽车运输开拓法	(1) 直进式 (2) 迂回式 (3) 螺旋式
斜坡卷扬开拓法	(1) 重力卷扬 (2) 斜坡串车 (3) 斜坡箕斗
平硐溜井开拓法	(1) 采场内用铁路 (2) 采场内用汽车
联合运输开拓法	(1) 铁路—汽车联合运输 (2) 汽车—运输机联合运输

上述开拓方法分类均未能反映开拓方法与运输方式既有紧密的联系而又不完全相同的概念。从国内外矿山实际出发，并根据矿床开拓的定义和目前金属矿山所用开拓方法的特征，本章讲述的露天矿开拓方法，将以开拓坑道的类型及运输方式共同作为命名和分类的依据。其分类特征见表3-3。

表3-3　开拓方法分类表

开拓方法名称		主要开拓坑道类型	适用坡度	主要运输方式
类　别	细分类			
斜坡铁路开拓法	折返铁路固定干线开拓 折返铁路移动干线开拓	折返式缓沟	约2°	机车
斜坡公路开拓法	直进公路开拓 回返公路开拓 螺旋公路开拓	直进式缓沟 回返式缓沟 螺旋式缓沟	约6°	汽车、无轨电车
斜坡运输机开拓法	胶带运输斜坡道开拓 胶轮驱动运输斜坡道开拓	直进式陡沟	约18°	胶带运输机 胶轮驱动运输机

开拓方法名称		主要开拓坑道类型	适用坡度	主要运输方式
类　别	细分类			
斜坡卷扬开拓法	箕斗（台车）斜坡道开拓 串车斜坡道开拓	直进式堑沟	约90° 约30°	箕斗（或台车） 串车
平硐溜井开拓法	采场内用铁路运输的平硐溜井开拓 采场内用汽车运输的平硐溜井开拓	平硐、溜井	约90°	重力溜放
斜井提升开拓法	胶带运输机斜井开拓 箕斗斜井开拓 串车斜井开拓	斜　井	约18° 约90° 约30°	胶带运输机 箕斗 串车
竖井提升开拓法	箕斗竖井开拓 罐笼竖井开拓	竖　井	约90°	箕斗 罐笼
联合开拓法	以上各类开拓方法的联合应用			

3.2　铁路运输开拓法

斜坡铁路开拓是露天矿床开拓的主要方法之一。20 世纪 40～50 年代期间，单一斜坡铁路开拓曾经盛行一时，占据着世界露天矿床开拓的统治地位。虽然近十多年来，由于其他开拓方式的发展，铁路开拓法在露天矿的应用已大大减少。但是，我国目前仍有很多的露天矿采用这种开拓方法。

采用斜坡铁路开拓时，开拓坑道是一些铺设铁路干线的露天沟道。这些沟道在平面上的布线形式有直进式、折返式和螺旋式三种。直进式干线是沟道设置在采矿场的一帮或一翼，列车在干线上运行不必改变运行方向；折返式干线也是把沟道设置在采矿场的一帮，但列车在干线上运行时，需经折返站停车换向开至各工作水平；螺旋式干线则是围绕着采矿场四周边帮布置开拓沟道，呈空间螺旋状。上述三种布线形式的采用，主要取决于线路纵断面的限制坡度、地形、露天采矿场的平面尺寸和采矿场相对于工业场地的空间位置。

由于铁路干线的限制坡度较缓，曲线半径很大，而大多数金属露天矿的平面尺寸都有限，而且地形较陡、高差较大，因而采用铁路开拓的矿山，铁路干线的布置多呈折返式或折返直进的联合方式。

按铁路干线在开采期间的固定性划分，可以有固定干线和移动干线两种。这两种方式各有不同的特点。目前，在国内外采用斜坡铁路开拓的金属露天矿中，多以固定干线开拓为主。但为了某些特殊的目的，铁路移动干线也有所应用。

根据矿床埋藏条件，露天矿有山坡和深凹之分。斜坡铁路开拓在山坡露天矿和深凹露天矿的应用情况不同。

3.2.1　铁路运输开拓法在山坡露天矿的应用

在金属矿山中，一开始就从深凹露天矿进行开采是少有的。基本上都是山坡露天矿开采，而后转为深凹露天矿开采。目前，我国仍有部分露天矿仍处于山坡开采状态，而这些山坡露天矿又有不少采用斜坡铁路开拓法。表 3-4 是我国几个山坡露天铁矿斜坡铁路开拓的技术特征。

表3-4 山坡露天矿铁路开拓技术特征

项　　目	东鞍山铁矿	大冶铁矿	凹山铁矿	歪头山铁矿	白云鄂博铁矿
设计的矿岩产量/$\times 10^4 t \cdot a^{-1}$	1320	1050	1100	1100	1625
矿体出露地形	孤立山峰	沟峰相间的单侧山坡	有连续小山包的山坡	孤立山峰	孤立山峰
山头最高标高/m	305	300	140	385	1783
铁路修筑最高标高/m	262	168	115	320	1758
破碎站标高/m	53	75	47	190	1629
工作线推进方向	下盘向上盘	下盘向上盘	下盘向上盘	上盘向下盘	上盘向下盘
干线铺设位置	上盘山坡	端部两侧	端部一侧	下盘山坡	下盘山坡
干线折返次数	7	3	3	10	3
阶段入车方式	环行	环行	单侧入车	单侧入车	单侧入车
轨距/mm	1435	1435	1435	1435	1435
限制坡度/‰	35~38	—	35	35	35

　　山坡露天矿的铁路干线开拓程序是，从地表向采矿场最高开采水平铺设铁路，形成全矿的运输干线，然后自上而下开采。运输干线随上部台阶开采结束而逐步缩短。因此，研究干线的合理布线形式，以建立有效的开拓运输系统，是解决斜坡铁路开拓法在山坡露天矿应用的首要问题。

　　干线的布线形式主要取决于露天矿的地形条件。其设置的位置应保证在同时开采多个台阶的情况下，不因下部台阶的推进而切断上部台阶的运输联系。同时还要考虑到总平面布置的合理性和以后向深凹露天矿的过渡。在具体定线时，应能减少填方、挖方工程量，并要具有良好的线路技术条件。

　　总结斜坡铁路开拓在我国山坡露天矿的使用情况，铁路干线可有以下几种基本布线形式。

　　当采场处于孤立山峰地形时，铁路干线通常呈折返式或直进—折返式布置在不进行矿山工程的非工作山坡上。台阶的进车方式则根据山峰两侧的地形条件，采用单线环行、双侧交替进车或单侧进车的方式，如图3-1所示。

　　歪头山铁矿上部开拓系统是这种布线形式的典型实例。该矿属大型露天铁矿，采用准轨铁路运输，矿体出露于较大的孤立山包，山顶最高标高为385m，与一般地表相对高差100多米。根据

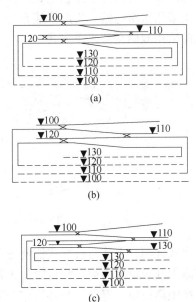

图3-1　孤立山峰折返干线开拓的布线方式
（a）单线折返环行；（b）单线双侧交替进车；
（c）单线单侧进车

矿区地形，矿山站和破碎站分别设在矿体端帮和下盘，标高为190m左右。铁路干线铺设

在下盘山坡上，由破碎站经 10 次折返修筑至 335m 水平。各台阶由干线单侧迂回入车，自上盘向下盘推进。其开拓系统如图 3-2 所示。

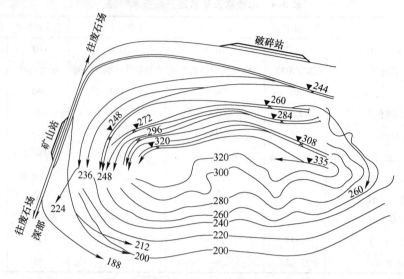

图 3-2　歪头山铁矿上部开拓系统示意图

对于矿体埋藏在比高不大的丘陵山坡露天坑道铁路干线也可设置在非工作山坡上呈折返式。图 3-3 是二马露天矿上部开拓系统图。该矿为中型露天铁矿，矿区地处丘陵地带，矿体与山脊平行出露于山包上，高差 80 余米。采场全长 2800m，但山头部分仅长几百米。该矿山采用机车运输，折返干线布置在下盘山坡上。工作线从上盘向下盘方向推进，各工作台阶采用双侧交替入车方式。

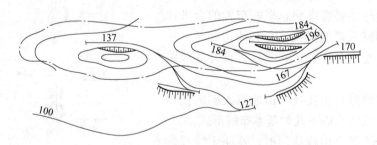

图 3-3　二马露天矿上部开拓系统示意图

实践证明，上述布线形式能使各开采台阶经常保持固定的运输联系，不会因为干线设置在露天开采境界内而影响台阶的正常采掘工作，并且使会让站至电铲装车地点之间的列车入换距离较短。但是，当各工作台阶开采到末期时，由于入车弯道逐渐缩小到允许的最小曲线半径后，如继续维持原来的入车线路布置，就势必严重影响下部各台阶的推进。此时，一些矿山采用开掘双壁路堑以铺设折返渡线向开采工作面入车的方式来解决，如图 3-4 所示。也有某些矿山由于受原有站线的条件所限，为了使台阶开采末期实现折返入车而不得不对该台阶的折返站进行移设和改建，这就给矿山生产带来不利的影响。白云鄂博主矿 1710 折返会让站的改建就是其中一例。由此可见，针对孤立山峰地形的布线特点，

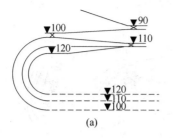 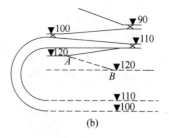

图 3-4　阶段开采末期入车线路的布置

（a）正常生产时线路布置；（b）开采末期线路布置

在具体设置折返站线时，要考虑各台阶开采末期的入车条件，力争使线路特别是站场的移设和拆除工程量最小。

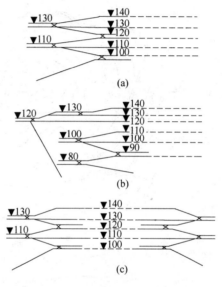

图 3-5　单侧山坡折返干线布置

（a）一套折返线的一侧进车；

（b）多套折返线的一侧进车；

（c）端部折返双侧进车

当采场附近为单侧山坡时，运输干线多设在露天开采境界以外的端部。根据地形条件，采用端部双侧或一侧入车，如图 3-5 所示。大冶东露天铁矿就是采用这种布线形式，如图 3-6 所示。该矿区地形较为复杂，山顶最高标高为 300m，破碎站标高 75m。180m 标高以下采用斜坡铁路开拓。运输干线设在开采境界以外的两侧山坡上，开采的各个台阶都有独立的出口与干线联系，构成两侧环形入车。工作线从下盘向上盘推进。矿山站设在矿体下盘，干线从露天矿最终境界内穿过，但该部分矿岩是在上部台阶结束后再进行开采的，因此并不影响矿山工程的发展。

上述布线形式表明，铁路干线的布置受地形条件影响很大。鉴于铁路线路要求的纵坡较缓，曲线半径较大，为了避免过大的线路工程量，其干线在平面上通常不得不呈折返式或直进与折返的联合形式，从而使列车运行经折返站时须停车换向，延长列车运行周期，降低机车效率。因此，在设计铁路开拓系统时，应注意尽量减少折返次数。在条件许可的地方，可采用回头弯道代替折返站线，或直接采用螺旋干线的形式。图 3-7 是白云鄂博铁矿上部开拓系统。该矿矿体出露于孤立山峰，最高标高为 1783m。破碎站设在矿体上盘开采境界外，标高为 1629m。铁路干线绕山而上，呈螺旋状，从各会让站用联络线路通往各个开采水平。由于干线设置在开采境界以外，与工作线的推进互不影响。这种干线布置系统使列车可以顺利通过各会让站，从而消除了折返干线的缺点。

综上所述，充分利用矿区地形合理布线是解决斜坡铁路开拓法在山坡露天矿应用的关键。在确定开拓系统时，应保证铁路干线固定，力求减少基建工程量和达到良好的运输条件，以充分发挥铁路运输的作用。

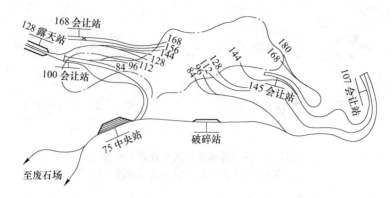

图 3-6　大冶东露天矿上部开拓系统示意图

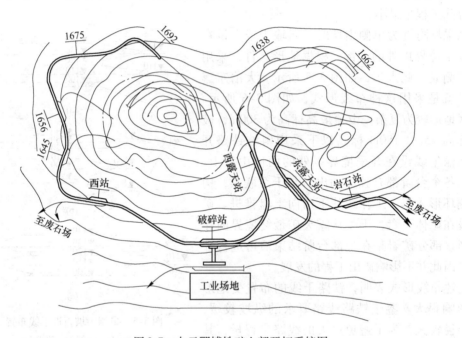

图 3-7　白云鄂博铁矿上部开拓系统图

3.2.2　铁路运输开拓法在深凹露天矿的应用

随着露天开采的不断延伸发展，山坡露天矿开采必然逐步转为深凹露天矿开采。目前我国冶金矿山已有十多个转入深凹开采的露天矿，而铁路运输的矿山产量又占总产量的60%。因此，研究斜坡铁路开拓在深凹露天矿的应用仍具有一定的现实意义。表3-5是我国几个深凹露天矿斜坡铁路开拓的技术特征。

表 3-5　采用斜坡铁路开拓的深凹露天矿的技术特征

项　目	眼前山铁矿	凹山铁矿	大冶铁矿	大孤山铁矿	白云鄂博铁矿	
					主　矿	东　矿
设计的矿岩产量/×10⁴t·a⁻¹	1137	1100	1050	2749	1665	1460
露天采矿场设计深度/m	198	210	166	274	396	376

续表3-5

项　目	眼前山铁矿	凹山铁矿	大冶铁矿	大孤山铁矿	白云山鄂博铁矿	
					主　矿	东　矿
铁路设计铺设深度/m	198	100	100	—	120	124
干线布线方式	下盘固定干线	下盘固定干线	下盘固定干线	下盘移动干线	上盘移动干线	上盘移动干线
干线数量	单线	单线	单线	双线	双线	双线
干线坡度/‰	30	30	35	15～30	30	30
台阶入车方式	单侧一边进车	单侧交替	单侧交替	单侧交替	单侧交替	单侧交替
机车粘重/t	100	80	80	80，100，150	80，150	80，150
自副车载重/t	60	60	60	60	60，100	60，100

表内数据均为设计资料

深凹露天矿是从地表开始向下开采的。采用斜坡铁路开拓时，首先要从地表向深部开采的第一个水平开掘露天沟道以铺设铁路运输干线。以后随着矿山工程的发展，铁路干线再逐步延伸加长。露天矿开采终了时，运输干线才全部形成。因此，深凹露天矿铁路开拓系统的形成与矿山工程的发展有着紧密的联系。开拓坑线的位置随矿山工程的发展有固定和移动之分，下面分别介绍其开拓特点和程序。

3.2.2.1 固定坑线

深凹露天矿的铁路干线一般都设置在露天矿边帮上，其布线方式因受露天矿平面尺寸的限制而常呈折返式。当折返坑线沿着露天开采境界内的最终边帮（非工作帮）设置时，则运输干线除向深部不断延深外，不作任何移动，故称为固定坑线。图3-8为固定折返坑线开拓的矿山工程发展示意图。其发展程序如下：

（1）按所确定的沟线位置、坡度和方向，从地表向下一水平掘进出入沟，自出入沟末端向采场两端掘进开段沟，以建立开采台阶的最初工作线。

（2）开段沟掘成后，即可进行扩帮和剥采工作。

（3）当该水平扩帮达到一定宽度，即新水平的沟顶至该扩帮台阶坡底线的距离不小于最小工作平盘宽度后，在该水平进行剥采工作的同时，开始按设计预定的沟位，向下一新水平开掘出入沟和开段沟。

（4）新水平的开段沟完成后即可进行扩帮工作，以下各水平均按此发展顺序进行。

由图3-8可见，固定折返坑线开拓的特点是铁路干线设于露天矿不进行矿山工程的一帮，在开采过程中，各台阶工作线向一方平行推进。从沟线至工作线需经端帮绕行，这就要求从非工作帮至剥采工作线的宽度不小于2倍最小曲线半径。当小于该值时，为保证列车出入工作面，可用临时渡线连接工作线。从折返干线向工作面配线的方式，通常有单侧进车、双侧交替进

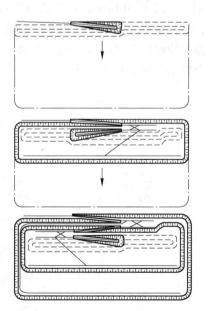

图3-8　固定折返坑线开拓的矿山工程发展程序

车和双侧环行三种。生产能力大的露天矿，当每个台阶工作的电铲数达到两台或两台以上时，多采用双侧进车的环行线路。生产能力不大的露天矿，为了减少联络线路和扩帮工程量，多采用单侧或双侧交替进车线。常用的折返站及干线的布设形式如图 3-9 所示。

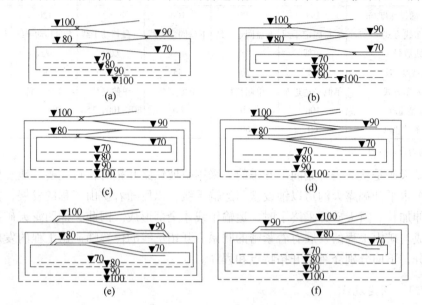

图 3-9　深凹露天矿折返站及铁路干线布设形式

（a）单线双侧交替进车；（b）单线单侧进车；（c）单线折返环行；（d）双线折返环行雁尾式站；

（e）双线折返环行套袖式站；（f）双线直进式环行

眼前山铁矿设计的深部开拓方式是深凹露天矿采用固定铁路折返坑线开拓的典型实例，如图 3-10 所示。该矿从 105m 水平开始转入深凹开采，露天采矿场设计深度为 198m，台阶高度 12m，采用准轨铁路运输。固定坑线布设在底帮，工作线由下盘向上盘推进，运输干线坡度 30‰。由于受干线坡度和采场长度的限制，干线每下一个台阶需折返一次，各台阶采取单侧进车形式。

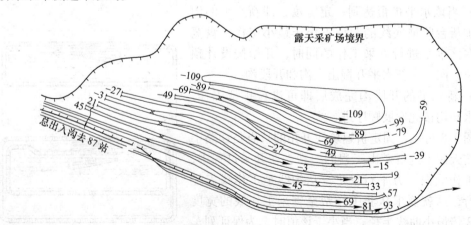

图 3-10　眼前山铁矿固定铁路折返坑线开拓示意图

固定折返坑线开拓的主要优点是：

（1）全部折返沟均设在露天矿场的一帮，故开拓剥岩量少。

（2）在开采过程中，各水平的工作线长度基本固定，并且推进方向一致，生产工艺和生产管理都比较简单。

（3）可多水平同时工作，有利于均衡和调节生产剥采比。

这种开拓方式的主要缺点是：

（1）列车需在折返站停车换向或会让，故运行速度降低，使线路通过能力下降。

（2）必须设置一定长度的折返站，造成端帮剥岩量过多，而端帮剥岩又比较困难。

为了克服上述缺点，在条件允许的情况下，尽量减少折返站的数目，即根据采矿场的走向长度，使每个折返站尽可能多服务几个台阶，采取直进与折返的联合方式。这种方式的开拓特点与固定折返坑线开拓相同，在此不再重述。

3.2.2.2　移动坑线

前述固定坑线开拓时，是沿着露天矿最终开采境界掘进出入沟和开段沟。扩帮以后，出入沟内的运输干线就固定在矿场的边上。但是，在生产实践中常因特殊的需要，出入沟不是从设计境界的最终位置上掘进，而是在采矿场内其他地点掘进。这时，掘完沟扩帮时，工作台阶上要保留出入沟，以保证上、下水平的运输联系。随着台阶的推进，出入沟向前移动，运输干线也向前移动，一直推到开采境界边缘，出入沟才固定下来。这种开拓方式称为移动坑线开拓。图3-11是大孤山铁矿移动坑线开拓示意图。图中表示18m水平正在用上装车法掘沟，30m、41m和53m水平设有下盘移动坑线，分别有两个工作帮同时向上、下盘推进。

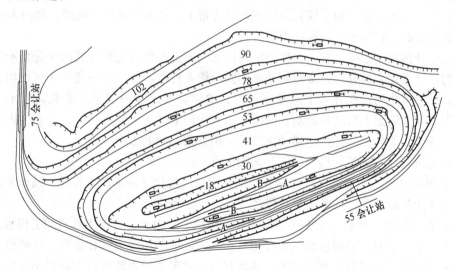

图 3-11　大孤山铁矿移动坑线开拓示意图

从图中可以看出，移动坑线开拓具有以下特点：

（1）开拓沟道设置在露天矿工作帮上，掘完沟后，通常有两个工作帮同时向上盘和下盘方向推进。

（2）在开采过程中，为了保持上、下水平的运输联系，随着工作帮的推进，开拓沟道需要不断改变其位置。

（3）由于沟道穿过工作台阶，因此在移动坑线区内，其工作台阶高度是不恒定的。

为了进一步揭示移动坑线开拓的基本规律，下面以图 3-12 说明移动坑线的开拓程序：

（1）靠近矿体从采矿场中部按设计的位置掘进出入沟和开段沟，掘沟后，扩帮工程从中间向两帮推进，如图 3-12（a）所示。

（2）在向下盘方向推进的工作台阶上，设有出入沟，台阶被出入沟分割成两个倾斜的分台阶，称为"上、下三角掌子"，如图 3-12（b）所示。为了保护出入沟内的运输干线不被切断，进行开采时，应先推进出入沟侧帮，即开采"上三角掌子"，扩大出入沟的宽度。出入沟宽度达到一定程度，把运输干线移过去后，再进行原来被运输干线压住的部分，即开采"下三角掌子"。

（3）当露天矿底部平盘宽度扩大到两倍最小平盘宽度以后，才能开掘下一个水平的出入沟和开段沟，并保证当下部台阶开段沟结束后，上部台阶还能保持正常的运输联系。上部各台阶继续按箭头指示方向推进，

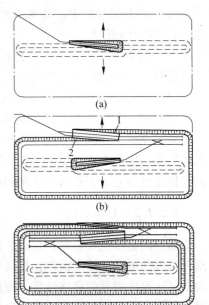

图 3-12   移动坑线开拓程序示意图
1—上三角掌子；2—下三角掌子

移动坑线随着台阶推移到设计的最终境界时，出入沟及运输干线就固定在最终边帮上，从而变成固定坑线，如图 3-12（c）所示。各台阶的开拓均按上述程序类推进行。

从上述开拓程序中可以看出，移动坑线区域内的工作台阶是被分成两个分台阶分别进行开采的，这就使之具有与正常台阶开采不同的作业特点。即：在三角掌子区段内，开采的台阶高度是变化的；在开采上三角掌子时，电铲需要站在斜坡道上装载高度不等的爆堆，列车需在大坡道上启动和制动；同时，出入沟内干线需要经常移设，并在沟内应增设装车线。这些作业特点，必然给移动坑线的应用带来不利的影响。

与固定坑线开拓比较，移动坑线开拓的优点是：

（1）可以靠近矿体掘进出入沟和开段沟，能较快地建立起采矿工作线，减少基建剥岩量，加快矿山建设速度，使矿山早日投产。

（2）移动坑线一开始并不设在固定的非工作帮上。因此，当矿床地质和工程水文地质情况尚未完全探清时，采用移动坑线开拓可在开采过程中加深了解和掌握，以便合理地确定露天采场的最终边坡角和开采境界，这就有可能避免由于边坡角过大或过小而造成资源和经济上的损失，以及由于改变开采境界而造成技术上的困难。

（3）可以自由地选定开拓坑道的位置，有利于根据选择开采的要求确定工作线推进方向，以减少开采过程中的矿石损失和贫化。

（4）由于移动坑线铺设在工作帮上，当露天矿场底部平盘宽度较小时，采用移动坑线能够避免为露天矿场底保持 2 倍最小曲线半径而引起的扩帮量。并且可以省掉两端帮的联络线路工程量，缩短运输距离。

当然，由于移动坑线的作业特点也带来了一些不利的因素，其缺点是：

（1）在设有移动坑线的工作台阶上，生产作业比较困难，从而使设备效率、劳动生产率、采剥成本等生产技术指标比用固定坑线开拓都要差些。具体反映在穿孔爆破工程量增加，据研究，三角掌子穿孔工作量大约增加 2 倍左右，钻机生产能力下降约 10%，而炸药消耗量约增加 4%~10%，电铲装车效率降低，一般约低 4%，线路质量较差，列车重量减小，通过能力降低。

（2）移动坑线占用的台阶工作平盘较大。在移动坑线上，除要铺设运输干线外，还要有铺设装车线和堆置爆堆的宽度。为了使干线移设不影响生产，尚应预先铺上备用线路，然后才拆除旧有线路，特别是要减少干线移设次数，就要增大一次移设距离，更需加大平盘宽度。其结果使设有移动坑线一帮的台阶数减少，工作帮坡角相对地大为减缓，增加了超前剥离工程量。

（3）由于干线经常移设，线路维修和移设的工程量很大，一般移道工作量增加 1~1.4 倍。同时，运输干线和站场是分段移设的，台阶工作线也要相应地分区推进，产生干线和站场移设与各台阶开采之间的配合问题，使工作组织复杂化。

对于走向长度小的露天矿采用移动坑线，上述缺点更显突出。

移动坑线开拓在露天煤矿使用较广。由于煤矿岩石大多比较松软，矿区走向长度较大，从而能在一定程度上克服移动坑线缺点的影响。我国抚顺西露天煤矿因为其底盘岩石很不稳定，所以采用规模庞大的移动坑线系统来处理顶帮岩石。移动坑线开拓深度达 300m，采矿场长 6.5km，最大一条干线一次降深 4 个台阶，年最大运输量达 $4.2 \times 10^7 m^3$，干线平均每次移设的距离为 60~80m。该矿通过几十年的生产实践，为我国露天矿山使用移动坑线开拓，提供了丰富的生产经验。

实践表明，采用移动坑线开拓也能保证矿山正常持续生产。但是由于它的采用会给生产组织和技术经济条件都带来很多不利因素。因此，对于金属露天矿来说，采用移动坑线开拓，必须是为了某些突出的目的。一般的使用条件是：（1）当矿床地质或水文地质勘探不清，而又立即要进行矿山工程时；（2）对于急倾斜矿体，为了缩短露天矿建设期限，减少基建工程量；（3）考虑今后必须进行扩建或改建的露天矿。例如，大孤山铁矿为扩大露天开采境界而采用移动坑线开拓的方案。该矿原设计最终开采标高只到 −54m，而实际露天矿合理开采深度可达 −200m 以下，故扩大开采境界，沿原设计境界边缘开掘出入沟和开段沟，采用移动坑线开拓方法向新的开采境界过渡，这样可使在改建期间免于停产或减产；（4）露天矿开采到最底部几个台阶时，由于底部平盘宽度不足，若采用固定坑线时，为了形成运输环形线，必引起补充扩帮，增加剥岩量。此时，可改用移动坑线开拓，把坑线布置在工作帮上，运输线路不必绕到工作帮，从而免于增加扩帮工程量，如图 3-13 所示。

综上所述，斜坡铁路开拓是一种通用性较强的开拓运输方式，它具有前述铁路运输的优缺点。可以认为，在产量大、运输距离远、地形简单、高差又不太大的露天矿中，斜坡铁路开拓的优越性能得到充分发挥，效果较好。但是，对于地形崎岖、矿体赋存条件复杂、矿区范围狭小的露天矿，采用这种开拓方式就有一定困难。

目前，我国露天矿使用斜坡铁路开拓法还比较多，其原因之一是受设备供应条件所限。今后，随着我国矿山机械制造工业和汽车工业的发展，将可以根据需要，选用其他适

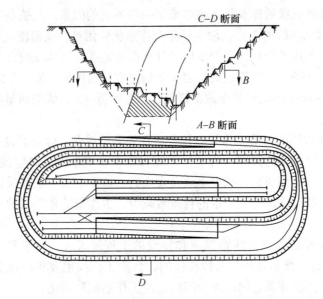

图 3-13 上部水平设固定坑线、下部水平设移动坑线的示意图

当的开拓运输方式。这种开拓方法在我国露天矿使用所占的比例，将会迅速下降。

3.3 公路运输开拓法

斜坡公路开拓是现代露天矿广为应用的一种开拓方式，特别是有色金属露天矿均以这种开拓为主要方式。根据我国矿产资源的特点，这种开拓方式的应用将有迅速增加的趋势。表 3-6 是我国部分露天矿斜坡公路开拓的主要技术特征。

表 3-6 部分斜坡公路开拓露天矿的技术特征

项 目		白 银 厂 铜 矿		大石桥镁矿	××矿
		1 号露天	2 号露天		
设计规模：矿岩/ $\times 10^4 t \cdot a^{-1}$		$4 \times 10^6 m^3$	200 ~ 350	208	—
矿石/ $\times 10^4 t \cdot a^{-1}$		260 ~ 280	70 ~ 120	134	100
山头标高/m		1940	—	349	255
总出入沟标高/m		1853	1873	200	171
采场底部标高/m		1643	1708	0	39
工作面推进方向		原为向下盘现改为垂直走向	原为向上盘，现改为垂直走向	向下盘	垂直走向
公路干线位置：山坡部分		—	—	下盘山坡	—
深凹部分		上盘边帮	下盘边帮	上盘边帮	下盘边帮
公路展线方式		回返式	回返式	回返式	回返式
汽车载重量/t		25 ~ 27	25 ~ 27	10	10

采用斜坡公路开拓时，开拓坑道也是一些设置公路干线的缓倾斜露天沟道。其布置形

式与斜坡铁路开拓类似，可分为直进式、回返式和螺旋式三种基本形式，如图 3-14 所示。其中以回返式（或直进回返的联合形式）应用最广，下面分别介绍其开拓特点。

3.3.1 直进式坑线开拓

在用斜坡公路开拓山坡露天矿床时，如果矿区地形比较简单，高差不大，则可把运输干线布置在山坡的一侧，并使之不回弯便开拓全部矿体，运输干线在空间呈直线形，故称为直进式坑线开拓。

图 3-15 是山坡露天矿直进式公路开拓示意图。从图中可以看出，运输干线布置在露天矿场的一侧，工作面单侧进车，空重车对向运行，汽车在干线上运行不必改变方向。

对于深凹露天矿，当矿床埋藏较浅而又有足够的走向长度时，也可采用这种开拓方式。此时，运输干线设置在露天矿场的一帮，公路不必回弯便可下到露天矿场底部。南芬露天矿深部矿体的开采也用这种开拓方式。该矿在 +290m 以下深凹部分开采深度为 90m，露天矿底长达 2000 余米，因此设计选用了两条直进式公路干线开拓露天矿地表以下部分。两条公路干线都设置在上盘边帮上，根据排土场和选矿厂布置的条件，采场南北两端各有一个出口，沟道到采场中间便下到露天矿底。

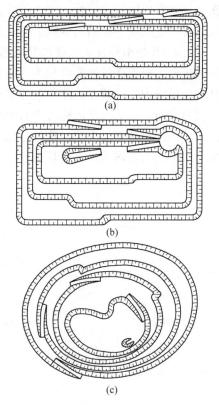

图 3-14 斜坡公路开拓坑线布置基本形式
（a）直进式；（b）回返式；（c）螺旋式

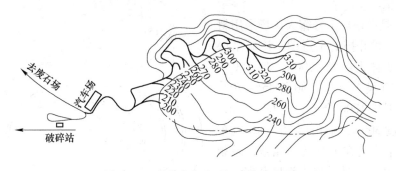

图 3-15 直进式公路开拓系统示意图

直进式公路开拓的优点是布线简单、沟道展线最短、汽车运行不回弯、行车方便、运行速度及运输效率高。因此，在条件允许的地方，应优先考虑采用。

3.3.2 回返式坑线开拓

当开采深度较大的深凹露天矿或比高较大的山坡露天矿时，为了使公路开拓坑线达到所要开采的深度或高度，需要使坑线改变方向布置，通常是每隔一个或几个水平回返一次，从而形成回返式坑线。这种布线方式的特点是：开拓坑线布置在露天矿的一帮，汽车在具有一定曲线半径的回返线上改变运行方向。为了布置回返线段，需修建回返平台。

图 3-16 是南芬铁矿山坡部分采用斜坡公路回返坑线开拓的方案。该矿地形较为复杂，高差很大，根据产量的要求和排土场分布的情况，设计了两条回返干线，一条在矿体上盘开采境界以内，一条在矿体下盘开采境界以外。公路限制坡度为 8%，回返平台最小曲线半径为 15m。由于汽车运输转弯的曲线半径不大，容易布线，修建回返平台并不困难，所需土方工程量很少。因此，这种布线方式在生产中应用很广，它不仅适用于山高、坡陡、地形崎岖的山坡露天矿，而且也适用于开采深度较大的深凹露天矿。

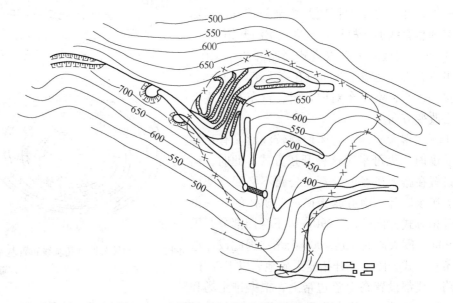

图 3-16　山坡露天矿斜坡公路回返坑线开拓

图 3-17 是白银厂 1 号露天矿场采用斜坡公路回返坑线开拓的示意图。该矿系深凹露天矿，矿体走向长 1200m，厚 100～200m，中间有很多夹层，倾角 45°～70°。露天开采范围长 1200 余米，宽 600 余米，设计开采深度 300m。矿山用 25～42t 汽车运输。公路干线设在上盘及两端帮，限制坡度为 8%～10%。从总出入沟口至露天采场的底部，只需设置两个回返平台，回返平台的最小曲线半径为 15～25m。在两个回返平台之间，每个台阶公路干线上留有

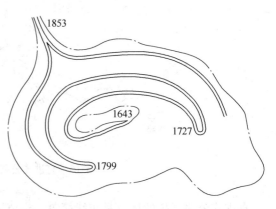

图 3-17　深凹露天矿公路回返坑线开拓示意图

40m 长的联络平台，以便与台阶联络线连接。这种布线方式实际上是直进与回返联合的一种形式。

回返式公路开拓程序和铁路折返坑线开拓相似。这种开拓方式的主要优点是容易布线，适用范围广，矿山工程发展简便，同时工作台阶数目较多。但其缺点是当汽车经过曲

线半径很小的回返平台时，需减速运行，并要求司机十分谨慎，从而降低了运输效率。因此，在实际布线的过程中，都力求减少线路的回返次数，以便减少修建回返平台所引起的扩帮工程量，并改善汽车的运行条件。

3.3.3 螺旋式坑线开拓

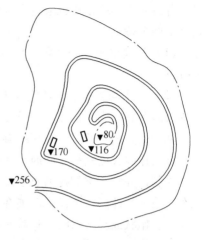

当开采深凹露天矿时，为了避免采用困难的曲线半径，可使坑线从采矿场的一帮绕到另一帮，在空间呈螺旋状，故称螺旋坑线。这种坑线开拓的特点是坑线设在露天矿场的四周边帮上，汽车在坑线内直进运行。

图 3-18 是弓长岭铁矿独木采区设计的开拓系统图。该采区采用 15～25t 自卸汽车运输，采矿场的平面为 800m × 600m，近似圆形，而开采深度为 180～200m，围岩比较稳定。若采用回返坑线开拓，回返次数很多，势必增加扩帮工程量，并使运行条件恶化，故选用螺旋坑线开拓。干线限制坡度为 8%，台阶高度12m，坑线绕边帮三周便下到矿场底部。

图 3-18 弓长岭铁矿独木采区
公路螺旋坑线开拓

螺旋坑线开拓程序如图 3-19 所示。首先，沿着开采境界按设计的位置掘进倾斜的出入沟，掘到 -10m 标高以后，再掘进开段沟。为了给下一个台阶的开拓创造条件，开段沟应沿着出入沟前进的方向，继续向前掘进。开段沟掘到足够的长度，即开始扩帮，扩帮到一定宽度后，再在扩帮的同时，沿 -10m 水平的出入沟末端，向前掘进 -20m 水平的出入

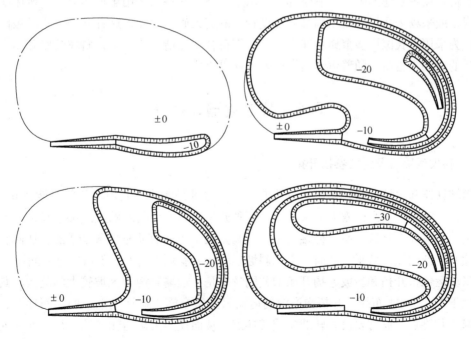

图 3-19 螺旋坑线开拓程序示意图

沟和开段沟。-20m 水平的升段沟掘到足够的长度，并扩帮到一定宽度后，再沿 -20m 水平出入沟的末端，掘进 -30m 水平的出入沟，开拓新水平，以此类推。

从上述开拓程序可以看出，采用螺旋坑线开拓时，开段沟必须沿出入沟的方向向前掘进，各台阶工作线推进也应为下面台阶掘沟和扩帮创造条件。因此，矿山工程的发展就出现如下两个特点：

（1）远离出入沟的台阶工作线部分应加速推进，从而形成以出入沟末端为固定点的扇形推进方式。

（2）出入沟成螺旋状环绕露天矿边帮向下延深，同时工作台阶数就不能超过露天矿场一周所能布置的出入沟数。

基于上述两个特点，采用螺旋坑线开拓时，工作线推进速度在其长度上变化不均，有效采掘工作线长度缩短，同时工作台阶数目较少，新水平准备时间长，使露天矿生产能力受到限制，并常常增加提前剥岩量，因此，限制了这种布线方式的普遍应用。然而，由于汽车运输灵活性高，为使汽车能在坑线内直进运行，对于长宽比不大的露天矿场，且矿体成块状、帽状或星散状时，这种布线方式有其实际应用的意义。

应该指出，斜坡公路开拓也可以把坑线布置在工作帮上而成为移动坑线开拓方式，其开拓程序及特点与铁路移动坑线开拓相同。但由于公路开拓不需要复杂的铁路工程，出入沟坡度较陡，长度也小，所以在新水平准备和生产组织上较简单。为了缩短运距、减少基建剥岩量和新水平准备工作量，可采用移动斜坡公路开拓法。

斜坡公路开拓法所采用的运输方式主要是汽车运输。它具有机动灵活、调运方便、爬坡能力大、要求的线路技术条件较低等优点，从而使开拓坑线较短，可减少开拓工程量和基建投资，缩短基建期限，有利于加速新水平准备。它特别适用于地形复杂、矿床赋存形状不规则或采场平面尺寸较小而开采深度较大的露天矿。因此，这种开拓方式已被国外露天矿广为采用。我国许多金属和非金属矿床都符合上述情况，今后，斜坡公路开拓在我国露天矿的应用，也将会随着汽车运输的发展而更为广泛。

3.4　其他运输开拓法

3.4.1　斜坡运输机及斜坡卷扬开拓

斜坡铁路和斜坡公路开拓所需设置的开拓坑道都是缓沟，其坡度一般只能在 6° 以下。因此，在深露天矿和高山露天矿采用上述两种开拓方式时，线路的展线都很长，不但使运距增大，运输效率降低，而且使掘沟工程量和露天矿边坡的补充扩帮量增加，从而影响矿山基建和生产的经济效果。此时，采用斜坡运输机或斜坡卷扬开拓能解决这一问题。

斜坡运输机开拓和斜坡卷扬开拓的共同特点是：运输堑沟为纵坡较大的陡沟，其坡度一般大于 16°，易于布线，开拓沟道内的运输只是整个露天矿运输系统的中间环节，在陡沟的起点和终点，通常要设置转载站或转换点，从而使露天矿运输系统的统一性和连贯性受到破坏。因此必须要注意运输的衔接和配合，这是保证这类开拓方法可靠而有效的重要前提。

3.4.1.1 斜坡运输机开拓

斜坡运输机开拓采用的运输方式为胶带运输和胶轮驱动运输，但以前者为主，后者应用不多。带式运输机是一种连续运输设备，有很高的运输能力，其设备简单、制造容易、重量轻，可以自动化。从长远的观点看，它是实现露天矿生产连续化和自动化的可行办法。因此，这种开拓运输方式已广为国外露天矿所采用。例如，美国的双峰铜矿、鹰山铁矿和加拿大的克雷蒙特铜矿等大型金属露天矿都采用了斜坡运输机开拓，取得了良好的经济效果。

在采用这种开拓方法时，常需开掘坡度适合于布设运输机的陡沟。陡沟多设在非工作帮上呈直进式。若采场非工作帮边坡角小于18°时，则运输机可直接布置在边坡上。其布置方式如图 3-20 所示。

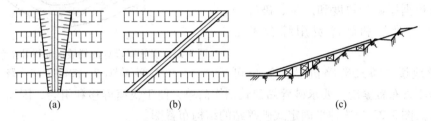

图 3-20 运输机在边坡上的布置方式

（a）沿边坡掘沟布置；（b）斜交边坡布置；（c）支架式布置

斜坡运输机开拓在金属露天矿应用的主要问题是矿岩的破碎块度。现代大型运输机运输的最大允许块度只在 0.5m 以下，因而在向运输机装载前，必须对矿岩加以破碎，这就要在采场内设置破碎机站，破碎设施需随露天矿延深而向下移设。为了使破碎机站实现较长时间的固定（半固定式），常采用其他开拓方式与之配合，组成联合的开拓运输系统。

图 3-21 为山坡露天矿采用斜坡运输机开拓的实例。该矿运输机只运矿石，运输机道

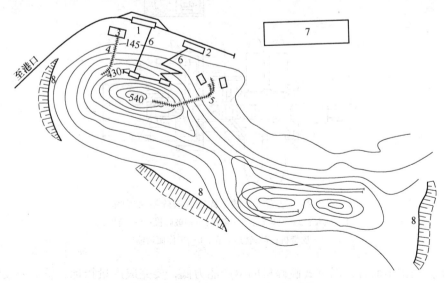

图 3-21 海南石碌铁矿开拓系统示意图

1—平炉矿仓；2—高炉矿仓；3—贮矿仓；4—矿石卷扬机道；5—辅助卷扬机道；

6—皮带运输机；7—工业广场；8—排土场

设在采矿场以外，采场内用窄轨铁路运输。矿石经翻矿平台翻入倾斜溜井贮矿槽，经板式给矿机装到带式运输机上。运输机的末端为成品贮矿槽。外部运输为准轨铁路。

深凹露天矿应用斜坡运输机开拓时，较多地用汽车与之配合组成联合运输。半固定式破碎机站设在边帮上，汽车在台阶上运输，矿岩经破碎转载站由带式运输机运至地表，也可一直运往选矿厂或排土场。图3-22为斜坡运输机开拓的深凹露天矿示意图。

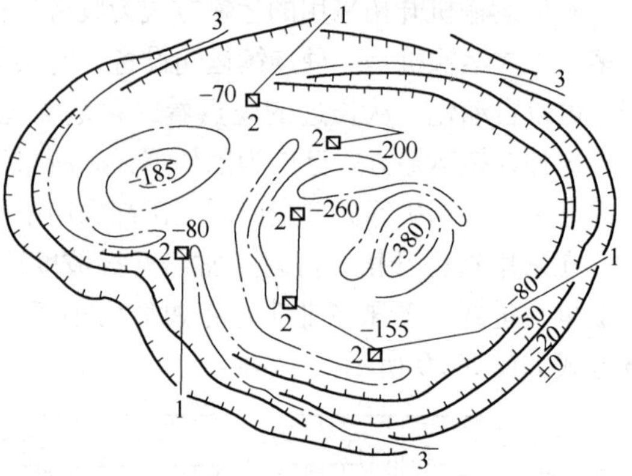

采矿场内半固定式破碎站所用的破碎设备，应根据原矿的块度和产量、破碎站移设工作的难易和破碎费用综合考虑而定。

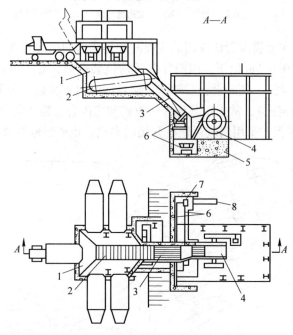

图 3-22　某铜矿设计的斜坡运输机开拓系统图
1—带式运输机；2—破碎机；3—公路

一般地说，颚式破碎机操作简单可靠、体积小，布置紧凑，要求破碎站建筑结构简单，便于快速拆移和组装，因而在生产中应用较广。图3-23为这种半固定式破碎站的结构布置图。

图 3-23　某露天矿的半固定式破碎站布置图
1—漏斗；2—给矿机；3—格筛；4—破碎机；5—溜槽；
6—皮带机；7—转运矿仓；8—工作面运输机

对于大型矿山而言，因颚式破碎机的生产能力低，要完成产量指标，就需要安装多台同时工作，这样就会造成运输和破碎站拆移上的困难，而且生产经营费用也较高。因此可选用一台圆锥式破碎机。这种破碎机生产能力高，电耗量低，经营费用少，修理周期比颚式破碎机长几倍。但是它的体积高大，建设费高。其布置形式如图3-24所示。

近年来，国外开始在坚硬岩石的露天矿中研究使用移动式的破碎机站，这种破碎机设在工作平盘上，随工作面的推进而移设，这样就可以使工作面运输也用运输机。其工艺过程是：挖掘机将爆破后的矿岩装入给料口，进入粗破碎机，经闭路循环破碎筛分后的矿岩，再经斜坡运输机直接运到地面矿石加工厂或排土场。

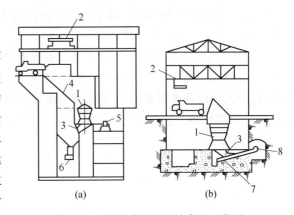

图3-24　圆锥式破碎机站布置示意图
1—圆锥式破碎机；2—吊车；3—溜槽；4—格筛；5—电动机；
6—板式给矿机；7—皮带机；8—皮带机及地下通廊

3.4.1.2 斜坡卷扬开拓

斜坡卷扬开拓是在斜坡道上利用提升设备转运货载，而在露天采场内的工作台阶和地表，则常需借助于其他运输方式建立联系。

采用这种开拓方法时，也需开掘坡度较大的直进式陡沟，对于山坡露天矿，陡沟应设在开采境界外，对于深凹露天矿，为了缩短采场内运输距离和使沟道位置固定，一般将沟道设在端帮或非工作帮的两侧较为适宜。

当露天矿最终边帮的坡度小于提升设备所允许的坡度时，沟道可以垂直边帮布置。反之，为减少由于设置斜坡卷扬机道而引起的扩帮量，则应与边帮呈斜交布置。

斜坡卷扬开拓的主要运输方式是钢绳提升。根据提升容器不同，提升方式又可分为串车提升、箕斗提升和台车提升三种。其中以前两者在露天矿应用较为广泛。

A　斜坡串车提升开拓

斜坡串车提升是在坡度小于30°的沟道内直接提升或下放矿车的，在卷扬机道两端不需转载设备，只设甩车道。在采矿场内，用机车将重载矿车牵引至甩车道，然后由斜坡卷扬提升（或下放）至地面甩车道，再用机车牵引至卸载地点。斜坡提升线路的布置形式如图3-25所示。

山坡露天矿也可采用斜坡串车提升开拓。在条件适宜的地方，可不必装设动力设备，而采用重力卷扬运输。但一

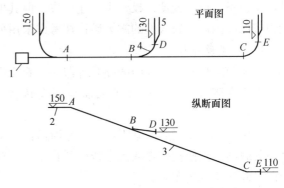

图3-25　具有甩车道的斜坡提升线路
1—卷扬机房；2—上部平台；3—倾斜干线；
4—甩车道；5—调车平台

台重力卷扬设备只能完成一个水平的下放任务，故生产能力低。山坡露天矿各水平剥离的岩石，一般都就近排弃至相邻的山坡上。如果是孤立的山峰没有相邻的山坡，则由卷扬机道下放，然后运至排土场。这时矿岩可分别用两台卷扬机下放，也可共用一台卷扬机完成。图3-26是山坡露天矿串车下放开拓示意图。

对于斜坡串车提升开拓的窄长形深凹露天矿，为了提高开采强度，一般将工作线垂直

走向布置，沿走向方向推进。由于这类矿山同时工作的台阶数不多，每一卷扬机道通常只服务一两个水平，采场结构比较简单。

金岭铁矿5、6采区是采用斜坡串车提升开拓的典型实例（见图3-27）。该采矿场长700m，宽180m，设计深度115m，用1.1m³V形矿车窄轨运输。斜坡道设于下盘，坡度为25°，同一沟内设两条线路，分别用两台提升机提升，卷筒直径2.5m，电机容量260kW，提升机房标高91m，岩石提升至该标高运往排土场。矿石在68m标高甩车运往破碎厂，每次提升4个矿车。

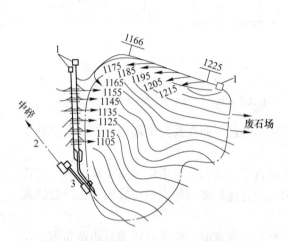

图3-26　山坡露天矿串车下放开拓示意图
1—卷扬机房；2—索道；3—粗碎车间

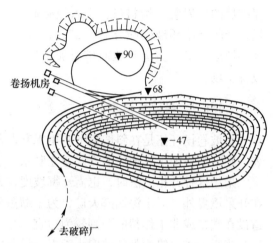

图3-27　金岭铁矿斜坡提升道开拓示意图

斜坡串车提升开拓适用于垂直高度小于100m工作面用窄轨运输的中、小型露天矿。其所用设备简单、轻便，投资少，建设快。但其生产能力受矿车载重和调车的限制，一般能力较低。因此，较大型的露天矿往往考虑采用另一种提升方式。

B　斜坡箕斗提升

斜坡箕斗提升是用专门的提升容器——箕斗将汇集于出入沟内的矿岩提升或下放至地面。矿岩在露天采矿场内和地表需经两次转载，工作面和地面需用其他运输方式与之配合。

采用斜坡箕斗提升的露天矿，工作面运输常用汽车，也可用机车。在露天场内需设箕斗装载站，以便把矿岩从汽车转载到箕斗中。在地表则要有箕斗卸载站，使矿岩通过矿仓向自卸汽车或矿车转载。

箕斗装载站可有两种布置形式，一种是常用的跨越式栈桥，如图3-28（a）所示，运输车辆在栈桥上向箕斗侧面卸载。另一种是尽头式平台，如图3-28（b）所示，运输车辆在平台上面对箕斗道正面卸载。由于深凹露天矿的箕斗道穿过非工作帮上所有台阶，故后一种布置形式很少应用。

转载方式有直接转载和漏斗转载两种。直接转载是矿岩直接翻卸入箕斗内。为此箕斗的载重量应与车辆的载重量相适应，用自卸汽车运输时通常为一车一箕斗或两车一箕斗。直接转载的装载站结构简单，但汽车与箕斗互相制约，使设备效率降低，而且矿岩直接下落到箕斗，冲击力较大，影响箕斗使用寿命。漏斗转载是车辆在转载平台上将矿岩卸入漏

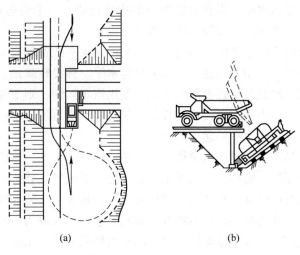

图 3-28 箕斗装载站的布置形式
（a）跨越式；（b）尽头式

斗矿仓，然后通过漏斗闸门放入箕斗。由于漏斗闸门距箕斗较近，矿岩对箕斗的冲击力比直接转载小。这种转载方式使运输车辆和箕斗的工作保持一定的独立性，但使装载站的结构复杂化了。图 3-29 是铁路运输漏斗转载站的横断面示意图。

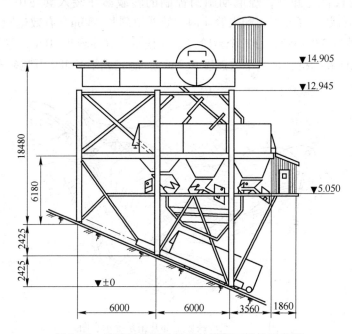

图 3-29 铁路运输漏斗转载站横断面结构示意图

箕斗装载站结构庞大，建筑和移设比较复杂。因此在多台阶同时开采的露天矿中，为了减少转载站的设置，往往采用组合台阶建立集运水平的方法。这种方法是只在集运水平上设置转载站，集运水平服务于一组工作台阶。在一组台阶内，矿岩从各工作水平运至集运水平转载，各工作水平间用缓沟建立运输联系，从而组成斜坡箕斗提升与其他方式的联合开拓方法。通常，集运水平均设在台阶组内的中部台阶。一个集运水平服务的台阶数，应根据新水平准备的技术可能性和技术经济指标来确定。

深凹露天矿用设置集运水平的方法向下延深时，新水平准备就要不断地在下面一组台阶开掘出入沟和开段沟，以便及时建立下一个集运水平，移设转载站。为了尽可能不中断生产，一般用两套以上转载站交替延深。若工作面用汽车运输，则下部一组台阶可以采用部分准备的方法，即不是沿露天采矿场全长，而仅沿提升机道附近进行采准工作，从而减少准备工程量，加快新集运水平的建立。

抚顺西露天煤矿是我国最早使用斜坡箕斗开拓的深凹露天矿。该矿在非工作帮上设置两套运煤的箕斗提升系统，俗称西大卷和东大卷。每一系统各安装两套提升设备。从工作面采出的煤用窄轨机车运到横跨箕斗道上的栈桥上，经转载矿仓装入箕斗。西大卷和东大卷每套卷扬设备的生产能力分别可达 300 万~400 万吨/年和 100 万吨/年。

斜坡箕斗开拓既可用于深凹露天矿，也常用于山坡露天矿。在我国中小型山坡露天矿中，特别是石灰石露天矿（如昆明水泥厂、广西水泥厂、湘乡水泥厂、幕府山白云石矿等），应用斜坡箕斗运输矿石者颇多，但废石则一般用工作面的运输设备直接运往排土场。

峨口铁矿是用斜坡箕斗开拓山坡露天矿的一个实例（见图 3-30），该矿走向长达 2000米，宽 1000 余米，地处山岳地带，高差较大。斜坡箕斗道设在开采境界以外的采矿场一端，下部直通工业场地。采掘工作面用 25t 汽车运输，由公路干线与箕斗连接，汽车把矿石运至斜坡道的栈桥上卸载，经电动闸门控制的转载漏斗装入箕斗中。转载漏斗容积 36m³，每两车矿石装一漏斗，再卸入箕斗内。箕斗道斜长 480m，有效运距 380m，下放垂直高度 234m，坡度 33°~38°，每三个台阶设一座栈桥。箕斗容积 30m³，平均载重 50t。提升用 2JK6×2 双筒卷扬机，最大下放速度 6.7m/s，能完成年产 480 万吨矿石的任务。

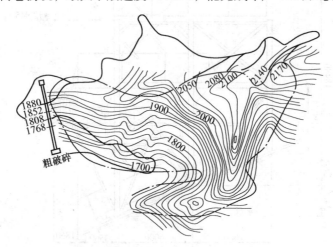

图 3-30　峨口铁矿上部开拓系统示意图

斜坡箕斗开拓的主要优点是：能以短距离克服大高差，设备简单，经营费用较低，投资少，建设快。但其缺点也较多，例如：机动灵活性差，运输环节多而互相制约，矿岩需要几次转载，管理工作复杂，庞大的采场转载站需要定期移设，往往影响生产，给新水平准备带来困难等。因此，这种开拓方式在大型露天矿中应用并不广泛，但斜坡箕斗开拓对于山坡和深露天矿，特别是中小型矿山，仍具有较强的适用性。

为了克服上述两种提升方式需要二次转载的缺点，某露天矿采用了汽车台车提升。该矿设置的斜坡卷扬道长 320m，倾角 14°，小时最大提升能力为 800t。其汽车台车结构如图 3-31 所示。这种方式的优点是使汽车运距短，效率高，不需设置转运站，简化了组织管理工作。但提升负荷大，有效提升量低，经营费用较高，需要特别的提升设备。

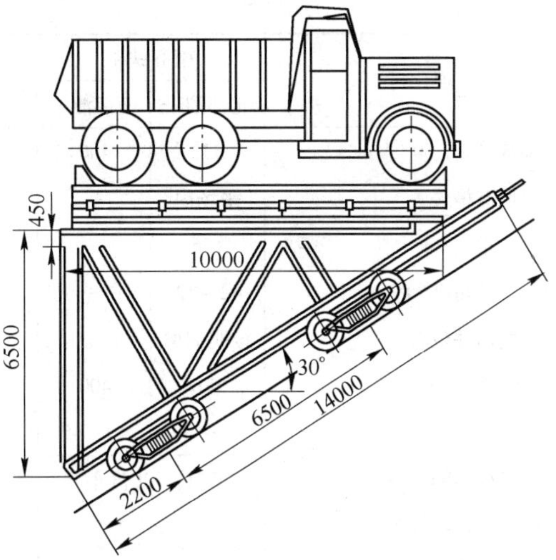

3.4.2 平硐溜井及井筒提升开拓

平硐溜井开拓和井筒提升开拓所用的开拓巷道均为地下井巷，但前者的运输方式为自重溜放，后者常为卷扬提升或胶带运输。

图 3-31　提升 40 ~ 50t 汽车的台车示意图

3.4.2.1 平硐溜井开拓

平硐溜井开拓是借助开掘溜井和平硐来建立采矿场与地面间的运输联系的。矿岩的运输不需任何动力，而只靠自重沿溜井溜下至平硐再转运到卸载地点。因此，它也不能独立完成露天矿的运输任务，需与其他运输方式配合应用。在采矿场常采用汽车或铁路运输，在平硐内一般可采用准轨或窄轨铁路运输。当平硐不长，运距和运量不大时，还可采用大型水平箕斗运输，直接将矿石卸至粗破碎的贮矿槽中。

平硐溜井开拓主要适用于山坡露天矿。采用这种开拓方式的矿山，常只用溜井溜放矿石，而岩石则直接运至山坡排土场排弃，只有不能在山坡排土时，才用溜井溜放岩石。为了减少溜井的掘进工程量，在有利的山坡地形条件下，上部可采用明溜槽与溜井相接。

溜井承担着受矿和放矿任务，它是平硐溜井开拓运输系统中的关键环节。合理地确定溜井的位置和结构要素，对保证矿山正常生产具有重要意义。表 3-7 是我国一些采用平硐溜井开拓的露天铁矿的技术特征。

表 3-7　部分露天铁矿平硐溜井开拓的技术特征

项　目	南芬铁矿		齐大山铁矿 （南区）	符山铁矿 （一采区）	攀枝花铁矿
	北部溜子	南部溜子			
设计规模/×10^4 t·a^{-1}	470		200	40	大型
溜放矿石名称	贫铁矿石		贫铁矿石	铁矿石	钒钛磁铁矿
硬度 f	12 ~ 16		12 ~ 16	8 ~ 10	12 ~ 16
块度/mm	<1000		<1200	<400	<1200
溜井溜槽数量	1	1	1	2	4
其中：溜井	—	1	—	2	3
溜槽	1	1	1	—	1

项　目	南芬铁矿		齐大山铁矿（南区）	符山铁矿（一采区）	攀枝花铁矿
	北部溜子	南部溜子			
溜放矿石总高度/m	332	400	123	200	470
明溜槽位置	采场内	—	采场内		采场内
垂高/m	156	—	130	—	92
倾角/(°)	42~52	—	42		45~48
暗溜井位置	接明溜槽	采场内	—	采场内	采场内
垂高/m	176	400		200	250~430
倾角/(°)	—	40~45	—	90	60~90
采场内运输设备	25t、40t 汽车		12t 汽车	10t、20t 汽车	20t、25t 汽车
平硐中运输设备：					
机车粘重/t	80		80	7	80
矿车载重/t	60		60	1.6m³	60
放矿闸门形式	2400×4000 板式给矿机		3200×2100 指状闸门	1510×1000 指状闸门	3400×8000 板式给矿机

A　溜井平硐的布置

溜井的位置需根据地质地形条件，考虑工作水平、开段沟的位置及进车方向、工业场地的位置、工作面与溜井的运输联系、平硐的长度以及过渡到深部开采时旧有设施的利用等因素来决定。溜井布置的合理性，主要应符合总运输距离短、井巷工程量小、工作安全可靠这三个原则，特别是后者尤为重要。应保证溜井穿过的岩层稳固，整体性强，避免穿过厚的软岩夹层、大断层、破碎带、裂隙发育区以及大的含水层。如果受条件限制，溜井必须布置在上述地段时，应对溜井进行局部或全部加固，并采取必要的防排水措施。

采场内用汽车运输时，一般是设置集中放矿溜井。其特点是溜井数目少，整个矿开采水平共用一两个溜井放矿，这样能减少溜井开凿工程量和便于管理。集中放矿溜井可布置在采矿场内或采场外，为缩短运距，一般多设在采矿场内，并设有备用溜井，以保证露天矿正常生产。

从最大限度地缩短总运输距离出发，采场内的集中放矿溜井可布置在采场中部矿量中心附近的工作台阶上，在主溜井附近设出入沟与各工作台阶联系。这种布置方式的优点是运距短。但随工作线的推进，溜井卸矿口要停产"降段"，使工作组织复杂化。图 3-32 是齐大山铁矿设计的平硐溜井开拓系统图。该矿是用集中放矿溜井开拓，工作面用 25~100t 汽车运输，溜井系统设在采矿

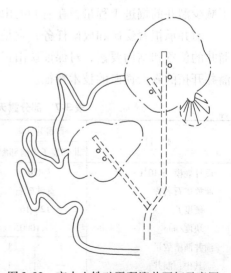

图 3-32　齐大山铁矿平硐溜井开拓示意图

场中部的工作台阶上，井深300~400m，汽车从各个工作水平装矿后，经公路移动坑线到卸矿平台所在的水平去翻矿。为了简化溜井系统，溜井内不设破碎硐室，矿石直接溜送至平硐转运。

为了减少放矿工作与采矿工作的互相牵制，也可把集中放矿溜井设置在采场内的侧帮。这样能使井口卸矿平台达到较长时间的固定，并有可能利用地形在上部设置明溜槽，减少井巷工程量和缩短建设期限。南芬露天矿平硐溜井开拓系统就是采用这种布置形式的（见图3-16）。该矿位于高山地带，工业场地标高为290m，采场与地面高差约400m。平硐开掘在290m标高上，在露天开采境界内的端部，设南北两个溜井系统，同时工作的卸矿平台为1~2个。从工作面用汽车运来的矿石集中到卸矿平台翻车。北部溜井上部采用明溜槽结构，下部为斜溜井，南部溜子为斜溜井结构，两溜井系统中部均设破碎硐室，矿石经破碎后再溜至平硐内，经平硐转运至选矿厂。图3-33是南芬露天矿北部溜井系统图。

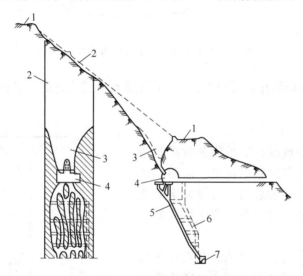

图 3-33 南芬露天矿北部溜井系统图
1—卸矿平台；2—明溜槽；3—贮矿仓；4—破碎机硐室；5—溜井；
6—检查天井；7—平硐

采矿场采用铁路运输时，由于铁路运输机动灵活性差，故应设置分散放矿溜井，每个溜井负担放矿的台阶数最多为2~3个。溜井一般是布置在采矿场境界以外的端部，如图3-34所示。

若把分散卸矿溜井设置在采矿场内时，则应在垂直或近于垂直矿体走向的方向上，每隔一定距离布置1~2个溜井，其间距应保证每个开采水平在任何时候都有溜井可以放矿，为此，一般不应大于最小工作平盘宽度。这样布置溜井数目多，井巷工程量大，而且溜井经常需要降段，工作比较复杂。所以，只在同时工作台阶数目很少或无条件布置外部溜井的小型露天矿才采用这种方式。

平硐的位置应与溜井位置同时确定。确定平硐位置时，除应考虑溜井的合理布置外，还应注意以下几点：(1) 尽可能缩短平硐的长度；(2) 平硐位于露天采场之下时，平硐顶板距露天矿场底平面的最小垂直距离不得小于15m；(3) 当平硐位于采矿场之内时，平硐标高越低，则开拓矿量越大，越能充分利用地形高差，降低运营费用；(4) 平硐口应设

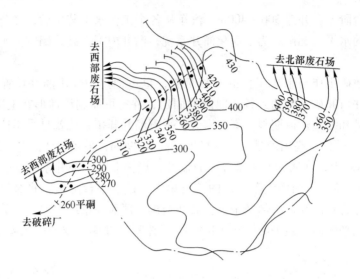

图 3-34　采场外的分散卸矿溜井布置图

在洪水位以上，并且应该在岩层稳固、不易产生滑坡和雪崩之处。其标高不宜低于粗破碎原矿槽的标高。

　　B　溜井的结构要素

　　溜井由井口、溜放段、贮矿段及放矿漏斗等部分组成。其结构要素包括深度、断面形状和尺寸、倾角以及漏斗的规格。合理地确定这些要素，对保证溜井正常工作、防止事故发生具有重要的意义。

　　（1）溜井深度。过去曾认为，矿石在垂直溜井中溜放时，随着溜井深度加大，降落速度也将增加，对溜井底部及井壁的冲击磨损也越大。所以对单段溜井高度有一定限制，通常规定为不超过 150m。但实践证明，矿石在溜井中的运动情况却如图 3-35 所示。矿石由卸矿平台沿抛射角 α 进入溜井，在重力作用下冲击井壁于 A 点，这是冲击作用最严重的地点，称为冲击点。接着，矿石由 A 点沿反射抛掷角 β 反射回来至 B 点冲击井壁，由于 $\beta < \alpha$，故 B 点冲击力小于 A 点冲击力。继续向下运动，水平分力逐渐减弱，溜井深部磨损破坏作用减小。由此可见，冲击破坏磨损最严重的部位是溜井的上部，而与溜井深度关系不大。因此，合理的溜井深度可根据溜井上、下部分磨损的均匀性和施工技术条件予以确定。只要采用合理的溜井

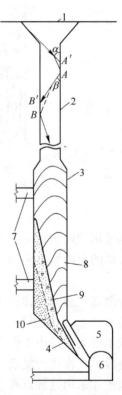

图 3-35　矿石在溜井内的运动规律

1—井口；2—溜放段；3—贮矿段；4—放矿漏斗；
5—装矿硐室；6—平硐；7—检查巷道；8—畅流区；
9—滞流区；10—粉矿堆积区

断面形状和大小，增大贮矿高度，单段溜井的深度可以增加。实际上我国应用的溜井深度已达 300m 以上。

（2）溜井的断面形状和尺寸。溜井的断面多开凿成圆形，这种形状有利于提高井壁的稳定性。

溜井断面尺寸是溜井工作可靠性的主要条件之一。如果断面不够大，矿石中又有大块和湿矿粉，在停止放矿时贮矿被夯实，易发生矿石结拱的堵塞事故。为避免堵塞，溜井的直径不应小于允许最大放矿块度的 4~6 倍，如果粉矿量较多且湿度较大时，贮矿段直径应大于最大块度的 5~8 倍。

（3）溜井的倾角。溜井依其倾角有倾斜溜井和垂直溜井之分，而以垂直溜井较为优越。因为在倾斜溜井中，矿石对溜井溜放段的底板冲击磨损比较严重，使溜井倾角变缓，甚至影响放矿。而下部贮矿段的底板又经常堆积一层粉矿，其安定角达 70° 左右。若贮矿段倾角小于 70° 时，则粉矿堆积后将使断面减小，容易造成溜井堵塞。而且在相同垂高时，垂直溜井长度最小。因此，最好使用垂直溜井。在必须采用倾斜溜井时，其倾角也以大于 70° 为宜。

（4）漏斗结构及规格。在生产中为了减轻矿石对漏斗闸门的冲击和放矿装载的需要，溜井的下口都采用一段斜坡，并逐渐收缩成漏斗状，这就是溜井的漏斗部分，但溜井事故又多发生在此处。因此，应合理地确定漏斗的结构规格。

模拟试验表明，矿石在溜井下部的移动规律如图 3-35 所示。靠近顶板附近的矿石，在正常放矿时，大体按椭球形状向下移动，这个区域称为畅流区。中间部分矿石在正常放矿时不动，在放空时才能放出，称为滞流区。靠近底板部分，即使溜井放空后也不能自动溜出，称为死区或粉矿堆积区，其堆积角一般为 65°~70°。由此可见，若漏斗底部收缩过急，底板坡角较缓，固然能减小对闸门的冲击，不易发生"跑溜子"事故，但堵塞事故就会更严重。在实际中应用的漏斗底板坡度常为 40°~50°，个别可达 55°。漏斗顶板的倾角一般为 65°~75°，底板长度为 5~7m。

C 平硐溜井系统的生产能力

在正常生产的情况下，平硐溜井系统的生产能力，主要取决于溜井上口的卸矿能力和平硐运输通过能力两个环节。

a 溜井（溜槽）上口的卸矿能力

采用汽车运输时

$$p_a = \frac{3600 T K_1 q_a N_a}{t} \quad （吨／班） \tag{3-1}$$

式中　T——卸矿平台每班工作时间，h，一般按 7h 工作计；

　　　t——汽车调车及卸车时间，s，汽车 $t = 90s$；

　　　K_1——卸矿平台利用系数（考虑来车的不均衡性）；

　　　q_a——汽车有效载重量，t；

　　　N_a——同时在卸矿平台卸车的汽车数，台，一般 $n = 1~2$ 台。

从上式可见，当汽车设备和卸矿平台结构一定时，卸矿平台利用系数对溜井上口卸矿能力有很大影响。只要保证能连续供给货载，提高卸矿平台利用系数，汽车卸矿平台的卸矿能力是很大的。南芬铁矿原 622m 卸矿平台（可以容纳 3 台汽车同时卸矿）最高班卸能力达 9000t 以上。

采用铁路运输时

$$p_t = \frac{3600Tnq}{nt_1 + t_2 + t_3} \quad （吨／班） \tag{3-2}$$

式中　n——列车牵引的矿车数；

　　　q——矿车有效载重量，t；

　　　t_1——每辆矿车的卸车时间，s；

　　　t_2——列车调车时间，s；

　　　t_3——列车等候时间，s。

铁路运输和平硐溜井配合时，一般多为窄轨。采用机车牵引时，多用曲轨卸车。

　　b　平硐运输的通过能力（Q）

$$Q = \frac{3600TK_2nq}{n(t_4 + t_5) + t_6} \quad （吨／班） \tag{3-3}$$

式中　K_2——溜口装车工作系数，一般取 $0.7 \sim 0.9$；

　　　n——平硐内列车牵引矿车数；

　　　q——矿车有效载重量，t；

　　　t_4——闸门放矿装一个矿车的时间，s；

　　　t_5——装满一个矿车后的移动时间，s；

　　　t_6——列车入换时间，s。

平硐溜井运输系统的生产是由溜井口卸矿、闸门放矿和平硐运输所完成的。因此，必须保证这三个生产环节的密切衔接和配合，并在生产过程中经常针对薄弱环节，采取必要的措施从而提高整个系统的生产能力。据南芬露天矿的实际资料，一个溜井系统每年可以完成 400 万 ~ 600 万吨的产量。实践证明，平硐溜井开拓的实际生产能力是相当大的。

平硐溜井开拓适用于地形复杂、高差较大、坡度较陡、矿体在地面标高以上的露天矿。与其他开拓方式比较，其主要优点是可利用地形高差自重放矿，运营费用低，缩短了运输距离，加速运输设备周转，可用少量运输设备完成大的产量，减少了运输线路工程，基建投资少，基建时间短。因此，平硐溜井开拓法在我国山坡露天矿中得到了广泛应用，并已积累了丰富的经验。当然，这种开拓方式也有其固有的缺点，主要是容易出现溜井堵塞、跑矿、井壁严重磨损等事故，以及井底装载时矿尘对人体的危害，曾被认为是可靠性较差的一种开拓方法。但据我国矿山多年来生产实践证明，只要合理地确定溜井的位置和结构要素，采取必要的防水、防堵和除尘措施，加强技术组织管理工作，上述缺点是完全可以克服的。

3.4.2.2　井筒提升开拓

在深露天矿采用斜坡卷扬或斜坡运输机开拓时，需要设置移动的转载破碎站，转载站的移设和斜坡道的延深，以及采场内运输与提升作业的互相干扰，都会给生产带来不利的影响，而且设置斜坡道的露天边帮也常常存在边坡稳定的问题。此时，可考虑采用井筒提升开拓，以克服上述缺点。

井筒提升开拓是借助开掘地下井筒来建立采矿场与地表之间的运输联系的。按井筒倾角大小的不同,它又可分为斜井提升开拓和竖井提升开拓。

A 斜井提升开拓

露天矿用斜井提升开拓时,斜井的位置可根据矿床地质地形条件,布置在采场的上、下盘或两端帮岩石内。斜井与采矿场的联结形式有斜井石门和斜井溜井两种。

斜井的倾角主要取决于所用的提升运输方式。主要的运输方式有胶带运输、箕斗提升和串车提升。当斜井的倾角小于露天矿边坡角并采用阶段石门联结时,为了缩短石门的长度,可以使斜井伪倾斜布置。

图3-36为我国金岭铁矿3号、4号小露天矿斜井串车提升开拓系统示意图。该矿在矿体的下盘设置一条斜井,采用阶段石门与采场连接。各水平矿车经石门至井底车场,再由斜井提升至地面。由于串车提升要求的提升坡度较小,以斜井代替陡沟,可减少开拓工程量,并能为深部地下开采服务。

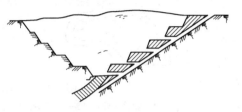

图3-36 金岭铁矿斜井串车提升开拓

对于运输机斜井和箕斗斜井,可用溜井与采场连接。这种方式取消了石门水平运输的环节,而代之以利用自重运输的溜井系统。为了减少溜井的数目和使破碎转载站得以固定设置,常采用集中卸矿溜井。溜井在采场内的布置及其本身结构与平硐溜井开拓中的溜井相同。

图3-37是矿山村铁矿斜井箕斗提升开拓示意图。该矿用箕斗斜井作提升废石之用,废石在采场内经溜井溜下至井底,并装入箕斗中,然后由斜井直接提升至地面人造山排土场卸载,提升能力达40万吨/年。该方案使废石的提升和堆置工作统一起来,减少了运输环节,并且不

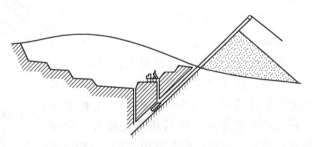

图3-37 矿山村铁矿斜井箕斗提升开拓示意图

需转载栈桥,简化了转载设施,从而使剥岩成本降低。

近年来有不少大型深露天矿采用溜井—斜井运输机开拓系统。这种开拓方式的优点是溜井转载简单,有一定贮矿能力,运输机能实现连续运输,主要干线设在斜井内不与采场内线路相互干扰,可以设置永久性的破碎设施,并在增加深度、扩大开采境界时,技术上不发生困难。

某铜矿是采用这种开拓方式的典型实例(见图3-38)。该露天矿地表长1200m,宽900m,最终边坡角55°。采场内用汽车运输,最大采深已达200m左右,日产富矿2.4×10^4t。该矿建设了一条运矿石的运输机斜井系统。斜井从地表向下掘进,倾角15.5°,高2.4m,宽3.3m,长750m。斜井底部设宽8m、高30.5m的地下破碎硐室,其上用溜井与采场联结。矿石在采场用汽车运至溜井翻卸,由溜井下放到位于露天矿最终境界下面的地下破碎硐室,经破碎后由斜井运输机提升运往选矿厂。由于采用了这一开拓系统,使全露天矿矿石成本比原用汽车运输降低了20%。

采用斜井运输机开拓时,有些露天矿还采用石门作为联结巷道,也可把半固定破碎站

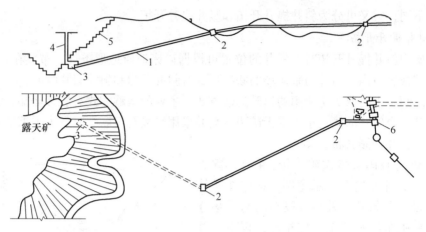

图 3-38 某铜矿斜井运输机开拓系统图

1—斜井运输机；2—转运站；3—破碎站；4—溜井；5—露天矿境界；6—卸矿站

设在露天矿边坡上，直接由斜井运输机把矿石提升至地面。俄罗斯的英古列茨露天铁矿和萨尔拜露天矿设计的深部开拓方案，就是这方面的突出例子，如图 3-39 和图 3-40 所示。

B 竖井提升开拓

竖井提升开拓常用的提升方式有罐笼提升和箕斗提升，其中以后者为主。

在采用竖井罐笼提升开拓时，竖井与采场之间常用阶段石门连接。矿车从工作水平经石门到井底车场，然后用罐笼提升，如瑞典基鲁纳铁矿的废石提升就曾采用这种方式。

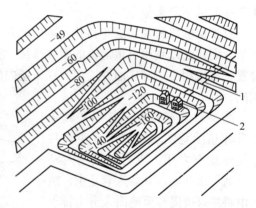

图 3-39 英古列茨露天矿斜井运输机开拓示意图

1—斜井；2—半固定性破碎站

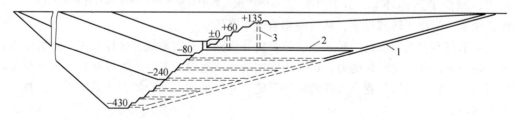

图 3-40 萨尔拜露天矿石门—斜井运输机开拓方案示意图

1—斜井；2—主运输机巷道（石门）；3—溜井

该矿上部用露天开采，采场尺寸为 3200m×480m，最终开采深度为 230m。采场内用宽轨铁路运输岩石，矿车沿运输巷道驶抵竖井井底车场，继而用罐笼提升到隧道所在水平，再编组列车运往排土场。

对于箕斗提升竖井，常用石门和一定数量的溜井与采场连接。各水平采出的矿石用溜井下放到集运水平，经石门运往井底车场提升。这种开拓方式应用较多。美国共和铁矿的深部开拓方案就是其中一例（见图3-41）。该矿处于坎坷不平、树木繁茂的高地，矿体长1800m，平均厚度150m，向下延深至少900m。但圈定的露天开采深度仅为300m左右，边坡角达55°。目前该矿已转入深部开采，年产矿石750万吨。在设计深部开拓方案时，考虑到今后从露天向地下开采过渡的可能性，要求该方案能同时适应地下开采的需要。而且由于已有的磨矿车间较近，无法安置斜井运输机系统。因此采用了竖井箕斗提升开拓方案。矿石在采场用汽车运至溜井翻卸，经地下破碎机破碎后，由石门运输机运至竖井箕斗提升。该方案的运距最短，而且在向地下过渡时，只要竖井随工作面的推进而下延，就可作为地下开采的出矿口，满足地下生产的需要。

　　我国铜官山铜矿是采用这种开拓方式的另一实例（见图3-42）。该矿属中型露天矿，年产矿石60万~75万吨，是用露天法开采过去地下开采时留下的矿柱。由于地下开采时已经建成了箕斗竖井的开拓系统，故露天开采时，为减少投资和经营费用而沿用原有竖井，采用竖井箕斗提升开拓。工作面运输用汽车。岩石直接运往外部排土场。矿石运至矿体中部间距为100m的4个溜井中，经石门运至井底车场，由箕斗提升至地表，直接卸入选矿厂的贮矿仓。

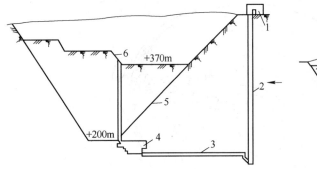

图3-41　共和露天矿深部系统示意图
1—地面破碎机站；2—竖井；3—石门；4—地下破碎机站；
5—最终露天开采境界；6—目前露天开采边界

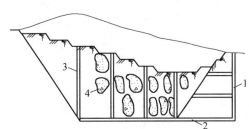

图3-42　铜官山铜矿的竖井箕斗提升开拓
1—竖井；2—石门；3—溜井；4—采空区

　　竖井提升开拓虽然能以最短的提升距离克服最大的高差，但其运输环节过多，提升能力较低，且需要的地下井巷工程量最大。因此，这种开拓方式常用于有旧井巷可利用或将来要向地下开采过渡的露天矿。

3.4.3　联合开拓法

　　联合开拓法是指在同一个露天矿中，采用两种或两种以上的开拓方式共同建立地表与采矿场各工作水平之间运输联系的方法。其特点是，采矿场内的矿岩采用不同的运输方式接力式地运至地面。而由一种方式转为另一种方式时，需要经过转载。在实践中，此种开拓方法应用甚广，因为它能充分发挥各种运输方式的特长，适应不同类型矿床开拓的需要。

　　联合开拓法兼有它所联合的各种开拓方法的优点，而避免其缺点。而且随着开采深度的增加，其优越性更为突出。因此，在开采深度或高差很大的露天矿采用联合开拓法更具重要的意义。

　　联合开拓法可有多种多样，但常用的主要为斜坡铁路—公路、斜坡公路—平硐溜井、斜坡公路（或铁路）—箕斗、斜坡公路—运输机、斜坡公路—井筒提升等几种联合形式。

　　我国已应用联合开拓法的露天矿，除抚顺西露天煤矿属于深凹露天矿，采用斜坡铁路二箕斗联合开拓外，其他各矿多为山坡露天矿。其中主要是采用斜坡公路—平硐溜井联合开拓法，如南芬铁矿、齐大山铁矿和攀枝花铁矿等。也有采用斜坡公路—箕斗联合开拓，如峨口铁矿。

　　近年来，我国也有不少露天铁矿逐步转为深凹露天矿开采。各矿对其深部矿床开拓，大多考虑采用联合开拓方法。图 3-43 是白云鄂博东露天矿的斜坡铁路—公路—箕斗联合开拓方案。该矿在地表封闭圈以下的开采深度为 374m，自 1606m 至 1482m 水平用斜坡铁路移动折返坑线开拓，在 1470m 以下直至最终开采标高 1230m 采用斜坡公路—箕斗联合开拓。在采矿场东西两端分别设有一套箕斗斜坡道。每一套箕斗道上交错地每隔四个水平设一个转载栈桥。因而就采场而言，每两个水平有一个汽车转载栈桥。两套箕斗提升系统可交替延深。转载站是钢结构直接卸载。矿岩经箕斗提升到地面矿仓，然后装入铁路车辆分别运往破碎站和排土场。

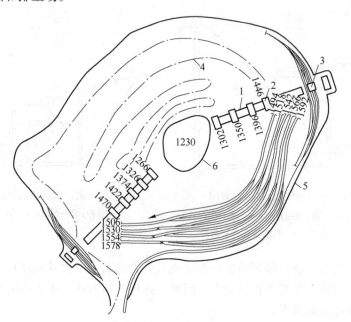

图 3-43　白云鄂博东矿斜坡铁路—公路—箕斗联合开拓方案
1—箕斗道；2—箕斗栈桥；3—地面矿仓；4—公路；5—露天采场上部境界线；6—露天采场底

　　对于原用斜坡铁路开拓的深凹露天矿，常考虑采用斜坡铁路—公路联合开拓法开拓其深部露天矿床。此时，浅部仍用斜坡铁路开拓，深部用斜坡公路开拓，在它们之间设有转载站，以建立汽车与铁路车辆之间的转运联系，组成完整的开拓运输系统。这种方法已在许多的露天矿中得到了实际的应用，我国凹山铁矿也设计并采用斜坡铁路—公路联合开拓方案（见图 3-44）。该矿在地表封闭圈以下的开采深度为 210m。在 -48m 水平以上仍采用斜坡铁路开拓，自 -48m 水平至露天矿最终开采标高 -165m 则改用斜坡公路开拓，分别在 -30m 和 -56m 水平设置转载站，用直接转载方式进行转载。

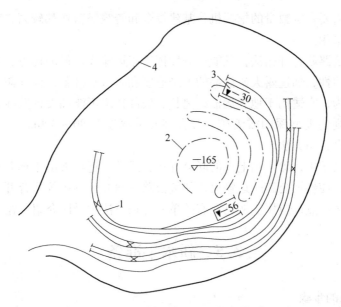

图 3-44 凹山铁矿斜坡铁路—公路联合开拓方案
1—铁路；2—公路；3—转载平台；4—露天开采境界

采用斜坡铁路—公路开拓时，在采场内的转载方式有：汽车在转载平台上向铁路车辆直接转载，如图 3-45（a）所示，以及将矿岩卸至转载沟中，由挖掘机在转载沟向铁路车辆上装载，如图 3-45（b）所示。

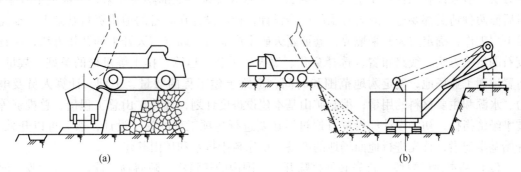

图 3-45 汽车—机车转载方式示意图
（a）直接转载；（b）挖掘机转载

采用汽车向列车直接转载时，转载平台高度可稍低于铁路车辆的上缘，以减轻汽车卸载时矿岩对铁路车辆的冲击和减少向车外撒落矿岩，并且作业安全。但汽车车挡的上部标高应高于铁路车辆的上缘，汽车车挡一般高约 0.4～0.5m。转载平台的长度和宽度可按同时卸载的汽车数量、汽车规格和调车方法确定。这种转载方式的优点是不需专门转载设备，基建投资少，转载经营费低；缺点是列车与汽车相互影响需合理地组织运输，汽车卸载时撒落在铁路上的矿岩多，清理工作量大。

采用挖掘机转载时，公路和铁路常在一个标高上，挖掘机在转载沟中上装车作业。转载沟的深度和宽度可按挖掘机的规格确定。此外，还可使汽车在高台上卸载，挖掘机和铁路在一个标高装车，但因采矿场内场地狭窄，此种方式较少采用。挖掘机转载可克服直接转载的缺点，但需要一定数量的挖掘机，基建投资和转载经营费都较高，因此宜在转载量较大的露天矿中采用。

斜坡铁路—公路联合开拓法，既能充分发挥铁路运输成本低的优点，又能充分利用汽车运输的机动灵活性，加速露天矿深部的下降速度和新水平准备，保证矿山有较高的开采强度。据研究认为，它适用于地表运输距离长、底部狭窄不能铺设铁路线和矿体赋存条件复杂、形状不规则的大型深凹露天矿，其合理开采深度在 80～300m，若超过这一深度，则应改用其他联合开拓方法。

在许多深露天矿中，除采用上述的联合开拓方式外，近年来由于钢芯胶带运输和大型汽车运输的发展，使斜坡公路—运输机、斜坡公路—斜井运输机等联合开拓方法的应用也日益增多。其开拓特点及应用实例已在有关单一开拓方法中予以介绍，在此不再赘述。

3.5　新水平准备

3.5.1　露天开采的步骤

（1）准备阶段。金属矿床露天开采经过地质勘探部门确定储量后，对矿床首先要进行开采的可行性研究。可行性研究要解决此矿床有没有利用价值，能否达到工业化开采要求。在可行性研究中要涉及矿石的品位、储量、埋藏条件、矿石综合处理难易程度、市场需求状况、开采方法。经过初步的可行性研究，完成可行性论证报告，确定开采方法。开采方法一般来说有三种：完全地下开采；完全露天开采；上部露天开采，下部地下开采。对后面两种情况都要进行露天开采的初步设计，初步设计在必备的地质资料基础上，要完成下列工作：确定露天开采境界，验证露天矿生产能力，确定露天开采的开拓方法，矿石废石的运输方法、线路布置，选择穿孔、爆破、采装、运输、排土等机械的类型、数量；布置地面工业场地，确定购地范围和时间，道路土建工程的数量、工期，计算人员及电力、水源和主要材料的用量；编制矿山基本建设进度计划，计算矿山总工程量、总投资等技术经济指标，初步设计经投资方通过后还要进行各项工程的施工设计，然后可以开采。开始基本建设，首先进行地面场地的准备、矿床疏干排水和矿山基建。

（2）基本建设阶段。首先必须排除开采范围内的建筑物、障碍物，砍伐树木，改道河流，疏干湖泊，拆迁房屋，处理文物，道路改线。对于地下水多的矿山要预先排除开采范围内的地下水，处理地表水、修建水坝和挡水沟隔绝地表水，防止其流入露天采场。这些准备工作完成后要进行矿山的前期建设，电力建设包括输电线、变电所。工业场地建设包括机修车间、材料仓库、生活办公用房；生产建设包括选矿厂、排土场、矿石、废石、人员、材料的运输线路，生产辅助建设包括照明、通信等；最后进行表土剥离，出入沟和开段沟准备新水平。随着工程的发展，矿山由基建期向投产期以至达产期发展。

（3）正常生产阶段。露天矿正常生产是按一定生产程序和生产进程来完成的。在垂直延伸方向上是准备新水平过程，首先掘进出入沟，然后开挖开段沟。在水平方向上是由开段沟向两侧或一侧扩帮（剥离和采矿），扩帮是按一定的生产方式完成的，其生产过程分为穿孔爆破、采装、运输、排土四个环节。穿孔爆破是采用大型潜孔钻机或牙轮钻机钻凿炮孔，爆破岩石，将矿岩从母岩上分离下来。采装是采用电铲挖掘机将矿岩装上运输工具，一般为汽车或火车。运输是采用汽车、火车或其他运输工具将矿石运往选矿厂，将废石运往排土场。排土是采用各种排土工具（电铲、推土机、推土犁）把排土场上的废石及表土按合理工艺排弃，以保持排土场持续均衡使用。

（4）生态恢复阶段。随着矿山开采的完成，占地面积也达到了最大，为了保护环境，促进生态平衡，必须进行必要的生态恢复工作，覆土造田，绿化裸露的场地，处理排土场渗水，保证露天采场的安全。

露天开采要遵循"采剥并举，剥离先行"的原则，要按生产能力和三级矿量保有的要求超前完成剥离工作，使矿山持续、稳定、均衡的生产，避免采剥失调、剥离欠量、掘沟落后、生产失衡的局面。

3.5.2 露天开采的发展程序

3.5.2.1 准备新水平

从露天矿场采出矿石和岩石是以一定工艺过程实现的，这种工作总称为露天矿山工程。露天矿山工程按施工对象分为剥离工程和采矿工程，按施工形式可分为掘沟工程和推帮工程（也称扩帮工程）。

在正常情况下，矿山工程的发展是按一定程序进行的。在开采一个台阶时，首先要开掘出入沟（见图3-46中*ABCD*部分），然后在此基础上开掘

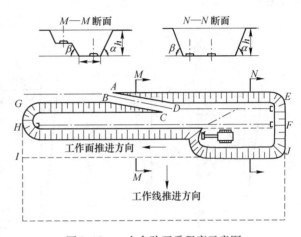

图3-46 一个台阶开采程序示意图

开段沟（*FEGH*）并铺设运输线路。当开段沟掘完一定长度或全长之后，即在沟的一侧或两侧布置工作面（*FHIJ*）进行推帮工程（采矿或剥离）。

当上一水平推帮工程进行到一定程度后（见图3-47中推进*B*距离），便可进行第二水平的掘沟和推帮，也即矿山工程从第一水平延深到第二水平（*AECD*）。以后各水平的开采程序和第一水平一样，即首先开掘出入沟，其次开掘开段沟然后进行推帮工程。

按运输方式的不同，掘沟方法可分为不

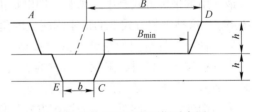

图3-47 矿山工程延深示意图

同的类型，如汽车运输掘沟、铁路运输掘沟、无运输掘沟等。现在大部分露天矿掘沟都采用汽车运输，山坡露天矿与深凹露天矿的掘沟方式有所不同。

A 深凹露天矿掘沟

如图3-48所示，假设152m水平已被揭露出足够的面积，根据采掘计划，现需要在被揭露区域的一侧挖通140m水平的出入沟，以便开采140~152m台阶。掘沟工作一般分为两阶段进行：首先挖掘出入沟，以建立起上、下两个台阶水平的运输联系；然后开掘段沟，为新台阶的开采推进提供初始作业空间。

出入沟的坡度取决于汽车的爬坡能力和运输安全要求。现代大型露天矿多采用载重100t以上的大吨位矿用汽车,出入沟的坡度一般在8%~10%。出入沟的长度等于台阶高度除以出入沟的坡度。

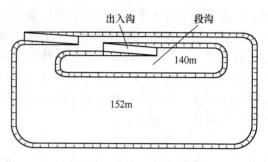

图 3-48　出入沟与段沟示意图

出入沟由于工作面倾斜,工作空间狭窄,推进台阶深度变化给穿孔、爆破、采装、运输均带来很大困难。采用汽车运输掘沟有下列几种调车方式。

最节省空间的调车方式是汽车在沟外调头,而后倒退到沟内装车,如图 3-49 和图 3-50 所示。

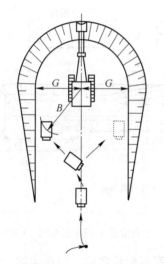

图 3-49　沟外调头中线采装

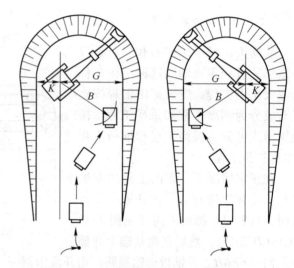

图 3-50　沟外调头双侧交替采装

最常用的采装方式是中线采装,即电铲沿沟的中线移动,向左、右、前三方挖掘(见图 3-49)。这种采装方式下的最小沟底宽度是电铲在左、右两侧采掘时清底所需要的空间。

另一种更节省空间的采装方式是双侧交替采装(见图 3-50)。电铲沿左右两条线前进,当电铲位于左侧时,采掘右前方的岩石,装入停在右侧的汽车;而后电铲移到右侧,采装左前方的岩石,装入停在左侧的汽车。

采用沟外调头、倒车入沟的调车方式虽然节省空间,但影响行车的速度与安全,因此有的矿山采用沟内调车的方式,包括沟内折返和环行调车,如图 3-51 和图 3-52 所示。

B　山坡露天矿掘沟

在许多矿山,最终开采境界范围内的地表是山坡或山包(见图 3-53),在山坡地带的开采也是分台阶逐层向下进行的。与深凹开采不同的是,不需要在平地向下掘沟以到达下一水平,只需要在山坡适当位置拉开初始工作面就可进行新台阶的推进。初始工作面的拉开称为掘沟。山坡上掘出的"沟"是仅在向山坡的一面有沟壁的单壁沟。

如果山坡为较松散的表土或风化的岩石覆盖层,可直接用推土机在选定的水平推出开采所需的工作平台(见图 3-54)。如果山坡为硬岩或坡度较陡,则需要先进行穿孔爆破,

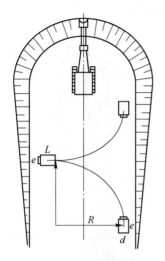

图 3-51　沟内折返调车

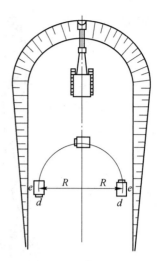

图 3-52　沟内环行调车

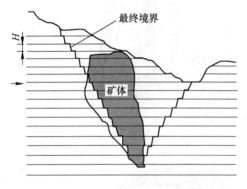

图 3-53　山坡露天矿剖面示意图

图 3-54　推土机开掘单壁沟

然后再行推平。山坡单壁沟也可用电铲掘出（见图 3-55），电铲将沟内的岩石直接倒在沟外的山坡堆置，不再装车运走。

3.5.2.2　矿山工程的发展程序

现在以螺旋坑线为例说明矿山工程的发展程序，假设一露天矿最终境界内的地表地形较为平坦，地

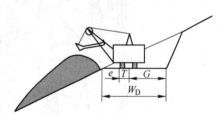

图 3-55　电铲开掘单壁沟

表标高为200m，台阶高度为12m，图 3-56 是该露天矿扩延过程示意图。首先在地表境界线的一端沿矿体走向掘沟到188m水平，如图 3-56（a）所示。出入沟掘完后在沟底以扇形工作面推进，如图 3-56（b）所示。当188m水平被揭露出足够面积时，向176m水平掘沟，掘沟位置仍在右侧最终边帮，如图 3-56（c）所示。之后，形成了188～200m台阶和176～188m台阶同时推进的局面，如图 3-56（d）所示。随着开采的进行，新的工作台阶不断投入生产，上部一些台阶推进到最终边帮（即已靠帮）。若干年后，采场现状如图 3-56（e）所示。当整个矿山开采完毕时便形成了如图 3-56（f）所示的最终境界。从图 3-56 可以看出，在斜坡道之间留有一段水平或坡度很缓的道路，称为缓冲平台。

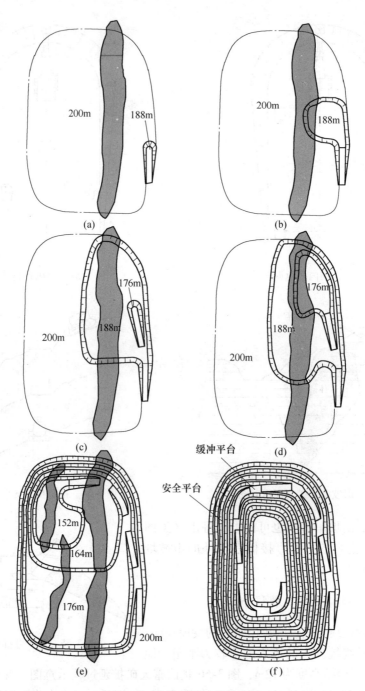

图 3-56 采场延深过程示意图

无论是固定式布线还是移动式布线，以及螺旋坑线开拓，新水平准备的掘沟位置都受到一定的限制，这在固定螺旋式布线时尤为明显。这种限制会使新水平准备延缓，影响开采强度。在实践中，可充分利用汽车运输灵活机动的特点，以掘进临时出入沟的方式，尽早进行新水平准备。临时出入沟一般布置在既有足够的空间又急需开采的区段，如图 3-57（a）所示。临时出入沟到达新水平标高后，以短段沟或无段沟扇形扩展，如图 3-57（b）

所示。临时出入沟一般不随工作线的推进而移动。当固定出入沟掘进到新水平并与工作面贯通后，汽车改用固定出入沟，临时出入沟随工作线的推进而被采掉，如图 3-57（c）所示。在采场扩延过程中，每一台阶推进到最终边帮时，均与上部台阶之间留有安全平台。在实际生产中，常常在最终边帮上每隔两个或三个台阶留一个安全平台，将安全平台之间的台阶合并为一个"高台阶"，称为并段，如图 3-57（c）中 152～164m 台阶与 164～176m 台阶。

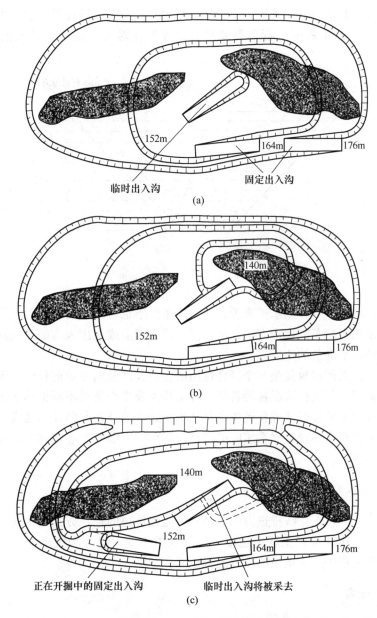

图 3-57　采用临时出入沟的采场扩延过程示意图

由上述可见，从施工形式看，露天矿山工程的发展是在露天开采境界内，自上而下按一定分层进行不断掘沟及推帮的过程。对同一个开采水平来说，一般需首先掘出入沟，然后掘开段沟和推帮（这三者的部分工程在时间上也可有所重合）；对上、下水平来说，掘沟工程与推帮工程同时进行，即上部水平在推帮过程中，下部水平进行掘沟工程。如图3-58所示，当第4水平进行掘沟时，1、2、3水平进行推帮，其中第2水平进行采矿，其余水平进行剥离。当矿山工程发展到第5水平进行掘沟时，第2、3、4水平进行推帮工程，第1水平已完全推完，其中第3水平进行采矿，其他水平进行剥离。如此不断掘沟及推帮过程中，矿山工程的深度不断增加，直到最终开采深度，各开采水平的工作线则从最初开段沟的位置不断从一侧向外推进，直到最终边界。露天矿场在发展过程中，逐步由小变大、由浅至深，不断采出矿石和剥离岩石，直至在露天矿最终境界范围内开采终了为止。

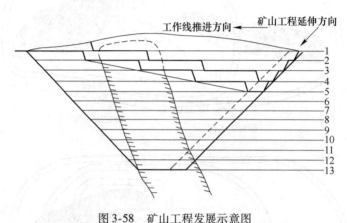

图3-58　矿山工程发展示意图

应当指出，对同一个开采水平来说，在一定条件下也可以改变开掘出入沟和开段沟的时间顺序，即采用上装车的掘沟方法，使开掘开段沟提前或与出入沟的开掘同时进行。这样能加快矿山新水平准备的速度。

综上所述，露天矿本身就是一个综合性质的企业，涉及的专业面较广。而且采矿工作的对象是天然矿岩，其赋存情况各种各样，开采地点及生产条件不断推移变化。其多环节的生产工艺构成了采矿过程从准备到生产又从生产到新的准备的循环运动规律。这就要求要有辩证唯物主义观点和理论联系实际的精神，运用多方面的专业知识去研究和解决采矿工作中的具体问题。

3.5.2.3　出入沟位置的确定

出入沟位置不同，工作线推进方向就不同，运输坑道的存在方式也不同。出入沟位于上下盘境界处，工作线推进工程中运输坑道的位置不变。出入沟位于上、下盘矿岩接触处，工作线推进工程中运输坑道的位置随着推进，如图3-59所示。

3.5.3　新水平掘沟

在露天开采过程中，随着矿山工程的发展，已有工作台阶的生产必将逐渐结束而转为非工作台阶。因此，为了保证矿山的持续生产，就必须使新水平的准备与采矿、剥岩之间保持正常的超前关系。即在上部工作水平扩帮生产的同时，及时地向下部水平开掘出入沟和开段沟，开辟新的工作水平，以便使露天矿保持有足够的作业台阶。否则就会破坏露天

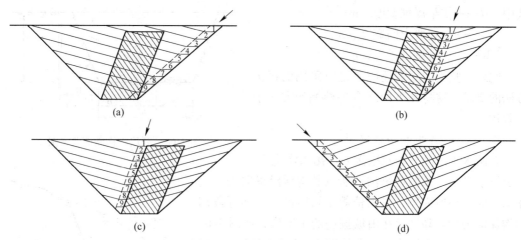

图3-59 出入沟位置的确定

矿正常生产的条件而造成严重的后果。

新水平准备的及时与否，关键在于掘沟速度。一般来说，掘沟工作面比较狭小，工艺组织和配车工作复杂。因此，加快掘沟速度就成为当前露天开采工作中带有普遍性的问题。

通常，掘沟速度 V 可用式（3-4）表示：

$$V = \frac{Q}{S} \quad （m/月）\tag{3-4}$$

式中 Q——掘沟设备的生产能力，$m^3/月$；

S——堑沟的横断面积，m^2。

从上式可见，要提高掘沟速度，就应合理地确定沟的几何要素和正确地选择掘沟方法，以减少单位沟长的掘沟工程量和提高掘沟设备的效率。

在大型金属露天矿中，主要的掘沟设备是单斗挖掘机。按其配用的运输方式不同，掘沟方法有铁路运输掘沟、汽车运输掘沟、汽车—铁路运输掘沟以及无运输掘沟等。此外，对于采用斜坡串车提升运输的中小型矿山，还有其他一些与之相配合的掘沟方法。

3.5.3.1 沟的几何要素

露天堑沟按其断面形状可分为双壁沟和单壁沟。在平坦地形或地表以下挖掘的沟都具有完整的梯形断面，称为双壁沟。沿山坡等高线挖掘的沟，只有一侧有帮壁，其断面多呈近似三角形，故称为单壁沟。深凹露天矿境界内的出入沟掘进时是双壁沟，但随着开段沟的形成，出入沟的一帮被挖掉而成单侧。无论是双壁沟或单壁沟，其几何要素都包括沟的底宽、沟帮坡面角、沟深、沟的纵断面坡度和沟的长度。

A 沟底宽度

沟底宽的确定主要应考虑沟的用途、掘沟时所用的设备类型和掘沟方法。从堑沟的用途出发，出入沟的开掘是用以铺设运输线路的，因此其底宽取决于露天矿的开拓运输方式和沟内运输线路的数目。而开段沟用于准备新水平的最初工作线，其沟底宽应保证初次扩帮爆破时不埋装车线路，如图3-60所示，可按式（3-5）确定：

$$b \geqslant B + a - W \quad （m）\tag{3-5}$$

式中　B——扩帮爆堆宽度，m；

　　　a——线路要求的宽度，m；

　　　W——一次爆破进尺，m。

此外，堑沟的底宽还应满足所采用的掘沟方法的要求。这将在下面结合各种掘沟方法予以叙述。

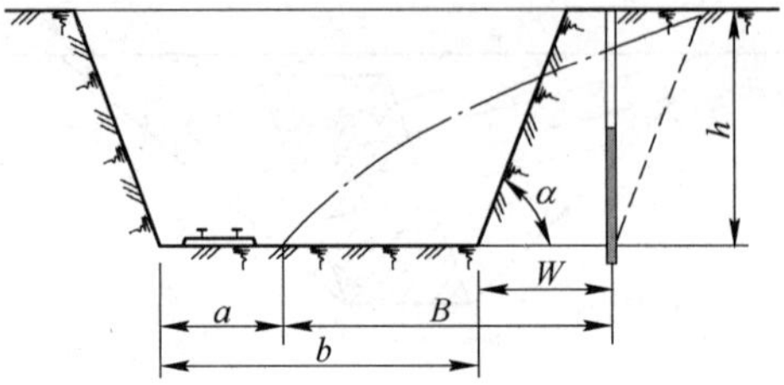

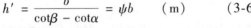

图 3-60　开段沟横断面要素图

　　B　堑沟的深度和沟帮坡面角

在两水平之间开掘双壁沟时，出入沟是连接上下水平的一条倾斜堑沟，所以其沟深沿纵向是一变化值，即最小值为零，最大值等于台阶高度。而开段沟的沟深即为台阶高度。在山坡掘进的单壁沟，如图 3-61 所示，出入沟和开段沟的沟深均按式（3-6）确定：

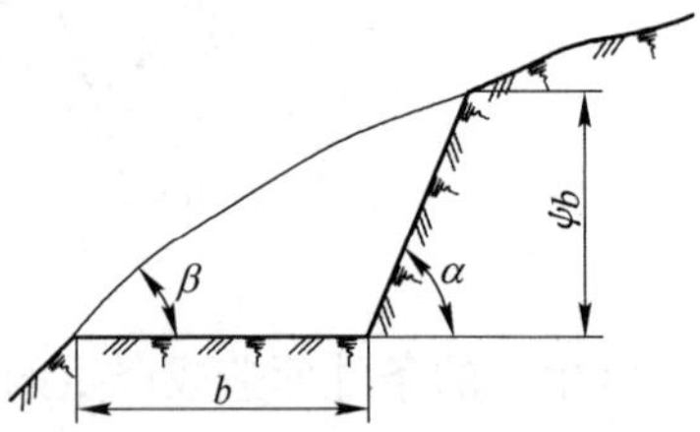

$$h' = \frac{b}{\cot\beta - \cot\alpha} = \psi b \quad \text{（m）} \tag{3-6}$$

图 3-61　单壁沟横断面要素图

式中　b——沟底宽度，m；

　　　β——山坡坡面角，(°)；

　　　α——沟帮坡面角，(°)；

　　　ψ——削坡系数，$\psi = \dfrac{1}{\cot\beta - \cot\alpha} = \dfrac{\sin\alpha \times \sin\beta}{\sin(\alpha - \beta)}$。

沟帮坡面角取决于岩石性质和沟帮存在期限。对于将来不进行扩帮采掘的一帮，其坡面角与非工作台阶坡面角相同，而进行扩帮采掘的一帮与工作台阶坡面角相同。其具体数据可参照类似矿山确定。

　　C　沟的纵向坡度及长度

出入沟的纵向坡度取决于露天矿采用的开拓运输方式和运输设备类型。其值应综合考虑对运输及采掘工作的影响并结合生产实际经验确定。

两水平间出入沟的长度取决于台阶高度 h 和沟的纵向坡度 i，其关系式为

$$L = \frac{h}{i} \quad \text{（m）} \tag{3-7}$$

开段沟通常是水平的，有时为了便于排水而采用 3‰ ~ 5‰ 的坡度，其长度一般与准备水平的长度大致相等。

3.5.3.2　沟的工程量计算

掘沟工程量直接取决于沟的几何要素，其计算方法有：（1）把沟道划分成若干个规则的几何体进行计算，即分体计算法；（2）平行横断面计算法。前者一般用于计算开掘在地形平坦或规则山坡上的堑沟，后者常用在地形复杂、堑沟横断面沿纵向变化较大的情况下。

　　A　分体法计算沟量

（1）双壁出入沟的沟量在平坦地形处开掘出入沟的形状如图 3-62 所示，沟量可分成几个组成部分计算，即中间部分的直角柱体之半 A、两帮部分的三角棱锥体 B、末端部分

的三角棱柱体 C 和四角锥体 D。各部分的体积分别计算，计算过程较复杂。

（2）单壁出入沟的沟量。若单壁出入沟的一端与平坦地面相接，其沟量可划分为下列几个部分计算（见图3-63），即沟的起端为锥体 E、中段三角棱柱体 F、沟的末端锥体 G。由于 G 值很小，故可忽略不计。按上述几何体积计算的方法，可计算沟量。

（3）开段沟的沟量开段沟末端部分的体积很小，故可忽略不计。

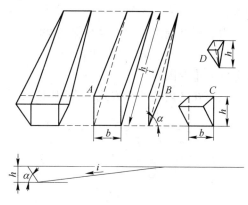

图3-62　双壁出入沟的沟量计算图

双壁段沟的沟量为

$$V_3 = (b + h \cdot \cot\alpha)hL \quad (\mathrm{m}^3) \tag{3-8}$$

单壁开段沟的沟量为

$$V_4 = \frac{\psi b^2}{2}L \quad (\mathrm{m}^3) \tag{3-9}$$

式中　L——开段沟的长度，m。

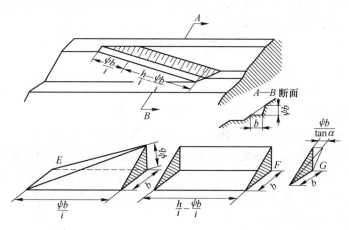

图3-63　单壁出入沟的沟量计算图

上述沟量计算方法未考虑地形影响，故当地形起伏不平时，宜采用平行断面计算法。

B　平行断面法计算沟量

该法是沿沟的纵轴每隔一段距离，作一相互平行的断面，断面间距视地形变化大小而异，变化大的区段间距小些，变化小的区段间距应大些。然后计算两相邻断面间的沟量，即等于该两断面的平均面积乘以间距，则全沟的体积即为上述求得的各块段体积之和。

3.5.3.3　汽车运输掘沟法

汽车运输掘沟一般是采用平装车全断面掘进的方法。汽车运输具有高度的灵活性，适合于在狭窄的掘沟工作面工作，使挖掘机装车效率能得到充分的发挥。因此，它是提高掘沟速度的有效方法。实践证明，在保证汽车供应的条件下，掘沟铲的生产能力可达正常工作铲生产能力的 80%～90%，而平装车铁路运输时，生产能力仅为正常工作铲的 40%～

60%。

　　为了提高掘沟速度，这种掘沟法除了和铁路运输掘沟法一样，要求穿爆与采掘工艺能密切配合外，还应确定合理的调车方式。因为它不但影响调车时间，而且是确定掘进时沟底宽度的重要因素。

　　汽车在沟内的调车方式，常用回返式和折返式两种，如图 3-64 所示。

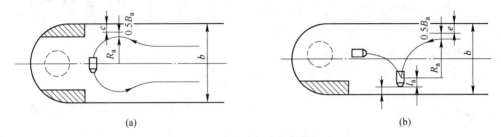

(a)　　　　　　　　　　　　　　　(b)

图 3-64　汽车在沟内的调车方式
（a）回返式调车；（b）折返式调车

　　回返式调车又称为环行调车，如图 3-64（a）所示。汽车以迂回的方法在掘沟工作面附近改变运行方向，此法空重汽车入换时间短，约 5 ~ 6s，提高了挖掘机的效率。但所需掘进的沟底宽度较大，最小沟底宽度为

$$b_{min} = 2(R_a + 0.5B_a + e) \quad (m) \tag{3-10}$$

式中　R_a——汽车转弯半径，m；

　　　　B_a——汽车车厢宽度，m；

　　　　e——汽车边缘至沟帮的间隙，一般为 0.4 ~ 0.6m。

　　实际应用表明，采用自卸汽车运输时，回返式调车需要的沟底宽度为 25 ~ 27m，这往往需要加大堑沟的设计断面，使掘沟工程量增加，因此掘沟速度有时反而降低。

　　折返式调车，如图 3-64（b）所示，是汽车以倒退方式接近挖掘机，空重汽车入换时间较长，需 15 ~ 30s，挖掘机效率比回返式调车低。但所需沟底宽度较小，为 20 ~ 25m，所需最小沟底宽可按下式确定：

$$b_{min} = R_a + 0.5B_a + l_a + 2e \quad (m) \tag{3-11}$$

式中　l_a——汽车后轴至前端的距离，m。

　　当采用的沟底宽度小于折返式调车所需的最小底宽时，为了不加大掘沟断面，可每隔一段距离，在沟帮设置倒车壁穴，以弥补沟底宽度的不足。但由于这种方法使运输工作组织复杂，地方狭窄，汽车调动速度迟慢，故在实际中很少应用。

　　汽车运输掘沟的优点很多，主要是工作机动灵活，没有移设线路和爆破埋道的问题，汽车可停靠至挖掘机的有利装载地点，所需入换时间短，供车比较及时。因此可提高挖掘机的生产能力和掘沟速度。据实际资料表明，汽车运输掘沟的挖掘机生产能力比机车运输平装车高 27% ~ 32%，而掘沟速度可达 150 ~ 180m/月。

　　但是，汽车运输掘沟受运距的限制，一般不应超过 2 ~ 3km，否则运输成本过高，技术经济指标恶化。当运距超过该值时，根据我国当前的实际情况，可采用汽车—铁路联合运输掘沟法。

3.5.3.4 汽车—铁路联合运输掘沟

汽车—铁路联合运输掘沟就是在沟内用汽车运输进行掘沟，岩石由汽车运室沟外后，再通过转载平台装入铁路车辆运往排土场，如图 3-65 所示。因此，这种掘沟法仍具有汽车运输掘沟的特点，且能缩短汽车运输距离，使之达到较好的技术经济效果。

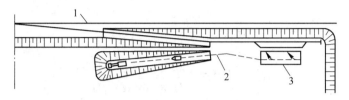

图 3-65 汽车—铁路联合运输掘沟示意图
1—铁路；2—汽车道；3—转载平台

为了简化转载工作，常采用直接转载的方式。转载平台应设置在适宜的位置，最好尽量靠近铁路会让站，以缩短列车会让时间。其结构形式也不宜复杂，应有利于设置和拆除。

大冶铁矿在尖山采场的风化大理岩中掘进双壁沟时，采用了汽车—铁路联合运输掘沟法，取得了良好的效果。该双壁沟沟深 12m，沟底宽为 16～18m，用电铲装车，沟内用自卸汽车运输，沟外铁路运输采用 80t 电机车和 60t 翻斗车。转载平台设在距沟口 70m 处，汽车将岩石运至转载平台后直接卸入翻斗车内。这种掘沟方法的掘沟速度最高曾达 308m/月。

汽车—铁路联合运输掘沟法能充分发挥汽车运输的优点，而克服其缺点。但对采用铁路运输的露天矿来说，它需要另外增加汽车设备、修筑转载平台，并使全矿运输工作组织复杂化。

3.5.3.5 无运输掘沟法

无运输掘沟也即捣堆掘沟，它是用挖掘设备将沟内岩石直接捣至沟旁排弃，或用定向抛掷爆破的方法将岩石抛至沟外，而在掘沟时不需运输设备。

A 捣堆法掘沟

在山坡露天矿掘进单壁沟时，常用挖掘机将沟内岩石直接捣至沟旁的山坡堆置，如图 3-66 所示。

在这种情况下，所用挖掘机的工作规格应与堑沟断面尺寸相适应，它们两者的几何关系应为

$$R_{XM} \geqslant b - R_{wf} + H_1 \cot\gamma \quad (3-12)$$

$$H_{XM} \geqslant H_1 \quad (3-13)$$

式中 R_{XM}——挖掘机最大卸载半径，m；

b——沟底宽度，m；

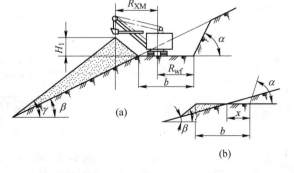

图 3-66 挖掘机捣堆掘进单壁沟

R_{wf}——挖掘机站立水平的挖掘半径，m；

H_{XM}——挖掘机最大卸载高度，m；

H_1——岩堆超过挖掘机站立水平的高度，m；

γ——岩堆坡面角，(°)。

根据岩堆横断面积等于沟的横断面积乘以岩石碎胀系数，即可求得 H_1 为

$$H_1 = \sqrt{\frac{Cb^2 K_p}{2\cot\gamma}} \quad (m) \tag{3-14}$$

$$C = \frac{\sin\alpha \times \sin\beta \times \sin(\gamma - \beta)}{\sin(\gamma - \beta) \times \sin(\alpha - \beta)}$$

式中　K_p——岩石松胀系数；

α——沟帮坡面角，(°)；

β——山坡坡面角，(°)。

在缓山坡掘进单壁沟时，还可用掘沟的岩石加宽沟底，从而减少掘沟工程量。但必须采取预防岩石沿山坡滑动的措施，以保证沟底的稳定。此时，在实体岩石中挖掘的那部分沟底宽度为

$$x = \frac{b}{1 + C_1} \quad (m) \tag{3-15}$$

$$C_1 = \sqrt{\frac{K_p \times \sin\alpha \times \sin(\gamma - \beta)}{\sin\gamma \times \sin(\alpha - \beta)}}$$

用捣堆法掘进双壁沟时，是用挖掘机挖掘并向沟的一帮或两帮上部直接堆积岩石，因此，需要采用工作规格较大的索斗铲或特制的剥离机械铲，如图 3-67 所示。这种掘沟方法适用于松软岩石并有可能设置内部排土场的条件。

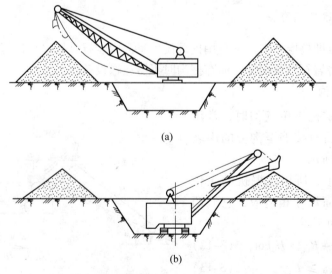

(a)

(b)

图 3-67　捣堆法掘进双壁沟

(a) 索斗铲捣堆掘进；(b) 机械铲捣堆掘进

B 抛掷爆破掘沟

抛掷爆破掘沟法的实质，就是沿沟道合理布置药室，采用定向抛掷爆破将沟内岩石破碎，并将其大部分岩石抛至堑沟的一帮或两帮，如图 3-68 所示。根据岩石抛掷的方向，又可分为单侧定向抛掷爆破和双侧定向抛掷爆破。

单侧定向抛掷爆破掘沟法如图 3-68（a）和（b）所示，其是借助于自然地形或借助于各药室的装药量不同及起爆顺序来控制的。双侧定向抛掷爆破掘沟法如图 3-68（c）所示，其特点是将岩石抛掷在堑沟的两侧，它多用于采场境界以外的小型沟道（如水沟等）的掘进。

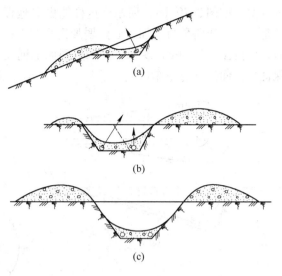

图 3-68　定向抛掷爆破掘沟
（a）山坡地形单侧定向爆破；（b）平坦地形单侧定向爆破；
（c）双侧定向爆破

在正常情况下，抛掷爆破后留在沟内未被抛出的部分岩石，一般约占总量的 30%~40%，这些残岩可用机械（一般为挖掘机）或人工进行清理，有时为了减少沟内残岩，可采用抛掷爆破作用指数 $n > 3$ 进行爆破，但这时炸药消耗量约增加 6%~10%。

合理地进行爆破设计与施工，能使这种方法达到很高的掘沟速度，从而在较短的时间内即可将沟道掘成，加快矿山工程的建设。但其主要缺点是炸药消耗量大，掘沟成本高，沟内残岩不易清理，爆破震动及岩石散落范围大，影响周围建筑物和边坡的稳定，容易破坏线路和设备。因此，它适用于矿山基建期间沿山坡掘进单壁沟或溜槽。因为抛出的岩石直接堆积于山坡之下，清理岩石工作也比较容易。

C 斜坡卷扬开拓时的掘沟工作

我国中、小型露天矿广泛采用斜坡串车提升开拓法，开拓沟道的特点是断面小、坡道大，从而给掘沟工作带来一系列困难。因此，为了改善掘沟条件、提高掘沟速度、加快新水平准备，就应根据矿山具体情况，因地制宜地确定合理的掘沟方法。

斜坡卷扬运输时的掘沟方法，往往与新水平准备程序有着密切的联系。通常，新水平的准备程序有两种方式：（1）首先直接下延卷扬机道，然后接着开掘新水平的开段沟；（2）首先用辅助卷扬法或漏斗法开掘开段沟，然再贯通主卷扬机道。这两种延深方式决定了不同的掘沟方法。

a 主卷扬直接掘沟

当按第一种程序准备新水平时，斜沟的延深和段沟的掘进常采用整断面直接开掘的方法。图 3-69 表示整断面延深卷扬机斜坡道的情况。使用该法时，岩石破碎通常是用凿岩机打眼、浅眼爆破。当沟深不大时，可采用全层爆破，如图 3-69（a）所示。随着沟道的延深，沟的垂直深度不断加深，此时可采用分层爆破，如图 3-69（b）所示，分层之间保留 2~3m 宽的平台。爆破后的岩石用人工或装岩机装入矿车，然后由斜坡卷扬机提到地面。

为了增加掘进工作面的装车线数目，减少沟内等空车的时间，可在主要提升线路旁铺设分岔，如图 3-70（a）所示。这样能更好地保证工作面经常有空车，有利于加快掘沟。但是，由于线路数目增加，必然增加沟底宽度，从而又影响了掘沟速度。为了解决这一矛盾，可按图 3-70（b）所示，在沟底斜面上铺设菱形道岔，这样也能在两条线路上交替地保证工作面经常有空车供应。

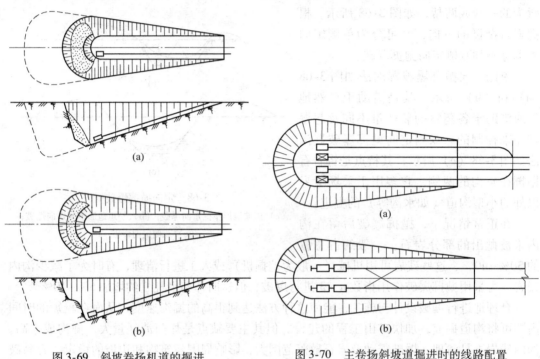

图 3-69　斜坡卷扬机道的掘进　　　　　　图 3-70　主卷扬斜坡道掘进时的线路配置
（a）全层爆破；（b）分层爆破　　　　　　（a）分岔配线；（b）菱形道岔配线

这种掘进方法比较简单，不需其他辅助工程和设备。但是，由于掘进工作面正处于主卷扬机道之下，掘进时与正常回采工作共用同一提升系统，因此安全性差，掘沟效率低，故在生产中较少应用。

　　b　辅助卷扬分段掘沟

为了克服上述掘沟法的缺点，一些矿山常采用辅助卷扬掘沟法。该法的主要特点是：先向要开拓的水平开掘辅助斜坡提升机道，利用辅助卷扬先开掘开段沟后再把主卷扬机道贯通。这样使掘沟工作始终为一独立运输系统。

矿山村铁矿为加速新水平准备，在 250～260m 水平掘沟时，就是采用这种辅助卷扬分段掘沟方法，如图 3-71 所示。它是把开段沟划分成几个分界，在每个分段堑沟的一侧设置辅助卷扬，承担该段掘沟的提升任务，采用硐室爆破、人工装车和推车、辅助卷扬提升的方法。重车提升到上部水平后，经上部运输线路至主卷扬机道，再由主卷扬机提升到地面。

各分段堑沟连通后，立即延深主卷扬的斜坡道，并进行干线路基的坡度处理，此时，主卷扬机道即延深一个水平。

这种掘沟方法的优点是：可加速施工，提高了延深速度；掘沟工人不在主卷扬机道下作业，工作安全；主卷扬不直接进行延深作业，提升能力不受影响。其缺点是所用卷扬设

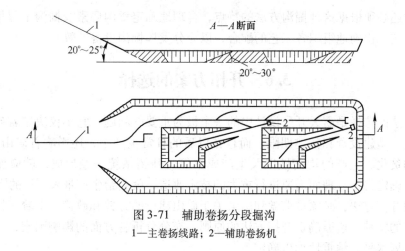

图 3-71 辅助卷扬分段掘沟
1—主卷扬线路；2—辅助卷扬机

备较多。为减少辅助卷扬机道的掘进量，利国铁矿采用一台辅助卷扬掘沟，也取得了较好的效果。

除上述方法外，也可采用漏斗法掘开段沟，如图 3-72 所示。该法是先向开拓水平开掘辅助斜井，然后自斜井开掘平巷和天井，把天井扩大成漏斗，进行回采矿柱和扩帮后，再贯通主卷扬机道。采用这种方法，也可使台阶正常回采和掘沟工作彼此影响较少。但需要专门开掘一些井巷工程，掘沟效率也较低。若能利用矿山旧有采矿或探矿巷道进行，此法还是具有一定的优越性的。

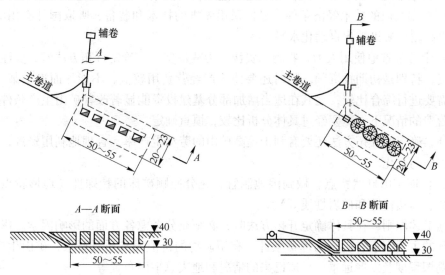

图 3-72 漏斗法掘沟示意图

综上所述，掘沟是露天开采中不可缺少的重要矿山工程项目。沟道的掘进方法很多，选择时就应充分考虑各方面的影响因素。这些因素主要是：（1）堑沟所在地点的地形和岩石的物理机械性质；（2）露天矿采用的开拓运输方式；（3）在沟帮上堆积岩石的可能性；（4）堑沟的横断面尺寸；（5）挖掘机的类型和主要规格等。

合理的掘沟方法，应保证具有最大的掘沟速度和最低的掘沟成本。为此，在确定掘沟方法的同时还必须根据这种掘沟方法的特点，合理地确定堑沟要素及掘沟工程量，有效地改进掘沟工艺，正确地组织各工艺的配合，以充分发挥掘沟设备的效率。

3.6 开拓方案的选择

开拓方法的选择是露天开采设计中的一个极为重要的问题。它不仅决定着矿山初期的基建工程量、基建投资和基建期限，而且在以后的日常生产中，还影响着矿山生产能力、矿石损失和贫化、生产的均衡性以及生产成本等。开拓系统一经形成，就应保持长期稳定，若由于确定得不合理而需要进行重大的技术改造，就会给生产带来严重的影响。

合理的开拓方法，必须贯彻党和国家关于矿山建设的方针和政策，本着多快好省地建设社会主义的精神，遵循确定开拓方法的原则，充分分析各方面的影响因素，并考虑到生产技术的发展水平，慎重地加以确定。

3.6.1 选择开拓方法的原则及其影响因素

选择开拓方法应遵循下列主要原则：

（1）最大限度地满足国民经济对矿石产量和质量的要求。选定的开拓方法要保证该矿山达到所规定的生产规模，并且还应考虑有扩大生产能力的可能性。在开拓系统的关键部分留有余地，必要时稍加改造，就能适应扩大矿山生产规模的需要。

（2）力求缩短矿山建设时间，加快建设速度，使其早日投产，早日达到设计产量。

（3）根据当前的技术经济条件，尽量采用先进的技术和装备，吸取国外有用的经验，以逐步提高露天矿机械化自动化水平。

（4）十分节省地使用人力、物力、资源，力戒浪费。在确定开拓方法时，要注意减少基建投资，特别是初期投资额。同时还要使生产经营费用较低，不能片面追求某一方面。因此，需要进行综合比较，尤其在适当增加部分基建投资能显著改善矿山生产条件、降低生产经营费的情况下，更要经过具体分析比较，慎重确定。

此外，确定的开拓方法还要有利于提高矿山的劳动生产率，合理地利用资源，力求减少矿石损失与贫化。

（5）把握矿山自然特点，做到因地制宜，充分照顾矿床的特殊性（地形特点、矿床埋藏特征、地质构造和矿岩性质等）。

根据上述原则，在具体确定开拓方法时，必须充分考虑各方面的影响因素。影响开拓方法选择的主要因素有矿床的埋藏条件、有用矿物的价值及其质量要求、矿山生产规模、矿床的勘探程度及发展远景、矿床已采的情况和地表总平面布置等。

矿床的埋藏条件包括矿区地形、矿体的埋藏深度、倾角、矿体的大小、形状、岩石性质、矿体与围岩接触情况等。这些因素都是客观存在的，人们通过地质勘探工作认识和掌握它们，以便选出合理的开拓方法，使之符合客观条件。

对于埋藏较浅、平面尺寸较大的矿体，由于设置沟道比较方便，可采用斜坡铁路开拓。当矿体埋藏深度在汽车运输的经济合理运距的范围内（最大不超过 3km），可用斜坡公路开拓；埋藏较深、平面尺寸不大的矿体，布置开拓缓沟比较困难，此时，采用斜坡卷扬或胶带运输机开拓可能比较有利。对于深露天矿还可采用联合开拓法。

对于埋藏在山坡又延展很深的矿体，研究其开拓方法时，不能只考虑山坡部分的开拓或将山坡和深凹两部分分割开考虑，而应当综合考虑山坡与深凹部分的开拓方法。否则，构成两套独立而又互相影响的开拓系统，若安排不当，就可能造成过渡时期采矿停产或减产。

矿体形状及其分布情况，影响露天矿场的平面形状、尺寸和布线方式。对于轮廓规整而长宽相差不大的块状矿体，可考虑用螺旋坑线；长宽相差较大的窄长矿体，则应采用折返坑线或直进二回返坑线；对于矿体埋藏条件复杂、分散和窄小的矿体，则应考虑采用斜坡公路开拓或斜坡卷扬分区开拓。

地形的复杂程度直接影响各种开拓方法的选择，特别是对山坡露天矿，更要考虑设置各种沟道的可能性。对于地形高差很大或矿体埋藏较高和陡坡峭壁的山峰情况下，采用平硐溜井开拓常被认为是技术上可行、经济上合理的开拓方法。此外，地形对沟道设置的位置也有很大影响，要尽量设置在地势比较平坦的一帮，以减少开拓工程量。

岩石的稳定条件，不仅影响着边帮的稳定性，还影响开拓沟道或井巷的稳定性。在不稳定岩石中设置固定沟道或井巷，对以后的生产和维护都是不利的。因此，在可能的情况下，要避开不稳定的岩层。若必须经该岩层时，应采取防护措施。

矿山生产规模决定着运输类型和运输组织，从而影响着开拓方法。生产规模大的矿山，目前可采用斜坡准轨铁路和斜坡公路开拓。在山坡露天矿还应充分注意采用平硐溜井开拓的合理性。生产规模小的矿山，一般可考虑采用斜坡卷扬开拓。

有用矿物的价值影响着沟道的位置和矿床开拓程序。对于贵重金属、稀有元素等价值很高的矿床，在确定开拓方法和布置沟道时，应考虑选择开采的需要。例如，使工作线由顶帮推向底帮，以减少矿石的损失和贫化。当矿体各部分质量不一时，开拓方法就应保证矿山工程的发展适应选烧对各种质量矿石的需要。此外，对一些易粉碎并且粉碎后严重影响使用价值的矿石，一般不宜采用平硐溜井开拓和需要转载次数过多的开拓方法，以免过分粉碎，造成粉矿太多。

矿床的勘探程度及发展远景，决定着矿床是否采用分期开采和与之相适应的开拓方法。对于尚未探清的矿床，宜采用移动坑线开拓，以适应露天矿开采境界的变化和分期开采的过渡。

对于矿山建设前已用地下或露天小规模开采过的矿床，在选择开拓方法时，应充分考虑地下采空区、错动带对设置露天沟道的不利影响，并在可能条件下，应对原有的井巷和地面设施加以合理利用。

地表总平面布置是指选矿厂或破碎站、排土场，工业场地等与采矿场的相对布置位置。它对开拓沟道的位置、出口方向、数目及矿岩的运输距离均有很大影响。

据上述分析，影响开拓方法选择的因素很多，但在实践中并不是所有因素都起主要作用的。因此应当针对具体情况，抓住其中最主要的因素，注意因地制宜，既要考虑矿床的埋藏条件，又要考虑国家及所在地区的经济技术条件，才能确定出合理的开拓方案。

3.6.2 确定开拓方案的步骤

开拓方法常需进行方案比较后确定，其步骤一般如下：

（1）根据确定开拓方法的原则和各种开拓方法的适用条件，在充分考虑各有关影响因素的基础上，初步拟定出若干技术上可行的开拓方案。

（2）对各方案进行初步分析，根据生产、设计经验，删去明显不合理的方案。

（3）对留下的几个方案进行坑道定线或定位（井巷），确定运输方式和设备，布置开拓运输系统，并进行矿山工程量及生产工艺系统的技术经济计算。

（4）对各方案的各项技术经济指标作综合分析比较，以确定其中最优的方案。

3.6.3 开拓沟道定线

所谓开拓沟道定线，就是具体确定露天矿开拓沟道的空间位置。它是在拟定了开拓方法的基础上进行的，可分为室内图纸定线和室外现场定线。下面介绍以斜坡铁路开拓为例的室内图纸定线方法。

定线时需要的基础资料有：（1）矿区地质地形图；（2）露天矿总平面布置图，包括工业场地、卸矿点、排土场以及剥离、采矿等主要车站的位置；（3）主要开采技术参数，如露天矿上下部开采境界、边坡角、台阶高度、台阶坡面角等；（4）开拓沟道要素，包括沟道底宽、限制坡度、沟道长度等。除此以外，还需确定折返站形式、干线与台阶线路的连接方式以及连接平台的长度和宽度。

沟道干线与台阶线路的连接方式有：（1）平道连接，如图 3-73（a）所示；（2）缓坡连接，如图 3-73（b）所示；（3）限坡连接，如图 3-73（c）所示。

第一种方式运行条件最好，但需增设连接平台，使沟道总长度增加。第三种方式不需连接平台，沟道长度最短，但列车需在限坡上停站和启动，使列车牵引重量减少。第二种方式是在减缓坡度上停车和启动，沟道长度介于前两种之间。

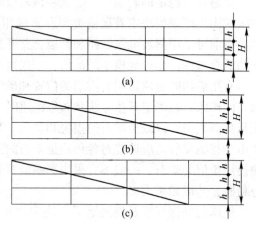

图 3-73 干线与台阶线路连接方式
（a）平道连接；（b）缓坡连接；（c）限坡连接

沟道长度主要决定于它的起点和终点的高差及限制坡度。穿过一个台阶高度的直线沟道长度为

$$L = \frac{1000h}{i} \quad (\text{m}) \tag{3-16}$$

式中　h——台阶高度，m；

　　　i——限制坡度，‰。

若有平曲线时，列车的运行阻力增加，则曲线处线路坡度需减去曲线附加运行阻力值，即

$$i_r = i - w_r \tag{3-17}$$

式中　i_r——曲线处线路坡度，‰；

　　　w_r——曲线单位运行阻力，lg/t，可换成坡道阻力，以‰表示。

若曲线段所克服的高差为 h_r，则曲线部分沟道长度为

$$l_r = \frac{1000h_r}{i_r} = \frac{1000h_r}{i - w_r} \tag{3-18}$$

假设以直线段克服同样的高差 h_k，则该直线段长应为

$$l_j = \frac{1000h_r}{i} = \frac{i - w_r}{i}l_r \qquad (\text{m}) \qquad (3\text{-}19)$$

于是，每一曲线段由于坡度减缓而使沟道增加的长度 Δl_1 为

$$\Delta l_1 = l_r - l_j = \frac{i - w_r}{i}l_r \qquad (\text{m}) \qquad (3\text{-}20)$$

因此，一个台阶沟道实际全长应为

$$L = \frac{1000h}{i} + \sum \frac{w_r}{i}l_r \qquad (\text{m}) \qquad (3\text{-}21)$$

同理，如果干线与台阶线路之间采用在沟道上的缓坡连接，缓坡值为 i_n，连接缓坡段长为 l_n，则一个台阶沟道长度还需增加

$$\Delta L_2 = \left(1 - \frac{i_n}{i}\right)l \qquad (\text{m}) \qquad (3\text{-}22)$$

当上述基础资料齐备后，即可根据拟定的开拓方法进行定线，即具体确定开拓沟道在露天边帮上的位置。其方法步骤如下：

（1）确定露天矿底平面的位置，并画在矿区地形图上。

（2）底平面标高及尺寸的确定，根据台阶高度、台阶坡面角、平台宽度和最终边坡角等，定出两相邻台阶坡底线间的距离，然后以采矿场底部周界为基线，自下而上画出各台阶坡底线的位置，直到画到与地形等高线相交为止，如图 3-74 所示。

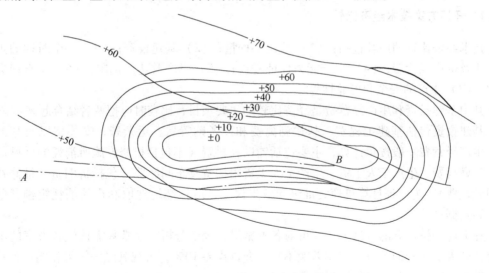

图 3-74　露天矿场初步定线示意图

（3）在上述平面图上确定出开拓沟道中心线的位置。首先根据排土场、卸矿点的位置及地质地形条件，确定开拓沟道上部出口方向和位置（见图 3-74 中 A 点），然后从 A 点开始，根据每一台阶的沟道长度，自上而下确定出沟道中心线位置（见图 3-74 中 A 到 B）。若所得 B 点不符合运输要求，则适当改变 B 点位置，再自下而上调整沟线。在复杂情况下，合适的沟线位置需修改多次才能确定。

合理的沟线位置应满足下列要求：平曲线少；不致产生大量的补充扩帮；折返站及连

接平台位置合适，最好不设在端帮上。

（4）经上述步骤后，初步定线工作即告完成，随后便可根据沟道宽度、折返站长度和宽度、各种平台宽度等参数，画出开拓沟道和台阶的具体位置，绘制露天矿开采终了平面图，如图 3-75 所示。

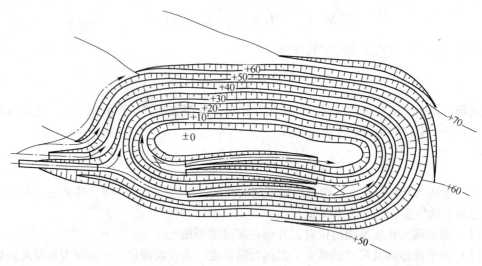

图 3-75　露天矿开采终了平面图

3.6.4　开拓方案技术经济比较

技术经济比较的内容包括：（1）基建工程量；（2）基建投资；（3）各个时期的生产剥采比及生产经营费；（4）生产能力保证程度；（5）投产及达产期限；（6）矿石损失与贫化；（7）生产的安全和可靠性等。

其中基建投资和生产经营费是经济比较的主要项目，比较时应把两者结合起来考虑。

基建投资包括基建工程费、基建剥离费和设备购置费、运杂费、安装费以及其他费用。生产经营费一般按年计算，主要包括辅助材料费（不包括机修设施所消耗的材料费）、动力、燃料费、生产工人工资、生产工人工资附加费及车间经费（包括折旧费、维修费和车间管理费）。为保证计算迅速、准确和减少误差，应仔细地选取和审核消耗定额、单价等原始数据。

在上述经济计算的基础上，即可对各方案进行经济分析，通常只需比较各方案的不同部分。若参加比较的各方案费用差额不超过允许误差 10%，可视其经济效果相同。若费用差额较大，则应对各方案作出经济评价。

在进行经济比较时，经常出现有甲、乙两个开拓方案，甲方案基建投资大，生产费用低，乙方案基建投资小，生产费用高。此时，常用投资差额返本年限这一指标来评价设计方案的优劣。即

$$T = \frac{K_1 - K_2}{C_2 - C_1} \tag{3-23}$$

式中　T——投资差额返本年限，年；

K_1，K_2——分别为甲、乙方案的投资总额，元；

C_1，C_2——分别为甲、乙方案的年生产费用，元。

由式（3-23）可知，投资差额返本年限是用节约的生产费用来回收多花的基建投资所需要的年限。若 T 不超过某一允许值 T_0 时，可认为甲方案优于乙方案，否则，甲方案劣于乙方案。

T_0 称为平均投资返本年限。它是根据国民经济发展情况与国家的价格政策，由上级机关确定的。目前冶金矿山设计规定的平均投资返本年限为 5~6 年。

应当指出，对开拓方案进行技术经济比较时，不能只重视经济效果的评价，而应按上面谈到的其他因素进行衡量，特别要注意贯彻党和国家的技术经济政策，例如矿山建设速度、发展远景、占用耕地、环境保护、设备来源条件、生产可靠性、安全和劳动条件以及国家的特殊要求等。根据前述的确定原则，全面正确地选择合理的设计方案。

 习　题

3-1　阐述露天开采开拓的概念。

3-2　阐述露天开采常用运输设备。

3-3　阐述露天开采常用运输方式。

3-4　阐述铁路运输开拓法的特点。

3-5　阐述公路运输开拓法的特点。

3-6　阐述固定坑线开拓法与移动坑线开拓法的优缺点。

3-7　阐述铁路运输开拓法常用坑线的布置形式。

3-8　阐述公路运输开拓法常用坑线的布置形式。

3-9　阐述露天开采新水平掘进方式。

3-10　阐述汽车运输掘沟法的应用。

3-11　阐述山坡露天矿常用掘沟法。

3-12　阐述小型露天矿常用掘沟法。

3-13　阐述出入沟掘进的特点及出入沟的掘进方法。

4 露天开采生产工艺

4.1 穿孔爆破工艺

4.1.1 穿孔技术

穿孔工作是露天矿开采的第一个工序，其目的是为随后的爆破工作提供装放炸药的孔穴。在整个露天矿开采过程中，穿孔费用大约占生产总费用的10%~15%。穿孔质量的好坏，将对后续的爆破、采装等工作产生很大的影响。特别是矿岩坚硬、穿孔技术不够完善的冶金矿山，它往往成为露天开采的薄弱环节，制约矿山的生产与发展。因此改善穿孔工作，可强化露天矿床的开采，具有重大意义。

目前，露天矿开采中使用的穿孔设备主要有潜孔钻机（见图4-1）和牙轮钻机（见图4-2）。

图4-1 潜孔钻机

4.1.1.1 潜孔钻机穿孔技术

潜孔钻机是一种大孔径深孔钻孔设备，和牙轮钻机相比，具有结构简单、使用方便、成本低、不受孔深限制、可以钻凿斜孔等优点，但钻孔效率没有牙轮钻机高。它主要由冲击机构、回转供风机构、推压提升机构、接卸钻杆机构、行走机构和钻架起落机构、气动系统、电气系统组成。其主要特点是：钻机置于孔外，只负担钻具的进退和回转，产生冲击动作的冲击器紧随钻头潜入孔底，故称为潜孔钻机。冲击功能量的传递损失小，穿孔速度不因孔深的增加而降低，所以钻凿的孔深和孔径都较大，适用于露天钻孔，其钻凿深度主要取决于推进力、回转力矩和排岩粉能力。

露天潜孔钻机按机体重量和可穿凿的钻孔直径的不同分为轻型、中型和重型三种。

轻型露天潜孔钻机一般本身不带空压机和行走机构，另配空压机和钻架，近几年生产的也有自带行走机构的。其机体质量在 10t 以下，钻孔直径为 100mm 左右，常见的有 KQ-100 型钻机，适用于小型露天矿山。

中型露天潜孔钻机一般自带履带式行走机构，不带空压机，机体质量 15 ~ 20t，钻孔直径为 150 ~ 170mm，常见的有 KQ-150 型钻机、T-170 型钻机，适用于中、小型露天矿山。

图 4-2 牙轮钻机

重型露天潜孔钻机，自带空压机，电动履带自行，机体质量 30 ~ 50t，钻孔直径为 200 ~ 320mm，常见的有 KQ-200 型钻机、KQ-250 型钻机，适用于大型露天矿山。

露天潜孔钻机的凿岩工作原理如下（见图 4-3）：

（1）推进机构将一定的轴向压力施加于钻头，使钻头与孔底相接触。

（2）风动马达和减速箱构成的回转供风机构使钻具连续回转，并将压缩空气经中空钻杆输入孔底。

（3）冲击机构在压缩空气的作用下，使活塞往返运动，冲击钻头，完成对岩石的冲击作用。

（4）压缩空气将岩粉吹出孔外。

潜孔钻机的凿岩过程实质上是在轴向压力的作用下，冲击和回转联合作用的过程。其中，冲击是断续的，回转是连续的，并且以冲击为主，回转为辅。

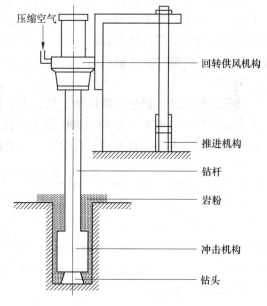

图 4-3 潜孔钻机工作原理

露天潜孔钻机的钻具包括钻头和钻杆，钻头与浅眼和接杆式凿岩机所用的钻头相似，但不同的是钻头直接连接在冲击器上。连接方式有扁销和花键两种。按镶焊硬质合金的形状，潜孔钻机的钻头可分为刃片钻头、柱齿钻头、混合型钻头。其中刃片钻头通常制成超前刃式，而混合型钻头为中心布置柱齿、周边布置片齿的形式。钻杆有两根，即主钻杆和副钻杆，其结构尺寸完全一样，钻杆之间用方形螺纹直接连接，每根长约9m。

潜孔钻机的台班生产能力可按下式计算：

$$A = 0.6vT\eta$$

式中　A——牙轮钻机的生产能力，米/(台·班)；

　　　v——牙轮钻机的机械钻速，cm/min；

　　　T——每班工作时间，min；

　　　η——工作时间利用系数。

上式中的机械钻速v可近似用下式表示：

$$v = \frac{4ank}{\pi D_1^2 E}$$

式中　a——冲击功，J；

　　　n——冲击频率，次/分；

　　　k——冲击能利用系数，0.6~0.8；

　　　D_1——钻孔直径，cm；

　　　E——岩石凿碎功比耗，J/cm³。

A　冲击功（a）和冲击频率（n）

从公式中可以看出，为了提高机械钻速v，希望同时增加冲击功a和冲击频率n。然而，在潜孔钻机的风动冲击器中，冲击功a和冲击频率n是两个相互制约的工作参数。欲增大冲击功，就需要增加活塞重量和活塞行程式，相应地就使冲击频率减少，反之亦然。

对待这两个参数，存在两种不同的技术观点：一个是大冲击功、低频率；另一个是小冲击功、高频率。实践证明，前一种技术观点比较合理。因为岩石只有在足够大的冲击功作用下才能有效地进行体积破碎，若冲击功不足，单纯提高冲击频率无非使岩石疲劳破碎而已。所以，在选择潜孔钻机时，首先注意冲击器的这两个技术参数。

B　风压

潜孔钻机的冲击器是一种风动工具，为了达到额定的冲击功a和冲击频率n，风压是一个重要的因素。表4-1为73-φ200潜孔钻机效率随风压的变化情况。随着风压的增大，穿孔速度和钻头寿命都有不同程度的提高，所以应尽量减小管路的风压降。

表 4-1　风压对潜孔钻机效率的影响

压气气压/kg·cm⁻²	钻头平均寿命/m	平均穿孔速度/cm·min⁻¹
3 ~ 3.5	9.3	2.1
4.0	13.8	2.5
4.5 ~ 5	46.0	4.5

C　钻孔直径（D_1）

随着钻孔直径D_1的增大，冲击器的活塞直径也可增大，相应的冲击功a和冲击频率n也可提高，钻速v并不是单纯和钻孔直径D_1成反比。另一方面，当增大钻孔直径时，爆破孔网参数也可加大，相应提高了钻孔的延米爆破量。

D　轴压（P）和钻头转速（n）

潜孔钻机的轴压，主要是克服冲击器的后坐力，因而压力一般都不大。轴压过大，既妨碍钻具回转，也容易损坏钻头。对于大孔径的潜孔钻机来说，由于钻具重量较大，一般都采用减压钻进，即钻机的提升推进机构应起减小轴压的作用。相反，小孔径的中、轻型潜孔钻机，钻具重量小，常用提升推进机构作增压钻进。

潜孔钻具的回转，既是为了改变钻头每一次凿痕的位置，也是用以使钻头切削岩石。转速过低，会降低穿孔速度，但转速过高，过分磨损钻头，也会使穿孔速度下降。所以，在硬岩钻进中有趋于采用低转速的倾向，使转速保持在 15～20r/min 之间。当然，随着高压、高频率、大冲击功的冲击器的出现，钻具的回转速度也会相应提高。

E 工作时间利用系数（η）

与牙轮钻机一样，工作时间利用系数是影响穿孔速度的另一个重要因素。目前，各露天矿山中潜孔钻机的工作时间利用系数也不高。在非作业时间中，大部分消耗在检修、等待备件及待风、待电等项目上。所以在今后的生产中有必要继续从钻机、钻具、工作参数及组织管理上进行改进。

4.1.1.2 牙轮钻机穿孔技术

牙轮钻机是露天矿开采的主要穿孔设备，与其他类型的穿孔设备相比，它具有穿孔效率高、成本低、安全可靠和使用范围广等特点，能适用于各类岩石的穿凿。

牙轮钻机主要由回转机构、供风机构、加压提升机构、行走机构、接卸钻具机构等组成。

露天牙轮钻机的凿岩工作原理如下（见图 4-4）：

（1）钻孔时，回转机构带动钻杆、钻头回转，同时加压机构向钻杆施加轴向压力，使其向孔底运动。

（2）供风机构使压缩空气通过中空钻杆从钻头的喷嘴喷向孔底，将破碎下来的岩渣沿钻杆与孔壁之间的环状空间吹至孔外。

根据回转和加压方式的不同，牙轮钻机可分为底部回转间断加压式、底部回转连续加压式、顶部回转连续加压式三种基本类型。

牙轮钻机的凿岩原理是通过加压机构施加在牙轮上压力使岩石承受压应力，同时回转机构使牙轮在岩石上产生滚动挤压，两种联合作用使岩石发生剪切破碎。

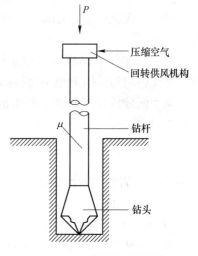

图 4-4 牙轮钻机工作原理

牙轮钻机的合理生产能力，可按下式近似计算：

$$A = 0.6vT\eta$$

式中 A——牙轮钻机的生产能力，米/（台·班）；

　　v——牙轮钻机的机械钻速，cm/min；

　　T——每班工作时间，min；

　　η——工作时间利用系数。

机械钻速 v，又可近似用下式表示：

$$v = 3.75 \frac{Pn}{Df}$$

式中　P——轴压，t；

　　　n——钻头转速，r/min；

　　　D——钻头直径，cm；

　　　f——岩石坚固性系数。

　　A　轴压（P）

　　轴压 P 与机械钻速 v 近似成正比，但却不是严格的直线关系，具体取决于钻头单位面积上的作用力 P/F（F 为钻头与岩石的接触面积）和岩石抗压强度 σ 之间的关系，有图 4-5 所示的四种情况：

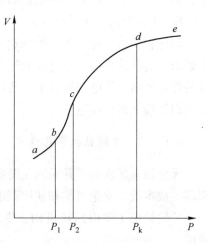

图 4-5　轴压 P 与钻速 v 的关系

　　（1）当轴压 P 很小，P/F 小于 σ 时，岩石仅从表面磨蚀的方式进行破碎。此时，轴压 P 与机械钻速 v 呈直线关系（见图 4-5 中 ab 段）。

　　（2）随着轴压 P 的增加，虽然 P/F 还小于 σ，但因钻头轮齿多次频繁冲击岩石，使岩石产生疲劳破坏，出现局部的体积破碎。此时，机械钻速 v 随轴压 P 的 m 次方而变化，硬岩时 $1.25 \leq m \leq 2$，软岩时 $m < 3$（见图 4-5 中 bc 段）。

　　（3）当轴压 P 增大到 $P/F = \sigma$ 后，钻头轮齿对岩石每冲击一次就产生有效的体积破碎，此时破碎效果最佳，能量消耗最低（见图 4-5 中 cd 段）。

　　（4）当轴压 P 达到极限轴压 P_k 后，钻头轮齿整个被压入岩石，牙轮体与岩石表面接触，即使再增加轴压 P 也不会提高机械钻速 v 了（见图 4-5 中 de 段）。

　　从上面分析可知，轴压 P 不能太小，也不宜过高，大小要适宜。合理的轴压可按式（4-1）计算：

$$P = \frac{fkD}{D_9} \tag{4-1}$$

式中　f——岩石坚固性系数；

　　　k——系数，1.4；

　　　D——使用的钻头直径，mm；

　　　D_9——9 号钻头直径，214mm。

　　B　钻头转速（n）

　　从公式中可以看出，钻头转速 n 与机械钻速 v 之间成正比关系。其实，它们之间也不是一个简单的线性关系，具体关系如图 4-6 所示。

　　直线 1 表示当轴压 P 较小时钻头转速 n 与机械钻速 v 的关系。这时，岩石以"表面磨蚀"的方式破碎，随着钻头转速 n 的增加，机械钻速 v 也相应加

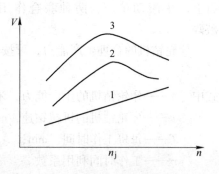

图 4-6　转速 n 对钻速 v 的影响

大，两者成直线关系。

曲线 2 表示轴压 P 增大后，钻头转速 n 与机械钻速 v 的关系。此时，岩石体积破碎，初始时随着钻头转速 n 的增大机械钻速 v 也提高，但当超过钻头极限转速 n_j 后，机械钻速 v 却随着钻头转速 n 的增加而降低，这是因为钻头转速 n 太大，轮齿与孔底岩石的作用时间太短（小于 $0.02 \sim 0.03s$），未能充分发挥轮齿对岩石的压碎作用。此外，由于钻头转速 n 过大，也加速了钻头的磨损和钻机的振动，给穿孔带来不良的影响。在实际生产中，对于软岩常选用 $70 \sim 120r/min$ 的转速，中硬岩石选用 $60 \sim 100r/min$ 的转速，硬岩石选用 $40 \sim 70r/min$ 的转速。

曲线 3 表示轴压 P 继续增大后钻头转速 n 对机械钻速 v 的影响，其情况和曲线 2 差不多。从线段 1、2、3 之间的关系可以看出，机械钻速 v 受轴压 P 和钻头转速 n 两者的综合影响，需要统筹兼顾。在牙轮钻机穿孔中存在两种工作制度：

（1）强制钻进。采用高轴压（$30 \sim 60t$）和低转速（$150r/min$ 以内）；

（2）高速钻进。采用低轴压（$10 \sim 20t$）和高转速（$300r/min$）。

显然，无论从合理利用能量还是提高钻头、钻机的使用寿命来衡量，高速钻进的工作制度有许多缺点，特别是在硬岩中更是如此。所以牙轮钻机应向强制钻进方面发展。目前普遍使用的 HYI-250C 型及 KY-310 型钻机，其轴压分别为 32t 和 45t，而转速都控制在 $100r/min$ 以内。

C 排渣风量（Q）

为了彻底排渣，要求压缩空气有足够的风量，使孔壁与钻杆之间的环形空间有适宜的回风速度，从而对岩渣颗粒产生一定的升力以排除出孔。若风速太小，升力不足，岩渣在孔底反复被破碎，既降低钻孔速度，又加剧钻头的磨损，甚至会造成卡钻事故；若风速过大，则浪费空压机的功率，也加剧钻杆的磨损。

D 钻孔直径（D_1）

当轴压 P 和钻头转速 n 固定时，钻孔直径 D_1 与机械钻速 v 成反比。实际上，当钻孔直径 D_1 增大后，钻头的直径和强度也加大，只要相应采用更大的轴压和转速，机械钻速 v 并不会降低。另一方面，当钻孔直径增大，爆破孔网参数也可相应扩大，从而提高延米爆破量。

E 工作时间利用系数（η）

为了提高牙轮钻机的效率，另一个重要的因素就是提高钻机的工作时间利用系数 η。影响工作时间利用系数的因素主要有两个方面：一个是组织管理缺陷所带来的外因停歇；另一个是钻机本身故障所引起的内因停歇。

总之，为了提高牙轮钻机的穿孔效率，应该从钻机、钻头、工作参数和组织管理四个方面进行改革。

4.1.1.3 钻孔设备选型

露天采矿使用的钻孔设备主要是潜孔钻机和牙轮钻机，发展趋势是牙轮钻机，下面以牙轮钻机为例阐述钻孔设备的选型。

牙轮钻机是露天矿技术先进的钻孔设备，适用于各种硬度矿岩的钻孔作业，大中型矿山一般选用电动牙轮钻机。金属露天矿山设备的匹配可以参照表4-2。

表4-2 金属露天矿设备匹配方案

设 备 名 称		小型露天矿	中型露天矿	大型露天矿	特大型露天矿
穿孔设备	潜孔钻机（孔径）/mm	≤150	150~200	150~200	
	牙轮钻机（孔径）/mm	150	250	250~310	310~380（硬岩）；250~310（软岩）
挖掘设备	单斗挖掘机（斗容）/m³	1~2	1~4	4~10	≥10
	前装机（斗容）/m³	≤3	3~5	5~8	8~13
运输设备	自卸设备（载重）/t	≤15	<50	50~100	>100
	电机车（粘重）/t	<14	10~20	100~150	150
	翻斗车	<4m³	4~6m³	60~100t	100t
	钢绳芯带式输送机（带宽）/mm	800~1000	1000~1200	1400~1600	1800~2000
辅助设备	履带推土机/kW	75	135~165	165~240	240~308
	轮胎推土机/kW			75~120	120~165
	炸药混装设备/t	8	8	12、15	15、24
	平地机/kW		75~135	75~150	165~240
	振动式压路机/t			14~19	14~19
	汽车吊/t	<25	25	40	100
	洒水车/t	4~8	8~10	8~10、20~30	10、20~30
	破碎机（旋回移动）/mm			1200~1500	1200~1500
	液压碎石器/N·m		$(1.5~3)\times10^4$	$(1.5~3)\times10^4$	$(1.5~3)\times10^4$

有色金属矿山可以参照表4-3配备设备。

表4-3 有色金属露天矿山装备水平

设备名称	采矿规模/万吨·年⁻¹		
	>100	30~100	<30
穿孔设备	≥ϕ250 牙轮钻机，≥ϕ150~200mm 潜孔钻机	ϕ150~250mm 牙轮钻机，ϕ150~200mm 潜孔钻机	≤ϕ1500mm 潜孔钻机，凿岩台车，手持式凿岩机
装载设备	≥4m³ 挖掘机，≥5m³ 前装机	2~4m² 挖掘机，3~5m³ 前装机	≤2m³ 挖掘机，≤3m³ 前装机，装岩机
运输设备	≥30t 汽车，100~150t 电机车，60~100t 矿车，带式输送机	20~30t 汽车，14~20t 电机车，6~10m³ 矿车	20t 汽车，≤14t 电机车，≤6m³ 矿车

设计和生产中，可按矿山采剥总量及开采规模与钻孔直径的关系，并结合挖掘机斗容与钻孔直径的关系选择钻机。采剥总量与钻孔直径关系见表4-4，钻孔直径与挖掘机斗容关系见表4-5。

表 4-4 采剥总量与钻孔直径关系

采剥总量/万吨·年$^{-1}$	400 ~ 500	600 ~ 1000	1500 ~ 2000	3000 ~ 4000
钻孔直径/mm	200 ~ 250	250 ~ 310	310 ~ 380	380 ~ 450

表 4-5 钻孔直径与挖掘机斗容关系

钻孔直径/mm	150 ~ 230	200 ~ 250	250 ~ 310	310 ~ 380	380 ~ 450
挖掘机斗容/m^3	3 ~ 5	6 ~ 8	10 ~ 12	13 ~ 16	19 ~ 23
台年产量/万吨	150 ~ 180	200 ~ 500	700 ~ 900	900 ~ 1100	1500 ~ 2000

A 钻机效率

牙轮钻机的台班生产能力可按下式计算：

$$A = 0.6vT\eta \tag{4-2}$$

$$v = 3.75\frac{pn}{9.8 \times 10^3 Df} \tag{4-3}$$

式中 A——牙轮钻机的生产能力，m/（台·班）；

v——牙轮钻机的钻进速度，cm/min；

T——班工作小时数，h；

η——工作时间利用系数，0.4 ~ 0.5；

p——轴压，N；

n——钻头转速，r/min；

D——钻头直径，cm；

f——岩石坚固性系数。

在设计中牙轮钻机的钻进速度可按表 4-6 选取。

表 4-6 牙轮钻机钻进速度参考值

孔径/mm	回转速度/r·min^{-1}	回转功率/kW	轴压/N	排渣风量/m^3·min^{-1}	钻进速度/cm·min^{-1}
220 ~ 250	0 ~ 120	40	$(3.14 ~ 3.53) \times 10^5$	30	0 ~ 250
250 ~ 310	0 ~ 120	50 ~ 55	$(3.92 ~ 4.41) \times 10^5$	40	0 ~ 200
310 ~ 380	0 ~ 120	55 ~ 75	$(4.41 ~ 4.90) \times 10^5$	>40	0 ~ 200

B 钻机数量的确定

牙轮钻机设备数量确定方法与潜孔钻机相似，可按式（4-4）计算：

$$N = \frac{Q}{Q_1 q(1 - e)} \tag{4-4}$$

式中 N——钻机台数，台；

Q——设计的矿山规模，t/a；

Q_1——每台牙轮钻机的年穿孔效率，m/（台·年）；

q——每米炮孔的爆破量，t/m；

e——废孔率，%。

钻机台年穿孔效率可参考表 4-7 选取。每米炮孔的爆破量可根据设计的爆破孔网参数进行计算，也可参考表4-8进行选取。

表4-7　牙轮钻机穿孔效率设计参考指标

钻机型号	孔径/mm	矿岩硬度系数f	台班效率/m	台日效率/m	台年效率/m
KY-250	250	6 ~ 12	25 ~ 50	70 ~ 150	25000 ~ 35000
		12 ~ 18	15 ~ 35	50 ~ 100	20000 ~ 30000
KY-310	310	6 ~ 12	35 ~ 70	100 ~ 200	30000 ~ 45000
		12 ~ 8	25 ~ 50	70 ~ 150	
45R	250	8 ~ 20			30000 ~ 35000
60R	310	8 ~ 20			350000 ~ 450000

表4-8　每米炮孔爆破量参考指标

炮孔直径/mm	矿岩种类	每米炮孔爆破量/t	炮孔直径/mm	矿岩种类	每米炮孔爆破量/t
250	矿石	100 ~ 140	310	矿石	120 ~ 150
	岩石	90 ~ 130		岩石	100 ~ 130

C　钻头消耗量

牙轮钻头使用寿命的长短，取决于钻头结构形式、材质、加工工艺、矿岩硬度和操作水平等因素。设计中，牙轮钻头使用寿命参照表4-9选取。设计中，万吨矿岩的牙轮钻头消耗量在0.25 ~ 0.35个范围内选用。

表4-9　牙轮钻头寿命设计参考指标　　　　　　　　　　（m/个）

矿岩硬度f	牙轮钻头直径/mm		
	214 ~ 220	250	310
6 ~ 8	500 ~ 1000	500 ~ 1000	1000 ~ 2000
8 ~ 12	300 ~ 500	400 ~ 600	500 ~ 600
12 ~ 20	150 ~ 300	200 ~ 300	250 ~ 300

4.1.2　露天台阶爆破技术

随着挖掘机斗容和生产能力的增大，要求每次的爆破量也越来越大。为此，在露天开采中广泛使用多排孔微差爆破、多排孔微差挤压爆破和高台阶爆破等大规模的爆破方法。

4.1.2.1　多排孔微差爆破

多排孔微差爆破，是排数一般在4 ~ 7排或更多的微差爆破。这种爆破方法一次爆破量大，矿岩破碎效果好，是露天开采中普遍使用的一种方法，其特点为：

（1）通过药包不同时间起爆，使爆炸应力波相互叠加，加强破碎效果。

（2）创造新的动态自由面，减少岩石夹制作用，提高矿岩的破碎程度和均匀性，减少了炮孔的前冲和后冲作用。

（3）爆后矿岩碎块之间的相互碰撞，产生补充破碎，提高爆堆的集中程度。

（4）由于相应炮孔先后以毫秒间隔起爆，爆破产生的地震波的能量在时间与空间上分散，地震波强度大大降低。

目前，关于多排孔微差爆破参数的确定，主要还是依据经验，尚无成熟的理论指导。

A 孔网参数

（1）底盘抵抗线（W_d）。在露天深孔爆破中抵抗线有两种表示方法，即最小抵抗线（W）和底盘抵抗线（W_d）。前者是指由装药中心到台阶坡面的最小距离；后者是指第一排炮孔中心线至台阶坡底线的水平距离。为了计算方便和有利于减少根底，在生产中通常不用最小抵抗线（W），而用底盘抵抗线（W_d）为爆破参数。底盘抵抗线（W_d）是一个很重要的爆破参数，它对爆破质量和经济效果影响很大。若底盘抵抗线（W_d）过大，将残留根底，后冲现象也会严重；若底盘抵抗线（W_d）过小，不仅增加穿孔工作量，也浪费炸药，使爆堆分散，并且穿孔设备距台阶坡顶线过近，作业时不够安全。

底盘抵抗线可按下面几种方法来确定：

1）按穿孔设备的安全作业条件确定，即

$$W_d = C + H\cot\alpha \tag{4-5}$$

式中 C——前排炮孔中心至台阶坡顶线的安全距离，一般为 2.5 ~ 3.0m。

2）按装药条件确定：

$$W = d\sqrt{\frac{7.85\Delta\eta}{mq}} \tag{4-6}$$

式中 W——最小抵抗线，m；

d——孔径，dm；

Δ——炸药密度，kg/dm^3 或 g/cm^3；

η——装药系数；

m——密集系数；

q——单位炸药消耗量，kg/m^3。

3）按台阶高度确定：

$$W_d = (0.6 \sim 0.9)H \tag{4-7}$$

可参考的经验公式为

$$W_d = 0.024d + 0.85 \tag{4-8}$$

$$W_d = (0.24HK + 3.6)\frac{d}{150} \tag{4-9}$$

式中 d——钻孔直径，mm；

K——与岩石坚固性有关的系数。

与岩石坚固性有关的系数 K 见表 4-10。

表 4-10 与岩石坚固性有关的系数 K

$f^{①}$	6	8	10	12	14	16	18	20
K	1.17	0.87	0.70	0.58	0.50	0.44	0.39	0.35

①岩石坚固性系数。

（2）钻孔间距（a）和排距（b）。它们是根据底盘抵抗线和邻近系数来计算，即

$$a = mW_d \tag{4-10}$$

$$b = (0.9 \sim 0.95) W_{\mathrm{d}} \qquad (4\text{-}11)$$

式中　a——钻孔间距，m；

　　　b——钻孔排距，m；

　　　m——邻近系数；

　　　W_{d}——底盘抵抗线，m。

有关邻近系数 m，一般取值为 $1.0 \sim 1.4$。此外，在国内外一些矿山采用大孔距爆破技术。据称这样能改善矿岩的破碎效果。这种技术是在保持每个钻孔担负面积 $a \times b$ 不变的前提下，减小 b 而增大 a，使 m 值可达 $2 \sim 8$。

（3）超深（h_{c}）。超深的作用是降低装药位置，为了克服因底盘抵抗线过大而影响爆破效果。超深的长度应适当，若超深过小将产生根底或抬高底部平盘的标高，而影响装运工作；若超深过大，不紧增加了钻孔工作量，也浪费了炸药，而且也破坏了下一台阶完整性，给下次钻孔带来了困难。

根据经验、超深值通常按下式确定：

$$h_{\mathrm{c}} = (0.15 \sim 0.35) W_{\mathrm{d}} \qquad (4\text{-}12)$$
$$h_{\mathrm{c}} = (10 \sim 15) d \qquad (4\text{-}13)$$

式中　h_{c}——超深，m；

　　　W_{d}——底盘抵抗线，m；

　　　d——钻孔直径，m。

当矿岩松软时取小值，矿岩坚硬时取大值。如果采用组合装药，底部使用高威力炸药时可适当降低超深。在我国露天矿山的超深值波动一般在 $0.5 \sim 3.6\mathrm{m}$。但在某些情况下，如底盘有天然分离面或底盘需要保护，则可不留超深或留下一定厚度的保护层。

B　施工参数

（1）填塞长度。装药后孔口部分的长度通常全部用充填料堵塞，故称为填塞长度。填塞长度确定的合理和保证填塞质量，对改善爆破效果和提高炸药能量利用率是非常重要的。

合理的填塞长度能降低爆炸气体能量损失和尽可能增加钻孔装药量。填塞长度过长将会降低延米爆破量，增加钻孔成本，并造成台阶顶部矿岩破碎不好；填塞长度过短，则炸药能量损失大，将产生较强的空气冲击波、噪声和个别飞石的危害，也影响钻孔下部的破碎效果。一般在台阶深孔爆破时，填塞长度不小于底盘抵抗线的 75%，或者取 $20 \sim 40$ 倍的钻孔直径。因此爆破安全规程中规定禁止无填塞爆破。

填塞物料一般多为就地取材，以钻孔排出的岩粉或选矿厂的尾砂做填塞物料。

（2）单位炸药消耗量（q）和每孔装药量（Q）。影响单位炸药消耗量的因素很多，主要有矿岩的可爆性、炸药种类、自由面条件、起爆方式和块度要求等。因此，选取合理的单位炸药消耗量 q 值需要通过试验或生产实践来验证。单纯的增加单耗对爆破质量不一定有很大的改善，只能消耗在矿岩的过粉碎和增加爆破有害效应上。实际上对于每一种矿岩，在一定的炸药与爆破参数和起爆方式下，都有一个合理的单耗。所以单位炸药消耗量的确定应根据生产实验，按不同矿岩爆破性分类确定或采用工程实践总结的经验公式进行计算。在爆破设计时可以参照类似矿岩条件下的实际单耗，也可以按表 4-11 选取单位炸药消耗量，该表数据是以 2 号岩石硝铵炸药为标准。

表 4-11　单位炸药消耗量 q 值

岩石坚固性系数 f	0.8~2	3~4	5	6	8	10	12	14	16	20
$q/\text{kg} \cdot \text{m}^{-3}$	0.4	0.43	0.46	0.5	0.53	0.56	0.6	0.64	0.67	0.7

关于每个钻孔的装药量，目前露天矿山普遍采用体积法计算药量，即

$$Q = qW_{\text{d}}aH \tag{4-14}$$

式中　Q——单排孔或多排孔爆破的第一排的每孔装药量，kg；

　　　q——单位炸药消耗量，kg/m³；

　　　W_{d}——底盘抵抗线，m；

　　　a——钻孔间距，m；

　　　H——台阶高度，m。

多排孔爆破时，从第二排起，以后各排孔的装药量，可按下式计算：

$$Q = KqabH \tag{4-15}$$

式中　K——矿岩阻力夹制系数，一般取 1.1~1.2；

　　　b——钻孔排距，m。

至于钻孔的装药结构，在露天台阶深孔爆破工程中普遍采用连续柱状装药形式。

（3）微差间隔时间。确定合理的微差爆破间隔时间，对改善爆破效果与降低地震效应具有重要作用。在确定间隔时间时主要应考虑岩石性质、布孔参数、岩体破碎和运动的特征等因素。微差间隔时间过长则可能会造成先爆孔破坏后爆孔的起爆网路，过短则后爆孔可能因先爆孔未形成新自由面而影响爆破质量。关于微差间隔时间的计算公式很多，其中可供参考的公式如：

$$\Delta t = KW_{\text{d}} \tag{4-16}$$

式中　Δt——微差间隔时间，ms；

　　　K——与岩石性质有关的系数，ms/m，当岩石 f 值大时，取 $K=3$；当 f 值小时，取 $K=6$；

　　　W_{d}——底盘抵抗线，m。

$$\Delta t = KW_{\text{d}}(24 - f) \tag{4-17}$$

式中　Δt——微差间隔时间，ms；

　　　K——岩石裂隙系数。对于裂隙少的矿岩，$K=0.5$；对于中等裂隙的矿岩，$K=0.75$；对于裂隙发育的矿岩，$K=0.9$；

　　　W_{d}——底盘抵抗线，m；

　　　f——岩石坚固性系数。

目前，多排孔微差爆破微差间隔时间一般为 25~50ms。

（4）布孔形式和起爆顺序。露天台阶深孔的布孔形式有三种，分别为三角形、正方形和矩形。布孔时应考虑钻孔方便，爆破质量良好，适应爆破顺序的要求。

多排孔微差爆破的起爆顺序是多种多样的，可根据工程所需的爆破效果及工程技术条件选用。较常见的起爆顺序有排间顺序起爆、孔间顺序起爆、波浪式起爆、"V"形起爆、梯形起爆、中间掏槽横向起爆、对角线（或斜线）起爆，如图 4-7 所示。

排间顺序起爆法 [见图 4-7（a）]，它的网路连接简单，也有利于克服根底，是正常

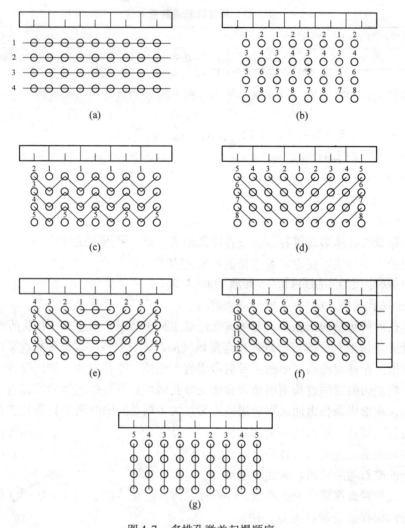

图 4-7　多排孔微差起爆顺序

（a）排间顺序起爆；（b）孔间顺序起爆；（c）波浪式起爆；（d）"V"形起爆；

（e）梯形起爆；（f）对角线起爆；（g）中间掏槽横向起爆

1~12—起爆顺序

采掘爆破时常用的一种形式，但在使用此法时也要注意，每排钻孔数不宜过多，装药量也不宜过大。

　　孔间顺序起爆法［见图 4-7 （b）］，这种方法每个钻孔的自由面较多，有利于矿岩充分碰击破碎。

　　波浪式起爆［见图 4-7 （c）］，"V"形起爆［见图 4-7 （d）］和梯形起爆［见图 4-7（e）］，这三种方法均有利于新自由面的扩展，并可缩短最小抵抗线和改变爆破作用方向，增加矿岩互相碰撞的机会，爆堆集中，但网路连接较复杂。

　　对角线起爆法［见图 4-7 （f）］，因工作线长，炮孔多，装药量大而不宜使用排间起爆时，可采用这种爆序安排。

　　中间掏槽起爆法［见图 4-7 （g）］，它是首先用中间一排掏槽孔形成槽沟状自由面，然后再依次起爆两侧各排钻孔。使用此法时要注意掏槽孔的孔距一般要缩小20%，超深需增加，装药量也需增大20%～25%。掏槽孔的排列方向，宜顺着结构面走向。这种形式常用于堑沟掘进或挤压爆破。

表4-12列举几个露天矿多排孔微差爆破的参数，供使用时参考。

表4-12 露天矿多排孔微差爆破参数

参 数	吉林珲春金铜矿	福建紫金山金铜矿	新疆金宝铁矿	大孤山铁矿	眼前山铁矿
岩石硬度系数 f	10～12	6～8	10～14	12～16	8～12
台阶高度/m	12	12	12	12	12
钻孔深度/m	14～15	14～15	14～15	14.5～15.5	14～14.5
钻孔直径/mm	150	150	150	250	250
底盘抵抗线/m	5～6	7～8	6～7	8～9	7～9
钻孔间距/m	4.5～5	6～7	5～6	6～7	7.5～8
钻孔排距/m	4～4.5	5～6	4～5	5.5～6.5	5.5～6
单位炸药消耗量/kg·m^{-3}	0.53～0.56	0.28～0.32	0.56～0.58	0.56～0.76	0.45～0.55
微差间隔时间/ms	25～50	25～65	25～50	25～50	50～75

总之，在露天矿采用多排孔微差的优点是：

1）一次爆破量大、减少爆破次数和避炮时间，提高采场设备的利用率。

2）改善矿岩破碎质量，其大块率比单排孔爆破少40%～50%。

3）增加穿孔设备的工作时间利用系数和减少穿孔设备在爆破后冲区作业次数，可大大提高穿孔设备的效率。

4）也可提高采装、运输设备的效率10%～15%。

首先，多排孔微差爆破要求及时穿凿出足够数量的钻孔，因此必须采用高效率的穿孔设备，如牙轮钻机。其次，这种爆破也要求工作平台宽度较大，以便能容纳相应的爆堆。此外，多排孔微差爆破工作较集中，为了能及时实施爆破，最好使装、填工作机械化。如成立专门的爆破组，配备成套的制药、装药和填塞设备，来承担矿山的爆破工作。或采用预先预装药的形式，当每个钻孔穿凿完毕随即装药填塞，最后再集中连线起爆。

4.1.2.2 多排孔微差挤压爆破

多排孔微差挤压爆破是工作面残留有爆渣的情况下的多排孔微差爆破。渣堆的存在是为挤压创造的必要条件，一方面能延长爆破的有效作用时间，改善炸药能的利用率和破碎效果；另一方面，能控制爆堆宽度，避免矿岩飞散。

根据我国一些矿山使用多排孔微差挤压爆破的经验，应注意下列几个问题。

（1）渣堆厚度及松散系数。首先，渣堆厚度决定了挤压爆破时刚性支撑的强弱，从最大限度地利用爆炸能出发，可按下式求得：

$$B = K_c W_d \left(\frac{\sqrt{2\varepsilon qEE_0}}{\sigma} - 1 \right) \tag{4-18}$$

式中 B——渣堆厚度，m；

K_c——矿岩松散系数；

W_d——底盘抵抗线，m；

ε——爆炸能利用系数，一般取 $0.04 \sim 0.2$；

q——单位炸药消耗量，kg/m^3；

E——岩体弹性模量，kg/m^2；

E_0——炸药的热能，$kJ \cdot m/kg$；

σ——岩体挤压强度，kg/m^2。

在露天矿中对于较弱的岩体，一般 $B = 10 \sim 15m$；对于较硬的岩体，一般 $B = 20 \sim 25m$。

其次，渣堆厚度也决定了爆破后的爆堆宽度。随着渣堆厚度的增加，爆堆前冲距离减小，表 4-13 为渣堆厚度对爆堆宽度的影响。为了保护台阶工作面线路，可参照表中数据选取渣堆厚度。

表 4-13　渣堆厚度对爆堆宽度的影响

岩石坚固性系数 f	单位炸药消耗量/$kg \cdot m^{-3}$	不同渣堆厚度时爆堆前移距离/m						
		10	15	20	25	30	35	40
$17 \sim 20$	$0.70 \sim 0.95$	31	27	20	15	10	5	0
$13 \sim 17$	$0.50 \sim 0.80$	27	21	13	5	0		
$8 \sim 13$	$0.30 \sim 0.60$	15	11	0				

此外，挤压爆破的应力波在岩体与渣堆界面上，部分反射成拉伸波继续破坏岩体，部分呈透过波传入渣堆而被吸收。因此，在保证渣堆挤压作用的前提下，要提高反射波的比例，以保证渣堆适当松散。根据一些矿山经验，当渣堆松散系数大于 1.15 时爆破效果良好；当小于 1.15 时，应力波透过太多，使第一排钻孔处常常出现"硬墙"。

应该指出，上述有关渣堆松散系数和厚度的要求并不是绝对的。当渣堆密实又厚时，只要增大炸药量，也能够保证挤压爆破的效果。例如某镁矿就曾在 100m 的厚渣堆下成功地进行了爆破。

(2) 单位炸药消耗量和药量分配。多排孔微差挤压爆破的单位炸药消耗量，比清渣多排孔微差爆破要大 20%~30%。如果单耗过大则爆效难以保证。关键在第一排钻孔，由于它紧贴渣堆，会产生较大的透过波损失，而且还要推压渣堆为后续的爆破创造空间，因而需要适当增大第一排钻孔的药量或使用高威力炸药，缩小抵抗线和孔间距，增加超深值，对于最后一排钻孔的爆破，它涉及下一循环爆破的渣堆松散系数。为了使这部分渣堆松散，最后一排钻孔也要适当增大药量。为此需要：1) 缩小钻孔间距或排距约 10%；2) 增加装药量 10%~20% 或使用高威力炸药；3) 延长微差间隔时间 15%~20%。

(3) 孔网参数。多排孔微差挤压爆破的孔网参数与多排孔微差爆破的原则相似。其主要差别是第一排孔和最后一排孔的参数宜小一些。

(4) 微差间隔时间。由于挤压爆破要推压前面的渣堆，因而它的起爆间隔时间要比清渣微差爆破长些。如果间隔时间过短，推压作用不够，则爆破受到限制；如果间隔时间过长，则推压出来的空间被破碎的矿岩充填，起不到应有的作用。实践表明，多排孔挤压爆破的微差间隔时间应较常规爆破时增大 30%~60% 为宜，当岩石坚硬且岩渣堆较密时应取上限。在我国露天矿山中，通常取 50 ~ 100ms。

（5）爆破排数和起爆顺序。多排孔微差挤压爆破的排数，较适宜一次爆破排数多为 3 ~ 7 排，不宜采用单排，但采用更多的排数也会增大药耗，爆效也难以保证。各排的起爆顺序与多排孔清渣爆破相似。

表 4-14 列举了我国几个露天矿多排孔微差挤压爆破的参数，供使用时参考。

表 4-14　露天矿多排孔微差挤压爆破参数

参　数	齐大山铁矿	眼前山铁矿	大孤山铁矿	大连石灰石矿	珲春金铜矿
岩石硬度系数 f	10 ~ 18	16 ~ 18	12 ~ 16	6 ~ 8	8 ~ 12
台阶高度/m	12	12	12	12	12
钻孔深度/m	15	14 ~ 15	14 ~ 15	14 ~ 15	14
钻孔直径/mm	250	250	250	250	150
底盘抵抗线/m	6 ~ 9	14 ~ 10	7 ~ 8	7.5 ~ 9	6 ~ 7
钻孔间距/m	5 ~ 6	5.5	5 ~ 5.5	10 ~ 12	4.5 ~ 5
钻孔排距/m	5 ~ 5.5	5.5	5 ~ 5.5	6 ~ 7	3.5 ~ 4
单位炸药消耗量/kg·m^{-3}	0.7 ~ 1.0	0.77	0.55 ~ 0.57	0.12	0.56 ~ 0.60
渣堆厚度/m	10 ~ 12	6 ~ 22	15 ~ 20	10 ~ 15	>6
微差间隔时间/ms	50	50	50	25	50

相对多排孔微差爆破而言，多排孔微差挤压爆破的优点是：

（1）矿岩破碎效果更好。这主要是由于前面有渣堆阻挡，包含第一排孔在内的各排钻孔都可以增加装药量，并在渣堆的挤压下充分破碎。

（2）爆堆更集中。特别是对于采用铁路运输的露天矿。爆破前可以不用拆轨，从而提高采装、运输设备的效率。

多排孔微差挤压爆破也存在缺点：

（1）炸药消耗量大。

（2）工作平台要求更宽，以便容纳渣堆。

（3）爆堆高度较大，特别是当渣堆厚度大而妨碍爆堆向前发展时，将可能影响挖掘机作业的安全。

4.1.2.3　高台阶爆破

高台阶爆破，就是将约等于目前使用的 2 ~ 3 个台阶并在一起作为一个台阶进行穿爆工作，爆破后再按原有的台阶高度逐层产装，上部台阶的装运是在已爆破的浮渣上进行的。爆破时，上一个台阶留有渣堆，连同下一台阶采用多排孔微差挤压爆破，如图 4-8 所示。高台阶爆破是一种爆破量最大的微差爆破。

采用高台阶爆破时的基本要求是：

（1）一次爆破的钻孔排数最少为 3 ~ 4 排，一般以 8 ~ 10 排效果较好，使爆堆能更集中。

（2）由于钻孔底部夹制现象严重，宜采用掏槽爆破。

（3）在坚硬矿岩中，宜提高单位炸药消耗量。

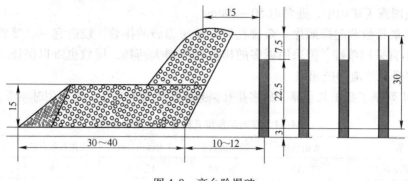

图 4-8　高台阶爆破

(4) 钻孔超深，一般可按台阶高度的 0.05 ~ 0.25 计算。

(5) 由于钻孔较长，宜采用分段间隔装药结构，使炸药能均匀分布。同一孔内各段装药之间的起爆，也可按孔内微差爆破。

高台阶爆破的优点是：

(1) 充分实现穿爆、采装、运输工作的平行作业，有利于提高钻、装、运等设备的效率。

(2) 相对减少超深和填塞长度，也相对减少超钻、开孔的数量。

(3) 由于有效装药长度相对增加，炸药能在深孔中分布均匀，从而改善矿岩破碎质量，大块率降低，基本上无根底。

(4) 后冲与对下部台阶的破坏作用也相对减少。

但是采用高台阶爆破也存在一些严重的弱点，要求穿孔深度大，对于一般钻机作业较困难；台阶下部夹制严重，质量不易保证。因此，目前高台阶爆破仍在探索和改进中。

4.1.3　临近边坡爆破技术

随着露天矿向下延伸，边坡稳定问题日益突出。为了保护边坡，临近边坡的爆破应严格控制。根据国内外矿山的经验，目前主要采用的措施是微差爆破、预裂爆破和光面爆破。

4.1.3.1　采用微差爆破减小震动

微差爆破的主要作用之一是可以减少爆破的地震效应。为了充分发挥微差爆破的减震作用，关键是设法增加爆破的段数和控制微差间隔时间。

(1) 采用多段微差爆破减震。爆破所引起的质点震动，一般可以粗略地分为一个阶段，即最先出现的"初始相"，它的特点是频率高、振幅小、作用时间短；随后出现的是"震相"，它的特点是频率低、振幅大、作用时间长，具有较大的破坏作用；最后出现的是震后的"余震相"。在采用微差爆破中增加起爆段数，即使不能完全分离各段爆破的震波，起码也可以使各段震波的"主震相"得到某种程度上的分离，从而呈现各段爆破的单独作用，使得多段微差爆破所引起的震动不决定于总炸药量，而是取决于每一段炸药量的多少。例如，凤凰山铁矿曾用 12 ~ 15 段的微差爆破和齐发爆破进行过对比试验，其地震效应减少了 50%；又如珲春金铜矿用 15 ~ 20 段的对角起爆代替原有的 3 ~ 4 段逐排起爆的微差爆破，使每段药量减少50%~70%，地震效应也比原来减少31.8%~51.2%。因此，多段微差爆破的实质是通过增加起爆段数来减少每段爆破药量，从而借各段爆破的独立作用来实现减震的。

目前在露天矿山中选择多段微差爆破时，一般是采用斜线（对角）起爆方式。当爆破孔数较少时，起爆是从爆区的一端开始，如图4-9（a）所示；当孔数较多时，可从爆区中间或爆区的两端起爆如图4-9（b）所示；当孔数更多时，则可进行分区多处掏槽起爆。这样的起爆方式，既可以增加起爆段数，又可以加强已破碎矿岩之间的挤压碰撞作用。值得注意的是：在安排雷管段数时，最好使后排孔比前排孔高两段，以防偶然出现的跳段事故。近年来随着科技的发展，高精度起爆器材的出现，可以采用逐孔起爆，其减震效果更好。

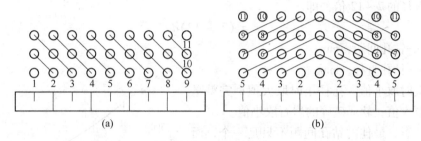

图4-9 多段斜线起爆方式
（a）侧面掏槽；（b）中央掏槽

（2）选择微差间隔时间干扰降震。在微差爆破中，间隔时间的确定是一个很重要的问题。假如间隔时间确定合适，不仅仅是分离爆破地震波，而且可以使它们互相干扰抵消。假如时间选择不当，也可能出现叠加增震。所以，采用多段微差爆破时，一定要正确地选择微差间隔时间。

4.1.3.2 采用预裂爆破隔离边坡

预裂爆破就是沿边坡界线钻凿一排较密集的平行钻孔，每孔装入少量炸药，在正常采掘爆破之前先行起爆，而获得一条有一定宽度并贯穿各钻孔的裂缝。由于有这条预裂缝将采掘区与边坡分隔开来，使采掘区正常爆破的地震波在裂缝面上将产生较强的反射，使得透过裂缝的地震波强度大大削弱，从而保护了边坡的稳定。

根据国内外矿山的预裂爆破经验，为了取得良好的预裂爆破效果，应注意以下几方面。

A 对预裂缝的要求

（1）预裂缝要连续，且能达到一定的宽度，能够充分反射采掘区爆破的地震波，以便控制它们对边坡的破坏作用。通常要求，这个宽度应不小于1~2cm。

（2）预裂面要比较平整，为了获得整齐而稳定的边坡面。一般要求预裂面的不平整度不超过±15~20cm。

（3）在预裂面附近的岩体无明显爆破裂隙，最好的情况是在预裂壁面上能留下较完整的半个钻孔壁，一般要求孔痕率大于50%~80%。

B　基本参数

为了实现上述要求，关键是合理地确定孔径、孔距和装药量。

（1）孔径和不耦合系数。所谓不耦合系数就是钻孔直径与药柱直径的比值。在预裂爆破中药柱外壁与孔壁之间的环形间隙的作用，主要是降低爆轰波的初始压力，保护孔壁及防止其周围岩石出现过度粉碎。此外，还可以延长爆破作用时间，有利于预裂缝的发展。生产实践表明，不耦合系数一般要求大于2，才能获得较好的效果。

至于对预裂钻孔孔径的要求，一般宜取小一些。这既是为了提高穿孔速度，也是便于缩小孔距及每孔装药量，从而提高预裂爆破的效果。一般在露天矿中，通常用 $\phi100 \sim 200mm$ 的潜孔钻机或 $\phi60 \sim 80mm$ 的凿岩台车来穿凿预裂孔。

（2）孔距。预裂爆破的孔距比较小，可根据选定的孔径按一定的比值选取孔距，一般可取钻孔直径的 7～12 倍，即

$$a = (7 \sim 12)d \tag{4-19}$$

式中　　a——钻孔间距，mm；

　　　　d——钻孔直径，mm。

孔径大时取小值，孔径小时取大值；完整坚硬的岩石取大值，软弱破碎的岩石取小值。

应该注意，最佳的钻孔间距不只是一个，而是在一个合理范围内变动。如图 4-10 所示是马鞍山矿山研究院在实验室提出的孔距与不耦合系数的关系曲线。图中 1 线表示可实现预裂爆破的最大孔距，2 线表示可实现预裂爆破的最小孔距，在 1、2 线之间的部分就是较合理的孔距取值范围。

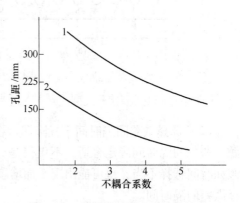

图 4-10　孔距与不耦合系数的关系

C　药量计算

钻孔的装药量及其药量分布是影响预裂爆破质量的重要因素。目前在矿山预裂爆破设计中，钻孔的装药量计算主要是采用一些经验公式及参考某些已成工程的实际经验数据，进行分析对比。如常见的公式有：

（1）长办长科院提出的计算公式：

$$q = 0.34[\sigma_{\text{压}}]^{0.63} \cdot [a]^{0.67} \tag{4-20}$$

（2）葛洲坝工程局提出的计算公式：

$$q = 0.367[\sigma_{\text{压}}]^{0.5} \cdot [d]^{0.86} \tag{4-21}$$

（3）武汉水利电力学院提出的计算公式：

$$q = 0.127[\sigma_{\text{压}}]^{0.5} \cdot [a]^{0.84} \left[\frac{d}{2}\right]^{0.24} \tag{4-22}$$

式中　　q——线装药密度，等于钻孔正常装药量（不包括底部增加的药量）除以装药段长度（不包括堵塞长度），kg/m；

　　　　$\sigma_{\text{压}}$——岩石抗压强度，kg/cm²；

　　　　a——钻孔间距，m；

　　　　d——钻孔直径，m。

用上述公式计算出来的药量，是预裂孔正常的线装药密度。在钻孔的底部由于受到夹制作用，必须加大装药量，才能达到预期的效果。钻孔越深，岩石越坚硬，夹制作用越明显。底部需增加装药量的范围，自孔底起约为 0.5 ~ 1.5m。在实际生产工作中，底部装药的增量多半以该孔线装药密度的倍数来衡量，孔深 5 ~ 10m 时，增加 2 ~ 3 倍；当孔深超过 10m 时，增加 3 ~ 5 倍；坚硬的岩石取大值，松软的岩石取小值。

对于预裂爆破的基本参数的确定，除了取决于矿岩的物理力学性质外，还与所保护边坡的重要程度有关。一般是临近运输干线等地段的边坡参数宜取小些，对于不太重要的地段参数可取大些。表 4-15 为马鞍山矿山研究院推荐的预裂爆破参数。

表 4-15 预裂爆破的参数

普 通 预 裂 爆 破				重 要 预 裂 爆 破			
孔径 /mm	炸药	孔距/m	线装药密度 /kg·m⁻¹	孔径/mm	炸药	孔距/m	线装药密度 /kg·m⁻¹
80	2 号岩石或铵油炸药	0.7 ~ 1.5	0.4 ~ 1.0	32	2 号岩石或铵油炸药	0.3 ~ 0.5	0.15 ~ 0.25
100		1.0 ~ 1.8	0.7 ~ 1.4	42		0.4 ~ 0.6	0.15 ~ 0.3
125		1.2 ~ 2.1	0.9 ~ 1.7	50		0.5 ~ 0.8	0.2 ~ 0.35
150		1.5 ~ 2.5	1.1 ~ 2.0	80		0.6 ~ 1.0	0.25 ~ 0.5
				100		0.7 ~ 1.2	0.3 ~ 0.7

D 装药和起爆

预裂爆破用的炸药，应该是爆速低、传爆性能好的炸药，国外用专门的预裂炸药，如瑞典的古立特炸药、纳比特炸药等，而我国一般是用岩石炸药或铵油炸药。

在预裂钻孔内填装炸药，药卷最好是均匀连续地布置在钻孔的中心线上，使周围形成环形空隙，其效果最理想。国外的专用预裂炸药都有翼状套筒定位，国内没有专门的预裂爆破药卷，很难达到这样的要求，在实际施工中，通常都需要在现场加工制备。一般是采用两种方法，一是将炸药装填在一定直径的硬塑料管内连续装药，为了能顺利引爆和传爆，在整个管内贯穿一根导爆索。另一种方法是采用间隔装药，即根据计算的线装药密度，将药卷按一定的距离绑扎在导爆索上，形成一断续的炸药串。为了将药串置于炮孔中心，通常是用竹皮或木板在侧壁隔垫，使药串不与被保护的孔壁直接接触。在我国的预裂隙爆破中，孔口的不装药部分应用砂子或岩粉堵塞，堵塞长度一般为 0.6 ~ 2.0m。

在预裂爆破中，为了能使各钻孔中的炸药同时起爆，保证爆破能量的充分利用，一般都是采用导爆索起爆。

E 施工技术

为了获得整齐的预裂壁面，必须确保钻孔的精度。国内外预裂爆破的实践表明，孔底的钻孔偏差不应超过 15 ~ 20cm。对于沿预裂面方向的偏差可以放松一些，但是对于垂直预裂面方向的偏差要严格控制，只有这样才能保证壁面的平整。

预裂钻孔的下部，通常距孔底约 0.7m 处仍有裂隙。若底部也需要保护，可适当减小孔深。为了防止主爆孔爆破地震波从预裂线端部绕过，通常预裂线端部应比主爆区伸长 50 ~ 100d （d 为钻孔直径）。

为了更好地保护边坡，临近预裂线的几排主爆孔，应适当缩小孔距、排距和装药量。

如预裂孔和主爆孔一次起爆，预裂孔至少超前主爆孔 100ms 以上起爆。

　　总之，预裂爆破是保护露天矿边坡的有效措施，特别是对于稳固性差或意义重大的边坡，更要精心使用预裂爆破。当然，相对于正常的采掘爆破来说，预裂爆破的穿孔、爆破工作量大，费用也高，这也是预裂爆破的最大缺点。

4.1.3.3　采用光面爆破保护边坡

　　光面爆破就是沿边界线钻凿一排较密的平行钻孔，往孔内装入少量炸药，在主爆孔爆破之后再进行起爆，从而沿密集钻孔形成平整的岩壁。

　　图 4-11 是某铁矿采用光面爆破法清理边坡示意图。

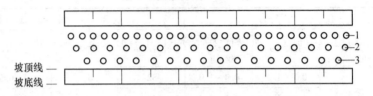

图 4-11　用光面爆破清理边坡
1—光面孔；2，3—辅助孔

　　首先，用 150 型潜孔钻机沿边界线打一排较密的光面炮孔，其孔径为 150mm，孔距 1.7~2.0m，倾角 75°，斜长 16.5m。在光面孔距离台阶坡面大于 2.5m 的地方，再适当布置一些辅助钻孔，使光面钻孔排与辅助钻孔排的间距为 2~2.3m。而后，向光面孔装入比孔径小的细药卷，线装药密度为 1.5kg/m，在药包与孔壁之间沿径向和轴向方向上都留有空隙，平均装药量为 1.3kg/m。辅助孔按 3kg/m 的线装药密度装药，并适当增加底部装药量。起爆时，辅助孔先爆，间隔 50ms 后光面孔再爆。这样，爆破后坡壁面平整，不平整度仅为 10~20cm，壁面上留有半个光面孔。

　　采用光面爆破时，应注意以下几个问题：

　　（1）合理选择爆破参数。光面爆破的参数选择与预裂爆破很相似。不过由于光面爆破是最后起爆，受岩石的夹制作用较小些，所以参数也就比较大。根据经验，光面爆破的最小抵抗线，一般是正常采掘爆破的 6%~8%，间距是自身抵抗线的 7%~8%，即

$$W_G = (0.6 \sim 0.8)W \tag{4-23}$$

$$a_G = (0.7 \sim 0.8)W_G \tag{4-24}$$

式中　　W_G——光面爆破的最小抵抗线，m；

　　　　W——正常采掘爆破的最小抵抗线，m；

　　　　a_G——光面爆破的钻孔间距，m。

　　光面爆破的孔径，一般是等于正常炮孔作业的钻孔直径，若条件允许时宜取小一些。其不耦合系数同样在 2~5 范围之间。线装药密度通常在 0.8~2kg/m。

　　表 4-16 列举了国外不同炮孔直径时的光面爆破参数，供使用时参考。

　　（2）妥善进行装药与起爆。光面爆破用的炸药，最好也是爆速低、传爆性能好的炸药，我国一般用岩石炸药或铵油炸药。药卷尽量固定钻孔中央，使周围留有环形空隙，与预裂爆破相似。与预裂爆破不同的地方主要是在起爆时间上，光面钻孔的起爆时间必须迟于主炮孔的起爆时间，通常是滞后 50~75ms。

表 4-16 国外不同炮孔直径时的光面爆破参数

孔径/mm	线装药密度/kg·m⁻¹	炸药类型	最小抵抗线/m	炮孔间距/m
50	0.25	古立特	1.1	0.8
62	0.35	纳比特	1.5	1.0
75	0.5	纳比特	1.6	1.2
87	0.7	狄纳米特	1.9	1.4
100	0.9	狄纳米特	2.1	1.6
125	1.4	狄纳米特	2.7	2.4
150	2.0	狄纳米特	3.2	2.4
200	3.0	狄纳米特	4.0	3.2

至于光面钻孔的起爆方式，为了使光面孔同时起爆，最好也是采用导爆索起爆。

（3）控制最后几排的爆破。光面爆破的作用主要是形成平整的壁面，其并不能抵制或反射正常主炮孔爆破的地震效应，所以临近边坡时的最后几排钻孔的装药量和抵抗线都应减小。最后几排孔最好采用缓冲爆破。

（4）严格施工要求。光面钻孔的施工同样也要做到"平"、"正"、"齐"。特别是在边界平面的垂直方向上，钻孔偏差不许超过 ±15~20cm，否则壁面很难平整。

总之，光面爆破和预裂爆破有很多相似之处，其根本区别在于起爆时间上。光面爆破孔距较大，穿孔工作量相对少一些，但其降震效果不如预裂爆破。所以临近边坡的爆破可以概括为：微差爆破是基础，临近边坡宜采用缓冲爆破，重要地段采用预裂爆破，清理边坡应采用光面爆破。

4.2 露天矿采装工艺

采装工作是指用装载机械将矿、岩从其实体中或爆堆中挖掘出来，并装入运输容器内或直接倒卸至一定地点的工作。它是露天开采全部生产过程的中心环节。采装工作的好坏，直接影响到矿床的开采强度、露天矿生产能力和最终的经济效果。因此，如何正确选择采装设备、采用良好的采装方法、提高采装工作效率，对搞好露天矿生产具有极其重要的意义。

4.2.1 常用采装设备

挖掘机是露天矿主要挖掘设备。其种类较多，以电力为动力的挖掘机称为电铲，以柴油为动力的挖掘机称为柴油铲，采用液压传动控制机构运行的称为液压铲。

按照工作装置的支持方法不同，有刚性和挠性之分。挠性支持的有索斗铲、抓斗铲等；刚性支持的有正铲、反铲和刨铲等。

现代露天矿生产中，电铲担负着极其繁重的任务。在穿孔、爆破、铲装和运输四大环节中，铲装这一主要环节就主要是由电铲完成的。

4.2.1.1 WK-4 型单斗正向电铲

WK-4 型单斗正向电铲是我国露天矿使用最为广泛的电铲，其外形结构如图 4-12 所示，图 4-13 是电铲实物图。电铲下部的履带行走装置负责电铲的行走，其上的回转平台可绕回转轴 360°回转，主要工作机构为电铲前端的动臂、斗柄以及铲斗，负责挖掘及卸载。WK-4 型单斗正向电铲由回转、行走机构、装载挖掘机构、挖掘提升机构组成。

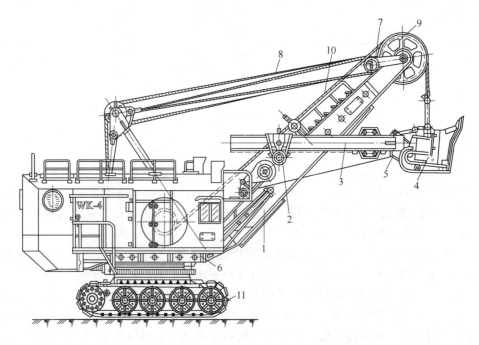

图 4-12　WK-4 型电铲示意图

1—动臂；2—推压机构；3—斗柄；4—铲斗；5—开斗机构；6—回转平台；7—绷绳轮；
8—绷绳；9—天轮；10—提升钢绳；11—履带行走机构

图 4-13　电铲实物图

挖掘机的工作范围决定于其工作参数，机械铲的主要工作参数如图 4-14 所示。

挖掘半径（R_w）是挖掘时从机械铲回转中心线至铲齿切割边缘的水平距离；最大挖

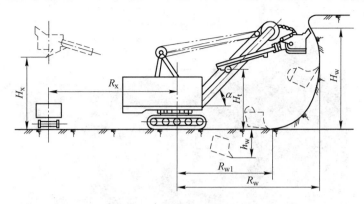

图 4-14 机械铲主要工作参数

掘半径（R_{wM}）是铲杆最大水平伸出时的挖掘半径；站立水平上的挖掘半径（R_{wf}）是铲斗平放在机械铲站立水平时的最大挖掘半径。

挖掘高度（H_w）是挖掘时机械铲站立水平到铲齿切割边缘的垂直距离；最大挖掘高度（H_{wM}）是铲杆最大伸出并提到最高位置时的挖掘高度。

卸载半径（R_x）是卸载时从机械铲回转中心线到铲斗中心的水平距离；最大卸载半径（R_{xM}）是铲杆最大水平伸出时的卸载半径。

卸载高度（H_x）是卸载时从机械铲站立水平到铲斗打开的斗底下边缘的垂直距离；最大卸载高度（H_{xM}）是铲杆最大伸出并提至最高位置时的卸载高度。

下挖深度（h_w）是在向机械铲所在水平以下挖掘时，从站立水平到铲齿切割边缘的垂直距离。

机械铲的工作参数是按照动臂倾角 α 而定的。动臂倾角允许有一定的改变，较陡的动臂可使挖掘高度和卸载高度加大，但挖掘半径和卸载半径则相应减小。反之，动臂较缓时，则挖掘和卸载高度减小，而挖掘和卸载半径增大。

WK-20 矿用挖掘机是太原重工最新研制的大型矿山采装设备。它汇集了 $4m^3$、$8m^3$、$10m^3$ 挖掘机的成功经验，同时采用了多项国内外新技术、新工艺，可适用两千万吨级的大型露天矿、铁矿、有色金属矿的剥离和采装作业。配套设备有 170 ~ 190t 矿用汽车，电铲外形如图 4-15 所示，主要性能参数见表 4-17。

表 4-17 WK-20 电铲主要性能参数

标准斗容	$20m^3$	主电机功率	$2 \times 560kW/690VAC$
斗容范围	$16m^3 \sim 34m^3$	最大挖掘半径	21.20m
提升速度	0.96m/s	最大挖掘高度	14.40m
推压速度	0.47m/s	最大卸载半径	18.70m
行走速度	1.08km/h	最大卸载高度	9.10m
最大提升力	2028kN	挖掘深度	5.51m
最大推压力	1120kN	工作重量	731t
最大爬坡角度	13°	理论生产率	$2400m^3/h$

图 4-15　WK-20 电铲实物图

4.2.1.2　液压挖掘机

单斗液压挖掘机是在机械传动式正铲挖掘机的基础上发展起来的高效率装载设备。它们都由工作机构、回转机构和运行机构三大部分组成，而且工作过程也基本相同。两者的主要区别在于动力装置和工作装置上的不同。液压挖掘机在动力装置与工作装置之间采用了容积式液压传动，直接控制各机构的运动，进行挖掘动作，图 4-16 是液压挖掘机实物图。

液压挖掘机根据其液压系统的不同可分为全液压传动和非全液压传动两种；根据挖掘机工作装置的结构，又可分为铰接式和伸缩臂式两种；根据其行走装置结构的不同，又可分为履带式、轮胎式、汽车式和悬挂式等；根据其铲斗方向的不同，又有正铲和反铲之分。目前使用最为广泛的是全液压传动铰接式履带行走单斗反向液压铲。

4.2.1.3　前端装载机

前端装载机（见图 4-17）俗称"两头忙"，同时具备装载、挖掘两种功能。前端式装

图 4-16　液压挖掘机实物图

图 4-17　前端装载机实物图

载机（简称前装机）是一种用柴油发动机驱动（或柴油发动机—电动轮）和液压操作的一机多能装运设备，除可用作向运输容器装载外，还可以自铲自运、牵引货载。行走部分一般多为轮胎式。这种设备出现初期，主要用于工作面清理、松散物料的堆存、向公路卡车装载以及其他辅助性工作。

4.2.2 采装工艺

4.2.2.1 采装工作面参数

机械铲工作水平的采掘要素主要包括台阶工作面高度、采掘带宽度、采区长度和工作平盘宽度。这些要素确定合理与否，不仅影响挖掘机的采装工作，而且也影响露天矿其他生产工艺过程的顺利进行。

A 工作面高度

机械铲工作面高度直接取决于露天矿场的台阶高度。台阶高度的大小受各方面的因素所限制，如矿床的埋藏条件和矿岩性质、采用的穿爆方法、挖掘机工作参数、损失贫化、矿床的开采强度以及运输条件等。

在确定露天开采境界之前必须首先确定台阶高度，因为台阶高度对开拓方法，基建工程量，矿山生产能力等都有很大影响。同时，合理的台阶高度对露天开采的技术经济指标和作业的安全都具有重要的意义。

合理的台阶高度首先应保证台阶的稳定性，以便矿山工程能安全进行。台阶高度对工作线推进速度和掘沟速度都有很大的影响，因而也影响到露天矿的开采强度。出入沟和开段沟的掘进工程量分别与台阶高度的立方和平方成正比，这就是说台阶高度增加，掘沟工程量也急剧增加，因而延长了新水平的准备时间，影响矿山工程的发展速度。所以，在实践中为加速矿山建设，尽快投入生产和达到设计生产能力，在露天矿的初期，最好采用较小的台阶高度，以保证在初期的矿山工程进展较快，而当露天矿转入正常生产后，台阶高度可适当增加。

台阶高度的增加，能提高爆破效率，但往往增加不合格大块的产出率和根底，使挖掘机生产能力降低。另外，台阶的高度还影响穿孔人员和设备的工作安全。装药条件对台阶高度也有一定的限制，即钻孔的容药能力必须大于所需的装药量。

采掘工作的要求是影响台阶高度的重要因素之一。用挖掘机采装矿岩时，它对台阶的高度有一定要求，一般爆堆的高度可能为台阶高度的 1.2~1.3 倍，采装工作要求爆堆高度不应大于挖掘机最大挖掘高度。采用上装车时，台阶高度应满足挖掘机最大卸载高度的要求，保证矿岩卸入台阶上面的运输设备内。用小型机械化（装岩机、电耙）或人工装矿时，台阶高度的确定，则主要考虑工作的安全性，一般都在 10m 以下。

从露天矿场更好地组织运输工作来看，台阶高度较大是有利的，因为这样可以减少露天矿场的台阶数目，简化开拓运输系统，从而能减少铺设和移设线路的工程量。但在露天矿场长度较小的情况下，台阶高度又受运输设备所要求的出入沟长度的限制。

开采矿岩接触带时，由于矿岩混杂而引起矿石的损失贫化。在矿体倾角和工作线推进方向一定的条件下，矿岩混合开采的宽度随台阶高度的增加而增加，矿石的损失贫化也随之增大。

综上所述，影响台阶高度的因素较多，这些因素往往既互相矛盾，又互相联系、互相影响。因此，不能单纯地、片面地以某一个因素来确定台阶高度，应当由技术经济的综合分析来确定。

一般来说，采掘工作方式及其使用的设备规格，往往是确定台阶高度的主要因素。目前我国大多数露天矿，在采用铲斗容积为 $1 \sim 8m^3$ 的挖掘机时，台阶高度一般为 $10 \sim 14m$。对于山坡露天矿，在岩石较稳定的条件下，如储量大和有发展前途的矿山，台阶高度应取 $10 \sim 14m$ 左右，为今后采用大型设备准备条件。

采用平装车方法挖掘不需爆破的土岩时（见图 4-18），台阶高度就是机械铲工作面高度。若台阶高度过大，在挖掘高度以上的土岩容易突然塌落，可能会局部埋住或砸坏挖掘机。为了保证工作安全，便于控制挖掘，台阶高度一般不应大于机械铲的最大挖掘高度。

只有在开采松散的岩土时，工作面随采随落、不形成伞檐、不威胁人员和设备安全的条件下，台阶工作面的高度才可以超过最大挖掘高度，但最多不得大于最大挖掘高度的一倍半。

挖掘经爆破的坚硬矿岩爆堆时（见图 4-19），爆堆高度应与挖掘机工作参数相适应，要求爆破后的爆堆高度也不大于最大挖掘高度。

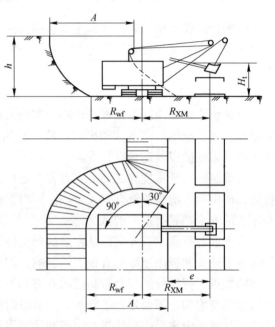

图 4-18　松软土岩的采掘工作面

台阶高度也不应过低。否则，由于铲斗铲装不满，使挖掘机效率降低，同时使台阶数目增多，铁道及管线等铺设与维护工作量相应增加。因此，松软土岩的台阶高度和坚硬矿岩的爆堆高度都不应低于挖掘机推压轴高度的 2/3。

B　采区宽度与采掘带宽度

采区就是爆破带的实体宽度，采区宽度取决于挖掘机的工作参数（见图 4-18）。为了保证满斗挖掘，提高挖掘机工作效率，采区宽度应保持使挖掘机向里侧回转角度不大于 $90°$，向外侧回转角度不大于 $30°$。

采掘带宽度就是挖掘机一次采掘的宽度，挖掘不需爆破的松软土岩时，采掘带宽度等于采区宽度，挖掘需要爆破的坚硬矿岩时，采掘带宽度一般是指一次采掘的爆堆的宽度。两者的关系分为一爆一采和一爆两采，如图 4-19 所示。

采掘带过宽，将有部分岩土不能挖入铲斗内，使清理工作面的辅助作业时间增加。采掘带过窄，挖掘机移动频繁，从而影响挖掘机的采掘效率。当采用铁道运输时，还应考虑装载条件，为了减少移道次数，合理的采掘带宽度更为重要。

在开采需要爆破的坚硬矿岩时，挖掘机挖掘的是爆堆，这就要求爆堆宽度应与挖掘机工作参数相适应。因此，应合理地确定爆破参数、装药量、装药结构以及起爆方法等，以

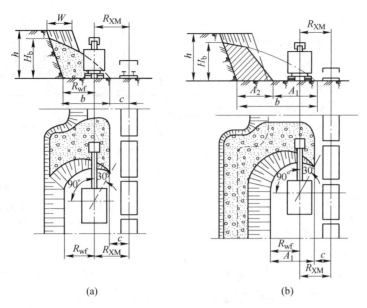

图 4-19 坚硬矿岩的采掘工作面
(a) 一爆一采;(b) 一爆两采

控制爆堆宽度为挖掘机采掘带宽度的整数倍。

在实际工作中,爆堆宽度往往大于采掘带所限制的数值。因此,爆破后常需用挖掘机或推土机清理工作面,然后再进行采装。为了控制爆堆,我国一些露天矿成功地应用了多排孔微差挤压爆破的方法,大大改善了装运条件,提高了装运效率。

C 采区长度 (L)

采区是台阶工作线的一部分。采区长度(又称为挖掘机工作线长度)就是把工作台阶划归一台挖掘机采掘的那部分长度。采区长度的大小应根据需要和可能来确定。较短的采区使每一台阶可设置较多的挖掘机工作面,从而能加强工作线推进,但采区长度不能过短,应依据穿爆与采装的配合、各水平工作线的长度、矿岩分布及矿石品级变化、台阶的计划开采以及运输方式等条件确定。

为了使穿爆和采装工作密切配合,保证挖掘机的正常作业,根据露天矿生产经验,每爆破一次应保证挖掘机有 5～10 天的采装爆破量。为此,通常将采区划分为三个作业分区,即采装区、待爆区和穿孔区。

有时,由于台阶长度的限制,只能分成两个作业分区或一个作业区。此时就应特别注意加强穿孔能力,以适应短采区作业的需要。

采区长度的确定,除考虑穿爆与采装工作的配合外,还应满足不同运输方式对采区长度的要求。采用铁路运输时,采区长度一般不应小于列车长度的 2～3 倍,以适应运输调车的需要。若工作水平上为尽头式运输时,则一个水平上同时工作的挖掘机数不得超过两台;若采用环形运输时,则同时工作的挖掘机数不超过 3 台。汽车运输时,由于各生产工艺之间配合灵活,采区长度可大大缩短,同一水平上的工作挖掘机数可为 2～4 台。

此外,对于矿石需要分采和质量中和的露天矿,采区长度可适当增大。对于中小型露天矿,开采条件困难,需要加大开采强度时,则采区长度可适当缩短。

D　工作平盘宽度

工作平盘是工作台阶的水平部分，其宽度应按采掘、运输及动力管线等设备的安置和通行等条件加以确定。

铁路运输和汽车运输时的正常台阶工作平盘如图4-20所示。

根据实际经验，最小工作平盘宽度约为台阶高度的3~4倍，见表4-18。

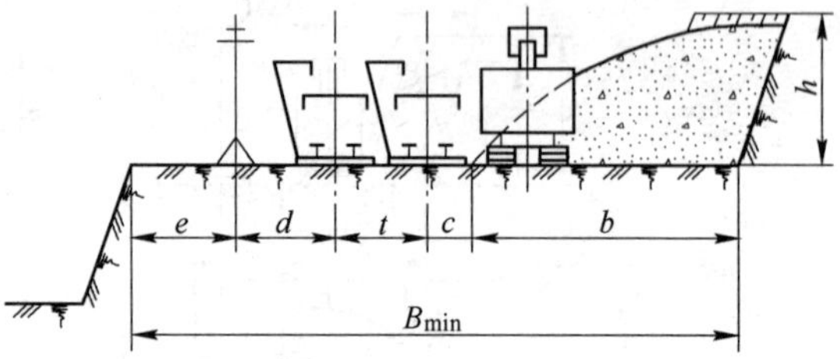

图4-20　最小工作平盘宽度

b—爆堆宽度；c—爆堆与铁（汽车）路中心线间距，一般取3m；d—铁路（汽车）中心线与动力电杆的间距，铁路和公路运输不同，一般取4~8m；t—两条铁路（公路）中心线间距；e—动力线杆至台阶坡顶线间距，一般为3~4m

4.2.2.2　采装方式

单斗挖掘机是露天矿最主要的装载机械，其装车方式（见图4-21）包括：向布置在挖掘机所在水平侧面的铁路车辆或自卸汽车卸载的侧面平装车，如图4-21（b）和（c）所示；向上水平铁路车辆的侧面上装车，如图4-21（d）所示；端工作面尽头式平装车，如图4-21（e）所示。此外，也可以进行捣堆作业，如图4-21（a）所示。

表4-18　最小工作平盘宽度参考指标　　　　　　　　　　　（m）

矿岩硬度系数	台　阶　高　度			
	10	12	14	16
≥12	39~42	44~48	49~53	54~60
6~12	34~39	38~44	42~49	46~54
≤6	29~34	32~38	35~42	38~46

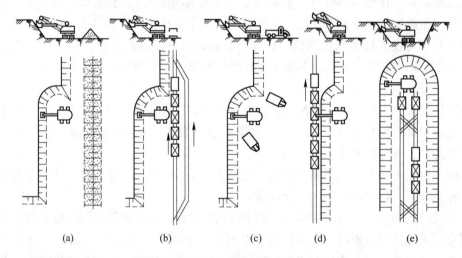

图4-21　装载机械铲的工作方式

运输工具与挖掘机布置在同一水平上的侧装车工作方式，是露天矿最常用的采装方法。这种方法采装条件较好，调车方便，挖掘机生产能力较高。上装车与平装车比较，司机操作较困难，挖掘循环时间长，因而挖掘机生产能力要降低一些。然而，在铁路运输条件下，用上装车掘沟可以简化运输组织，加速列车周转，对加强新水平准备具有重要意义。尽头式装车时，装载条件恶化，循环时间加长。挖掘机生产能力低于平装车，仅用于掘沟、复杂成分矿床的选择开采，以及不规则形状矿体和露天矿最后一个水平的开采。

合理的工作平盘配线方式，应满足使列车入换时间最短，线路移设方便，移设线路时不影响采掘工作，尽量减少线路数，使线路移设工作量及工作平盘宽度最小。按行车方式，工作平盘配线可分为尽头式（对向行车）和环行式（同向行车）两种，如图4-22所示。

图4-22（a）是单采区尽头式配线方式。平盘上只有一个采掘工作面和一个出入口。列车在工作面装完以后，驶出工作面至入换站，然后空车驶入工作面。

当开采台阶的工作线较长时，可划分成几个采区同时开采如图4-22（b）所示。为了提高各采区的装运

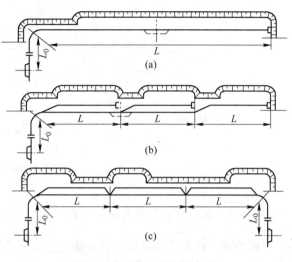

图4-22 工作平盘配线方式
(a) 单采区尽头式配线；(b) 多采区尽头式配线；
(c) 多采区环行式配线

效率，工作平盘可设双线，即行车线和各采区的装车线，各采区可以独立入换。

当开采台阶的工作线较长、采区较多时，可设置两个运输出入口，采用环行式配线方式，如图4-22（c）所示。这种配线方式在工作平盘上设有行车线和各采区装车线，列车在行车线上同向运行。这样可以减少列车入换时间及各采区的相互干扰，提高平盘通过能力，从而可提高挖掘机效率。

采用汽车运输与挖掘机配合作业时，由于灵活性高，故汽车在工作面的入换与铁路运输有明显的区别。为发挥挖掘机和汽车的效率，保证汽车司机的安全，汽车在工作面的配置和入换方式有同向行车、折返式和回返式（见图4-23）。

同向行车［见图4-23（a）］是汽车在工作平盘上不改变运行方向，这对入换和装车均有利，工作平盘上只需单车道，所占平盘宽度小，但台阶需有两个出入口。

折返式入换［见图4-23（b）和（c）］是汽车在工作面换向倒退至装车地点，而回返式入换［见图4-23（d）和（e）］所示是汽车在工作面迂回换向。它们都是在台阶只有一个出入口的条件下应用，工作平盘上需设双车道。但由于入换方式不同，入换时间和所占工作平盘宽度也有差异，折返倒车的入换时间较长，而工作平盘宽度较窄；回返行车则与之相反。这两种入换方式要根据生产中实际的工作平盘宽度灵活运用。

由于汽车运输机动灵活，汽车入换时间较短，即使采用入换时间较长的折返式，但只要车辆充足，便可按图4-23（c）的方式入换。当挖掘机装1号车时，2号车停在附近待装，当1号车装满开出后，2号车立即倒入装车，3号即可倒退至待装地点。

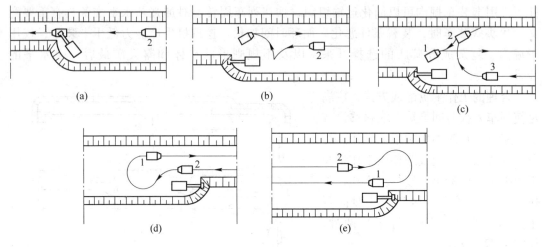

图 4-23　汽车在工作面的入换方式

4.2.2.3　露天采矿台阶的推进方式

简单地讲，露天开采是从地表开始逐层向下进行的，每一水平分层称为一个台阶。一个台阶的开采使其下面的台阶被揭露出来，当揭露面积足够大时，就可开始下一个台阶的开采，即掘沟。掘沟为一个新台阶的开采提供了运输通道和初始作业空间，完成掘沟后即可开始台阶的侧向推进。随着开采的进行，采场不断向外扩展和向下延伸，直至到达设计的最终境界。

刚完成出入沟和开段沟掘进时，沟内的作业空间非常有限，汽车须在沟口外进行调车，倒入沟内装车，如图 4-24 (a) 所示；当在沟底采出足够的空间时，汽车可直接开到工作面进行调车，如图 4-24 (b) 所示；随着工作面的不断推进，作业空间不断扩大，从新水平掘沟开始，到新工作台阶形成预定的生产能力的过程，称为新水平准备。

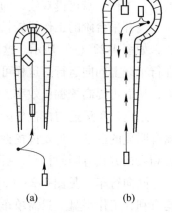

图 4-24　台阶推进示意图

工作台阶的推进有垂直推进方式和平行推进方式。

(1) 垂直推进采掘。垂直采掘时，电铲的采掘方向垂直于台阶工作线走向（即采区走向），与台阶的推进方向平行，如图 4-25 所示。开始时，在台阶坡面掘出一个小缺口，而后向前、左、右三个方向采掘。图 4-25 所示是双点装车的情形。电铲先采掘其左前侧的爆堆，装入位于其左后侧的汽车；装满后，电铲转向其右前侧采掘，装入位于其右后侧的汽车。这种采装方式的优点是电铲装载回转角度小，装载效率高；缺点是汽车在电铲周围调车对位需要较大的空间，要求较宽的工作平盘。当采掘到电铲的回转中心位于采掘前的台阶坡底线时，电铲沿工作线移动到下一个位置，开始下一轮采掘。

(2) 平行推进采掘。平行采掘时，电铲的采掘方向与台阶工作线的方向平行，与台阶推进方向垂直。图 4-26 为平行采掘推进。根据汽车的调头与行驶方式（统称为供车方式），平行采掘可进一步细分为许多不同的类型，如分为单向行车不调头和双向行车折返调头。

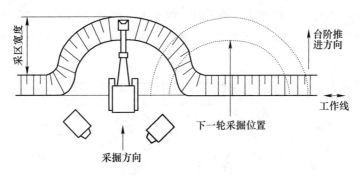

图 4-25 垂直采掘示意图

单向行车不调头平行采掘，如图 4-27 所示，汽车沿工作面直接驶到装车位置，装满后沿同一方向驶离工作面。这种供车方式的优点是调车简单，工作平盘只需设单车道。缺点是电铲回转角度大，在工作平盘的两端都需出口（即双出入沟），因而增加了掘沟工作量。

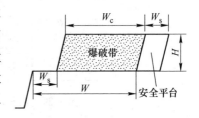

双向行车折返调车平行采掘，如图 4-28 所示，空载汽车从电铲尾部接近电铲，在电铲附近停车、调头，倒退到装车位置，装载后重车沿原路驶离工作面。这种供车方式只需在工作平盘一端设有出入沟，但需要双车道。图 4-28 所示是单点装车的情形。空车到来时，常常需等待上一辆车装满驶离后，才能开始调头对位；而在汽车调车时，电铲也处于等待状态。为减少等待时间，可采用双点装车。

如图 4-29 所示，汽车 1 正在电铲右侧装车。汽车 2 驶入工作面时，不需等待即可调头、对位，停在电铲左侧的装车位置。装满汽车 1 后，电铲可立即为汽

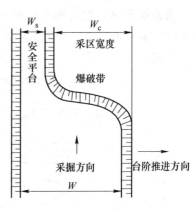

图 4-26 平行推进采掘

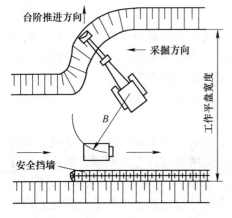

图 4-27 单向行车不调头平行采掘

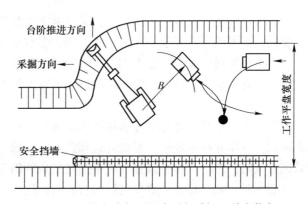

图 4-28 双向行车折返调车平行采掘（单点装车）

车2装载。当下一辆汽车（汽车3）驶入时，汽车1已驶离工作面，汽车3可立即调车到电铲右侧的装车位置。这样左右交替供车、装车，大大减少了车、铲的等待时间，提高了作业效率。

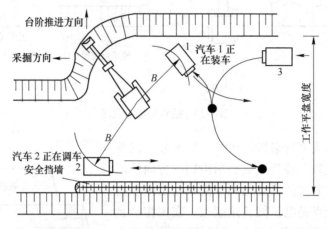

图4-29　双向行车折返调车平行采掘（双点装车）

其他两种供车方式如图4-30所示。图中4-30（a）为单向行车—折返调车双点装车，图4-30（b）为双向行车—迂回调车单点装车。由于汽车运输的灵活性，还有许多可行的供车方式。

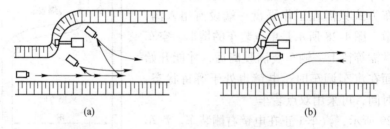

（a）　　　　　　　　　　　　　（b）

图4-30　其他供车方式示意图

4.2.2.4　采区、采掘、平盘三者关系

采区宽度是爆破带的实体宽度，采掘带宽度是挖掘机一次采掘的宽度。当矿岩松软无需爆破时，采区宽度等于采掘带宽度。绝大多数金属矿山都需要爆破，故采掘带宽度一般指一次采掘的爆堆宽度。图4-31（a）为一次穿爆两次采掘，图4-31（b）为一次穿爆一次采掘。有的矿山采用大区微差爆破，采区宽度很大。这时可以采用横向采掘，如图4-32所示。

最小工作平盘宽度是刚好满足采运设备正常作业要求的工作平盘宽度，其取值需依据采运设备的作业技术规格、采掘方式和供车方式确定。采用单向行车、不调头供车的平行采掘方式时，最小工作平盘宽度可根据装车条件确定，如图4-33所示。当采用折返调车，单点装车时，装车位置一般在电铲的右后侧，远离工作面外缘，最小工作平盘宽度主要取决于调车所需空间的大小，如图4-28所示。若采用双点装车，当汽车位于电铲右后侧时，所需的最小平盘宽度与上述单点装车相同。但当汽车向电铲左侧（靠近工作平盘外缘）的

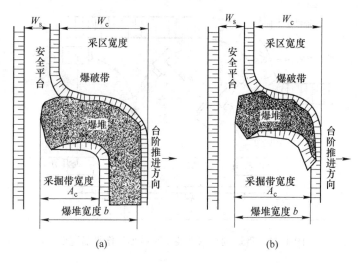

图 4-31 采区与采掘带示意图

装车位置调车对位时，为节省调车时间，汽车一般回转近180°后退到装车位置，如图4-34所示。

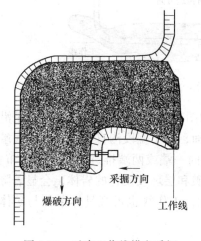

图 4-32 垂直工作线横向采掘

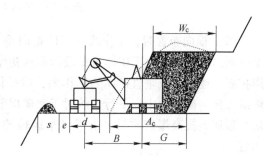

图 4-33 按铲装条件确定最小工作平盘宽度

G—挖掘机站立水平挖掘半径；

B—最大卸载高度时的卸载半径；

d—汽车车体宽度；e—汽车到安全挡墙距离；

s—安全挡墙宽度

4.2.2.5 工作线的布置与扩展

依据工作线的方向与台阶走向的关系，工作线的布置方式可分为纵向、横向和扇形三种。

（1）纵向布置时，工作线的方向与矿体走向平行，如图4-35所示。这种方式一般是沿矿体走向掘出入沟，并按采场全长开段沟形成初始工作面，之后依据沟的位置（上盘最终边帮、下盘最终边帮或中间开沟），自上盘向下盘、自下盘向上盘或从中间向上下盘推进。

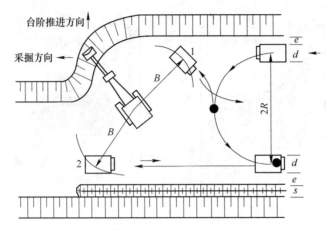

图 4-34　折返调车双点装车时最小工作平盘宽度

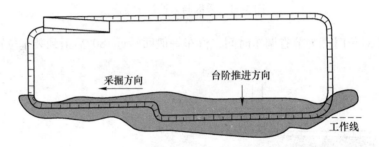

图 4-35　纵向工作面布置示意图

（2）横向布置时，工作线与矿体走向垂直，如图 4-36 所示。这种方式一般是沿矿体走向掘出入沟，垂直于矿体掘短段沟形成初始工作面，或不掘段沟直接在出入沟底端向四周扩展，逐步扩成垂直矿体的工作面，沿矿体走向向一端或两端推进。由于横向布置时，爆破方向与矿体的走向平行，故对于顺矿层节理爆破和层理较发育的岩体，会显著降低大块与根底，提高爆破质量。由于汽车运输的灵活性，工作线也可视具体条件与矿体斜交布置。

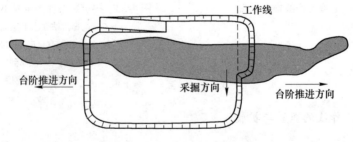

图 4-36　横向工作面布置示意图

（3）扇形布置时，工作线与矿体走向不存在固定的相交关系，而是呈扇形向四周推进，如图 4-37 所示。这种布置方式灵活机动，充分利用了汽车运输的灵活性，可使开采工作面尽快到达矿体。

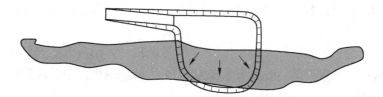

图 4-37　扇形工作面布置示意图

　　一个台阶的水平推进,使其所在水平的采场不断扩大,并为其下面台阶的开采创造条件;新台阶工作面的拉开,使采场得以延伸。台阶的水平推进和新水平的拉开,构成了露天采场的扩展与延伸。

　　图 4-38 所示的采场扩延过程是:新水平的掘沟位置选在最终边帮上,出入沟固定在最终边帮上不再改变位置。这种布线方式称为固定式布线。由于矿体一般位于采场中部(缓倾斜矿体除外),固定布线时的掘沟位置离矿体远,开采工作线需较长时间才能到达矿体。为尽快采出矿石,可将掘沟位置选在采场中间(一般为上盘或下盘矿岩接触带),在台阶推进过程中,出入沟始终保留在工作帮上,随工作帮的推进而移动,直至到达最终边帮位置才固定下来。这种方式称为移动式布线。采用移动式布线时,台阶向两侧推进或呈扇形推进,如图 4-39 所示。无论是固定式布线还是移动式布线,新水平准备的掘沟位置都受到一定的限制。

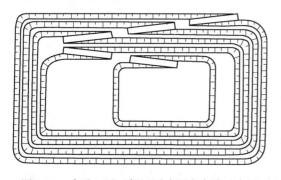

图 4-38　直进—回(折)返式固定布线示意图

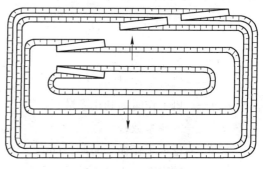

图 4-39　直进—回(折)返式移动式布线示意图

　　图 4-40 所示的采场扩延过程的一个特点是新水平的掘沟位置选在最终边帮上,台阶的出入沟沿最终边帮成螺旋状布置,故称为螺旋布线。

4.2.3　挖掘机的生产能力及选型

　　挖掘机选型主要是根据矿山采剥总量、矿岩物理机械性质、开采工艺和设备性能等条件确定,以充分发挥矿山生产设备的效率,使各工艺环节生产设备之间相互适应、设备配套合理。一般作法是:首先选择合适的铲装设备,

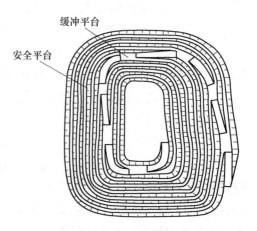

图 4-40　螺旋布线示意图

并确定与之配套的运输设备，然后选择钻孔设备。主体设备合理配套之后，再选择确定辅助设备。

特大型露天矿一般选用斗容不小于 $10m^3$ 的挖掘机；大型露天矿一般选用斗容为 $4 \sim 10m^3$ 的挖掘机；中型露天矿一般选用斗容为 $2 \sim 4m^3$ 的挖掘机；小型露天矿一般选用斗容为 $1 \sim 2m^3$ 的挖掘机。

采用汽车运输时，挖掘机斗容积与汽车载重量要合理匹配，一般是一车应装 $4 \sim 6$ 斗。

设备选型还要与开拓运输方案统一考虑，使装载运输成本低，机动灵活，经济合理。

4.2.3.1 生产能力计算

挖掘机采装作业是露天矿各生产工艺中的重要环节，其生产能力是反映整个露天矿生产效率的主要指标。研究挖掘机生产能力的目的是使我们掌握其影响因素，找出提高的措施，以便在组织生产时能充分挖掘矿山潜力，保证稳产高产。同时在制定矿山采剥计划或进行新矿山设计时，确定符合实际情况的先进指标，用以指导生产。

挖掘机生产能力是指在某一计算单位时间内，从工作面采装出的矿岩实方体积（m^3）或重量（t），根据计算时间的单位不同，可分为班、日、月和年的生产能力。单斗挖掘机的班生产能力可按下式确定：

$$Q_W = \frac{60ET\eta K_H}{K_P t} \quad （m^3/（台 \cdot 班）） \quad (4-25)$$

式中　E——铲斗容积，m^3；

　　　T——每班工作时间，h；

　　　η——班工作时间利用系数；

　　　K_H——满斗系数；

　　　t——挖掘工作循环时间，min；

　　　K_P——矿岩在铲斗中的松胀系数，中硬及中硬以下矿岩 $K_P = 1.3 \sim 1.5$；坚硬矿岩 $K_P = 1.5 \sim 1.7$。

挖掘机年生产能力为

$$Q_{WN} = Q_W M_W \quad （m^3/a） \quad (4-26)$$

式中　M_W——挖掘机年工作班数，即由日历天数扣除节假日、计划检修、气候影响等时间后的实际工作班数，$M_W = m\lambda_W$；

　　　λ_W——挖掘机出勤率；

　　　m——年日历班数。

从上两式可知，当铲斗容积一定时，在某种矿岩条件下，挖掘机生产能力主要决定于工作时间利用系数（η）、满斗系数（K_H）、工作循环时间（t）和挖掘机出勤率（λ_W）等参数的大小。而这些参数却受多方面因素的影响，表 4-19 是挖掘机生产能力参考指标，表 4-20 是挖掘机生产能力实际指标。

表 4-19 挖掘机生产能力推荐参考指标

铲斗容积/m³	计量单位	矿岩硬度系数 f		
		<6	8 ~ 12	12 ~ 20
1.0	m³/班	160 ~ 180	130 ~ 160	100 ~ 130
	万立方米/年	14 ~ 17	11 ~ 15	8 ~ 12
	万吨/年	45 ~ 51	36 ~ 45	24 ~ 36
2.0	m³/班	300 ~ 330	210 ~ 300	200 ~ 250
	万立方米/年	26 ~ 32	23 ~ 28	19 ~ 24
	万吨/年	84 ~ 96	60 ~ 84	57 ~ 72
3.0 ~ 4.0	m³/班	600 ~ 800	530 ~ 680	470 ~ 580
	万立方米/年	60 ~ 76	50 ~ 65	45 ~ 55
	万吨/年	180 ~ 218	150 ~ 195	125 ~ 165
6.0	m³/班	900 ~ 1015	840 ~ 880	680 ~ 790
	万立方米/年	93 ~ 100	80 ~ 85	65 ~ 75
	万吨/年	279 ~ 300	240 ~ 255	195 ~ 225
8.0	m³/班	1489 ~ 1667	1333 ~ 1489	1222 ~ 1333
	万立方米/年	134 ~ 150	120 ~ 134	110 ~ 120
	万吨/年	400 ~ 450	360 ~ 400	330 ~ 360
10.0	m³/班	1856 ~ 2033	1700 ~ 1856	1556 ~ 1700
	万立方米/年	167 ~ 183	153 ~ 167	140 ~ 153
	万吨/年	500 ~ 550	460 ~ 500	420 ~ 460
12.0 ~ 15.0	m³/班	2589 ~ 2967	2222 ~ 2589	2222 ~ 2411
	万立方米/年	233 ~ 267	200 ~ 233	200 ~ 217
	万吨/年	700 ~ 800	600 ~ 700	600 ~ 650

注：表中数据按每年工作 300 天、每天 3 班、每班 8h 作业计算；工作方式均为侧面装车，矿岩密度按 3t/m³ 计算；汽车运输或山坡露天矿采剥取表中上限值，铁路运输或深凹露天矿采剥取表中下限值。

表 4-20 国内一些露天矿挖掘机的台年生产效率

矿山名称	挖掘机斗容/m³	运输设备类型	矿岩硬度 f	运输距离/km	线路坡度/%	挖掘机综合效率/万吨·年⁻¹
南芬露天铁矿	10	60 ~ 100t 汽车	14 ~ 18（矿）	1.3	6 ~ 8（下坡）	483.0
	4	27t 汽车	8 ~ 12（岩）	1.5		284.1
	7.6	120t 电动轮汽车				884.1
大孤山铁矿	10	80 ~ 150t 电动机车	12 ~ 16（矿）	11.6	2.0（上坡）	306.3
	4		8 ~ 12（岩）	13.5		190.7
	7.6					890.7
东鞍山铁矿	4	80t 电动机车	12 ~ 16（矿）	7	3.5（下坡）	246.4
			6 ~ 8（岩）	7		
眼前山铁矿	4	80 ~ 150t 电动机车	12 ~ 16（矿）	2	2.5（下坡）	391.75
	6.1	60t 汽车	8 ~ 12（岩）	11		150.25
齐大山铁矿	4	20t 汽车	12 ~ 18（矿）	0.67	8（下坡）	351.0
		80t 电动机车	5 ~ 12（岩）	5.24	2.2（下坡）	129.5
歪头山铁矿	4	80t 电动机车	12 ~ 15（矿）	1.0	3.7（下坡）	148.0
			8 ~ 10（岩）	1.3		

矿山名称	挖掘机斗容 /m³	运输设备类型	矿岩硬度 f	运输距离 /km	线路坡度/%	挖掘机综合效率 /万吨·年⁻¹
大宝山铁矿	4	12~15t 汽车	4~8（矿） 4~7（岩）	1.0 1.3	3.0（上坡）	76.1
白云鄂博铁矿	4 6.1	80~150t 汽车	8~16（矿） 6~16（岩）	3.0 4.0	3.5（下坡）	82.3 132.4
大石河铁矿	3 4	80t 电动机车 27t 汽车	8~16（矿） 8~10（岩）	1.0 1.6	6~8（上坡）	198.6 202.2
大冶铁矿	3 4	80~150t 电动机车 32t 汽车	10~14（矿） 8~12（岩）	1.6 1.57	8（上坡）	101.3 109.7
德兴铜矿	16.8 4	100t 汽车 27t 汽车	6~8（矿） 5~7（岩）	0.43 0.91	0（平）	1673.2 88.7
铜录山铜矿	10 4	100t 汽车 27t 汽车	6~15（矿） 4~12（岩）	2.1 3.1	6~8（上坡）	485.1 39.3
朱家包包铁矿	4	80~150t 电动机车 25t 汽车	12~14（矿） 10~14（岩）	9 8	3.5（下坡）	81.3
海城镁矿	4 1	27t 汽车 窄轨电动机车	4~8（矿） 4~6（岩）	1.4 1.4	10（下坡）	114.3 37.3
水厂铁矿	4 10	27t 汽车 80t 电动机车	12~14（矿） 8~10（岩）	1.0 1.3	7（下坡） 1.5（下坡）	173.2 491.6
柳河峪铜矿	4	27t 汽车	8~12（矿） 8~10（岩）	1.0 1.3	6~8（下坡）	294.9
兰尖铁矿	4	20~27t 汽车	12~18（矿） 14~16（岩）	1.0 1.3	8（下坡）	212.1
海南铁矿	4 3	80t 电动机车 32t 汽车	10~15（矿） 4~10（岩）	3.0 4.4	3.0（下坡）	122.6 69.7
乌龙泉石灰石矿	4 3	80t 电动机车 20t 汽车	6~10	2.6 3.5	1.2（下坡） 2.5（下坡）	135.5 124.5
北京密云铁矿	4 2	25t 汽车 15t 汽车	10~12（矿） 8~10（岩）	0.6 0.7	8（上坡）	80.0 47.5
金堆城钼矿	4 3	25t 汽车	6~10（矿） 6~8（岩）	3.0 5.0	6~8（上坡）	50.0 24.4

矿山所需挖掘机台数可按下式计算：

$$N = \frac{A}{Q_w} \tag{4-27}$$

式中　N——挖掘机台数，台；

　　　A——矿山年采剥总量，万立方米/年；

Q_W——挖掘机台年效率，万立方米/年，可通过计算或参考挖掘机实际台年生产能力选取，并要考虑效率降低因素。

4.2.3.2 露天采场设备匹配

为加快露天矿的建设速度，扩大开采规模和提升经济效果，需要依靠和应用增大规格、不断改进性能的各种大型设备。

大型和特大型金属露天矿现今所用的主要生产设备有：孔径 310 ~ 380mm、其至 440mm 的牙轮钻机；斗容 9 ~ 11.5m³，乃至 20 ~ 23m³ 的电动挖掘机，斗容 22m³ 以内的液压挖掘机；斗容 13 ~ 18m³ 以至 22m³ 的前装机；载重量 108 ~ 154t，其至 180 ~ 230t 的自卸汽车（还制造出了载重 325t 的汽车），粘重 360t 的牵引机组；载重 80 ~ 165t 的自卸翻斗车，高强度带式输送机等。在辅助设备方面，按不同开采工艺方式，对工作面的辅助作业、道路维修、移道、现场维修、起重运搬以及其他工程与生产供应等方面，都应用了相应的成套设备，其中应用较普遍的是斗容 5 ~ 10m³ 的前装机、功率 224 ~ 373kW 的推土机、大型平地机、振动式压路机、高效率多功能的炸药混装设备、液压碎石机等。

我国金属露天矿今后的发展方向是以 16 ~ 23m³ 挖掘机为主，配用 250 ~ 380mm 大型、特大型牙轮钻机、100 ~ 180t 自卸汽车、373 ~ 746kW 推土机、10 ~ 18m³ 前装机等。表 4-21 为一般矿山的装备水平，表 4-22 为露天矿设备组合配套实例。

表 4-21 一般露天矿山的装备水平

装备名称	装 备 水 平			
	特 大 型	大 型	中 型	小 型
穿孔设备	（1）φ310 ~ 380mm 牙轮钻（硬岩）； （2）φ250 ~ 310mm 牙轮钻（软岩）	（1）φ250 ~ 310mm 牙轮钻； （2）φ150 ~ 200mm 潜孔钻	（1）φ150 ~ 200mm 潜孔钻； （2）φ250mm 牙轮钻； （3）凿岩台车	（1）φ150mm 以下潜孔钻； （2）凿岩台车； （3）手持式凿岩机
装载设备	10m³ 以上挖掘机	4 ~ 10m³ 挖掘机	1 ~ 4m³ 挖掘机；3 ~ 5m³ 前装机	0.5 ~ 1m³ 挖掘机；3m³ 以下前装机
运输设备	（1）汽车运输时：100t 以下汽车； （2）铁路运输时：150t 电机车，100t 矿车； （3）胶带运输时：1.4 ~ 1.8m 胶带	（1）汽车运输时：50 ~ 100t 汽车； （2）铁路运输时：100 ~ 50t 电机车，60 ~ 100t 矿车； （3）胶带运输时：1.4m 以下胶带机	（1）汽车运输时：50t 以下汽车； （2）铁路运输时：14 ~ 20t 以下电机车，4 ~ 6m³ 矿车	（1）汽车运输时：15t 以下汽车； （2）铁路运输时：14t 以下电机车，4m³ 以下矿车
排弃设备	（1）推土机配合汽车； （2）破碎—胶带—排土机； （3）铁路—挖掘机	（1）推土机配合汽车； （2）破碎—胶带—推土机； （3）铁路—挖掘机	（1）推土机配合汽车； （2）铁路—推土机	（1）推土机配合汽车； （2）铁路—推土机
辅助设备	305kW 履带推土机；223.5kW 轮胎推土机；9m³ 前装机	238 ~ 305kW 履带推土机；5m³ 以上前装机	89.4 ~ 238.4kW 履带推土机	89.4kW 以下履带推土机

装备名称	装　备　水　平			
	特大型	大　型	中　型	小　型
粗破碎设备	（1）1500mm 旋回破碎机； （2）1500mm×2100mm 颚式破碎机	（1）1200mm 旋回破碎机； （2）1200mm×1500mm 颚式破碎机	（1）900mm 旋回破碎机； （2）900mm×1200mm 颚式破碎机	（1）700～500mm 旋回破碎机； （2）600mm×900mm～400mm×600mm 颚式破碎机

表4-22　金属露天矿设备组合配套实例

矿山规模	方案	配套主体设备	配套辅助设备	主要使用条件	矿山实例
小型	I	φ80～120 潜孔钻机，0.6m³ 柴油铲或 1m³ 电铲，3～7t 电机车。10t 以下矿车、斜坡提升或8t 以下汽车	60～75kW 推土机 8t 装药车，4～8t 洒水车，25t 以下汽车吊	采剥总量50万吨以下中等深度的或100万吨左右露天矿	祥山铁矿
	II	φ150 潜孔钻，φ150 牙轮钻，1～2m³ 电铲，8～15t 汽车		采剥总量100万～200万吨露天矿	可可托海一矿
	III	φ150 潜孔钻，3～5m³ 前装机装运作业或配20t 以下汽车		岩石运距在3km 以内露天矿	山西铝土矿
	IV	φ150～200 潜孔钻，2～4m³ 电铲，15～32t 汽车		采剥总量300万～500万吨露天矿	雅满苏铁矿
中型	I	φ200 潜孔钻或 φ250 牙轮，4m³ 电铲或 5m³ 前装机，20～32t 汽车	75～165kW 推土机，8t 装药车，8～10t 洒水车，25t 汽车吊，10～30kN·m 液压碎石器或 φ0.8～2m 电动破碎机	一般开采深度中型露天矿	金堆城钼矿、密云铁矿
	II	φ200 潜孔钻或 φ250 牙轮钻，4m³ 电铲，100t 电机车或内燃机车，60t 侧卸翻斗车		深度不大的中型露天矿	大冶铁矿上部扩帮，大连甘井子石灰石矿
	III	φ250 牙轮钻，4～6m³ 电铲，60t 以下汽车，破碎站，1000～1200mm 钢绳芯带式输送机		深度较大的露天矿	
大型、特大型	I	φ250～380 牙轮钻或 φ250 潜孔钻，4～11.5m³ 电铲，32～60t 汽车和108～154t 电动轮汽车	165kW 以上履带式推土机，120kW 以上轮式推土机，12t 以上装药车，135kW 以上平地机，14t 以上振动式压路机，40t 以下汽车，10t 以上洒水车，15～30kN·m 液压碎石器	大型、特大型露天矿	南芬铁矿、水厂铁矿
	II	φ310、φ380、φ410 牙轮钻，10～21m³ 电铲，73t、108t、136t、154t 电动轮汽车		特大型露开矿	智利丘基卡马塔铜矿
	III	φ250～380 牙轮钻，8～15m³ 电铲，100～150t 电机车或联动机车组，100t 侧卸翻斗车		大型、特大型露天矿	马钢南山铁矿
	IV	φ250 以上牙轮钻，8m³ 以上电铲，90t 以上汽车，1200mm×2000mmm 破碎机，1200mm 以上钢绳芯带式输送机		大型、特大型露天矿	美国西雅里塔铜钼矿，齐大山铁矿，水厂铁矿

4.2.3.3 提高生产能力的方法

A 缩短挖掘机工作循环时间

挖掘机工作循环时间是从铲斗挖掘矿岩到卸载后再返回工作面准备下一次挖掘所需要的时间。它是由挖掘、重斗向卸载地点回转、下放铲斗对准卸载位置、卸载、空斗转回挖掘地点、下放铲斗准备挖掘等几个工序组成。在生产实践中通常采取部分操作合并的工作方法，即在挖掘机向卸载和挖掘地点回转的同时，完成下放铲斗对准卸载位置和下放铲斗准备挖掘，这可减少循环时间。

挖掘机工作循环时间的长短主要取决于各操作工序的速度、爆破质量、装载条件及工作面准备程度。据统计，挖掘时间约占循环时间的 20%~30%，两次回转时间占 60%~70%，卸载时间占 10%~20%。减少每一操作时间，是缩短工作循环时间的关键。

矿岩的爆破质量对挖掘时间有很大影响。为了减少挖掘时间，首先要求有足够爆破块度均匀的矿岩，工作面不留根底，不合格大块要少。此外，采用合理的工作面采掘顺序，即由外向内、由下向上地采掘，以便增加自由面，减少采掘阻力，加快挖掘过程。不少先进司机都采用压渣铲取法，即每次铲取矿岩时，铲斗的前壁有 20% 的宽度重复前一次铲取的轨迹，80% 的宽度插入矿堆中，这样就减少了铲取的阻力，增加了铲取力量和提升速度。

回转操作时间一般占整个循环时间的 60% 以上。旋转角度与回转时间成正比，故减小挖掘机的回转角对缩短循环时间具有很大意义。汽车运输时采取适当的装车位置，铁路运输时尽量缩小铁道中心线到爆堆底边的距离，都有利于小角度回转装车。此外，利用等车时间，进行工作面的矿岩松动和捣置，把位于工作面内侧的矿岩捣至外侧堆置，也能减少挖掘机的回转角度。

减少挖掘机工作循环时间的措施：

(1) 正确进行施工组织设计。与挖掘机配合的自卸车数量及承载能力应满足挖掘机生产能力的要求，且自卸车的容量应为挖掘机铲斗容量的整数倍。同时尽量采用双放装车法，使挖掘机装满一辆，紧接着又装下一辆，由于两辆自卸车分别停放在挖掘机铲斗卸土所能及的圆弧线上，这样铲斗顺转装满一车，反转又可装满另一车，从而提高装车效率。

(2) 在施工组织中应事先拟定好自卸车的行驶路线，清除不必要的上坡道。对于挖掘机的各掘进道，必须要做到各有一条空车回程道，以免自卸车进出时相互干扰。各运行道应保持良好，以利自卸车运行。

(3) 挖掘机驾驶员应具有熟练的操作技术，并尽量采用复合操作，以缩短挖掘机作业循环时间。

(4) 挖掘机的技术状况对其生产率有较大影响，特别是发动机的动力性。此外，斗齿磨损时铲斗切削阻力将增加 60%~90%，因此磨钝的斗齿应予以更换。

B 提高满斗程度

满斗系数是铲斗挖入松散矿岩的体积与铲斗容积之比，其大小主要取决于矿岩的物理机械性质、爆破质量、工作面高度以及司机操作技术水平。为使挖掘机正常满斗，首先要保证挖掘工作面有足够的高度，一般要求大于挖掘机推压轴高度的 2/3。此外，利用等车间隙松动捣置矿岩，及时挑出不合格的大块，也能提高装载时的满斗系数。

综上所述，从挖掘机采装工作本身来说，为缩短工作循环时间，提高满斗程度，可采取下列措施：

（1）充分发挥挖掘机司机的积极性和创造性，不断提高操作技能，使每项操作工序迅速而准确。

（2）加强设备的维护保养，保证机器各部性能良好，使之运转快速而稳定。

（3）采用合理的采装方式和工作面尺寸，使挖掘机和车辆的位置配置适当，保证小角度回转装车。

（4）充分利用等车间隙时间，做好装车前的准备工作，包括松动、捣置和清理工作面的矿岩、挑选不合格的大块等。

C　改善爆破质量、保证穿爆储备量

穿爆是采掘硬岩的预备工序。从保证挖掘机充分发挥效率的角度，对穿爆的要求主要有两方面：一是改善爆破质量，二是保证采装所需的爆破储量。

爆破质量的好坏，对挖掘机生产能力影响很大。为提高作业效率，对爆破质量的要求是：（1）爆破后爆堆的形状和尺寸有利于挖掘机安全高效率作业；（2）矿岩块度均匀，力求减少不合格的大块；（3）保证工作平盘平整，不留根底或根底较少；（4）不产生"伞岩"。

改善爆破质量，大体上可采取以下措施：（1）正确确定爆破参数；（2）采用高威力的新型炸药；（3）采用小直径钻孔加密孔网、微差爆破、挤压爆破等技术措施；（4）及时处理大块进行二次破碎，以创造良好的工作面。

足够的采装所需的爆破量是保证挖掘机发挥最大效率的另一个重要方面。爆破储备量的不足，会形成穿孔紧张，爆破频繁，挖掘机避炮次数增加，甚至要停工待爆，使挖掘机工作时间利用系数降低。因此，合理地安排穿爆储量，在生产中是一项经常性的工作。在可能的情况下，可采用高效率的穿孔设备，使用多排孔微差爆破技术，这不仅减少爆破次数，而且能改善爆破质量，使大块率、根底以及后冲明显减少，同时又能为采装工作提供足够的爆破储量。

D　及时供应空车、提高挖掘机工时利用率

挖掘机工作班时间利用系数是扣除班内发生的等车、交接班、挖掘机移动、设备维护、事故处理等中断时间后，纯挖掘时间与工作班延续时间的比值。它取决于运输方式、检修工作组织、动力供应、穿爆、采运工艺配合等多方面的因素。

在生产实践中，等车（即入换及欠车）时间往往占挖掘机非工作时间相当大的比例，它是影响挖掘机工作时间利用系数的主要因素，其次为其他因素的影响。因此，要提高空车供应率，就必须缩短列（汽）车入换时间，减少欠车时间，加大车辆载重量，增加装载时间。然而，一个露天矿的列车（或汽车）载重量往往是已定的，因此，减少列（汽）车入换时间和欠车时间对提高挖掘机工作时间利用系数就具有重要意义。下面分别研究铁路运输和汽车运输的空车供应问题。

铁路运输的列车入换时间取决于工作平盘上的配线方式和行车组织。而工作平盘配线方式的确定，则受露天矿开拓运输系统、台阶工作线长度、平盘上同时工作的挖掘机数以及工作线发展方式等具体条件所制约。合理的工作平盘配线方式，不但应满足使列车入换时间最短，还要考虑线路移设方便，移设线路时不影响采掘工作，同时要尽量减少线路数，使线路移设工作量及工作平盘宽度最小。但这些要求往往是互相矛盾的。因此只有根据具体条件综合分析，在解决主要矛盾的基础上，适当照顾其他要求，才能获得合理解决。

当开采台阶的工作线较长、采区较多时，可设置两个运输出入口，采用环行式配线方式。这样可以减少列车入换时间及各采区的相互干扰，提高平盘通过能力，从而可提高挖掘机效率。

如前所述，欠车时间是影响挖掘机生产能力的一项重要因素，尤其铁路运输更为重要。欠车时间多少，决定于来车的密度，而来车密度的大小，在一定线路系统下，主要与列车出动数量有关，其次也与列车周转时间有关。在生产实际中，往往由于运输设备不足或运输调度不合理而发生欠车现象，使挖掘机工作时间利用系数降低。因此，应合理地配备列车，做到即使挖掘机利用率高又使机车车辆得到充分利用，配备合理的车铲比。

采用汽车运输与挖掘机配合作业时，由于汽车灵活性高，故汽车在工作面的入换与铁路运输有明显的区别。为发挥挖掘机和汽车的效率，保证汽车司机的安全，汽车在工作面的配置和入换应力求：

（1）汽车停放的位置应尽量减小挖掘机装车时的回转角。

（2）汽车在工作面的入换时间要短，有条件时可在工作面并列两辆汽车，使挖掘机能不间断地工作。

（3）装载时，挖掘机铲斗不得由汽车司机室上方经过。

但由于入换方式不同，入换时间和所占工作平盘宽度也有差异。折返倒车的入换时间较长，而工作平盘宽度较窄；回返行车则与之相反。这两种入换方式要根据生产中实际的工作平盘宽度灵活运用。

由于汽车运输机动灵活，汽车入换时间较短，即使采用入换时间较长的折返式，但只要车辆充足，汽车完全可以利用挖掘机挖掘时间进行入换，从而减少挖掘机因汽车入换而造成的等车时间。因此，在汽车运输条件下，保证足够的车辆是发挥挖掘机效率的重要一环，为不断地向挖掘机供应空车，应合理配备车铲比。

在生产中，汽车运输一般采用定铲配车制，故合理的车铲比应分采区分别确定。值得注意的是，在生产实际中，因汽车故障较多，出车率较低，为使挖掘机有效作业，车铲比还应考虑足够的备用量。

综上所述，合理地确定车铲比，加强运输工作的组织和调度，加快列（汽）车在工作平盘上的入换，是保证较高的空车供应率、提高挖掘机工时利用系数的重要措施。

E 加强设备维修、提高出勤率

正确处理设备使用与维修的关系，使设备经常保持完好状态是提高挖掘机工作时间利用系数的一个重要方面。设备的技术状况好坏，关键在于维修。挖掘机的维护检修，包括定期的计划预防检修、日常维护和临时故障修理。其中应以预防为主。平时对设备要勤检查、勤维护和勤调整，认真执行计划预防检修制度。

专业机修队伍和电铲司机分工合作，是搞好维修的好办法。我国许多矿山采用电铲司机组分工保养的方法，各班分别负责保养电铲某一部位，并学会一些维修技能，逐步做到自行小检小修，这对于保持设备完好、提高挖掘机出勤率起着重要作用。

提高检修技术，缩短检修工期，也是提高挖掘机出勤率的一个方面。例如，迁安铁矿采用统筹法组织检修工作，使挖掘机大修工期由 720h 减至 320h，即缩短工期 65.6%，从而增加了挖掘机的有效工作时间。

以上叙述了与提高挖掘机生产能力有关的几个主要技术问题，着重于分析了穿爆、采掘、运输这几个主要生产环节的影响。然而，在实际生产中，还有更多方面的因素，例如，风、水、电线路的移设、工作面的清理以及排土、卸矿能力等，均对挖掘机生产能力有较大影响。

综上所述，挖掘机生产能力是反映露天矿生产的一项综合指标，它受着多方面因素的影响。因此，我们在设计新矿山时，就要通过对各影响因素的细致分析，才能确定出符合实际情况的先进指标。而在组织生产时，需在繁多的矛盾中，找出主要矛盾，加以解决，以使露天矿生产效率有较大的提高。

　　F　提高电铲司机的操作水平

以上都是从生产工艺的角度介绍了提高电铲生产能力的方法，电铲司机要利用入换时间清理大块、堆整爆破、准确铲取、旋转与提斗同时进行、准确卸载、返回与降臂同时进行等方法，降低运转时间。在实际过程中，司机的操作水平、熟练程度更是提高生产能力的重要途径，矿山要注重司机的培养，开展各种劳动竞赛，采用计量工资等方法培养优秀的电铲司机。

4.2.4　前端装载机的应用

前端式装载机（简称前装机）是一种用柴油发动机驱动（或柴油发动机—电动轮）和液压操作的一机多能装运设备，除可用作向运输容器装载外，还可以自铲自运、牵引货载。行走部分一般多为轮胎式。

轮式前装机的主要组成部分包括工作机构、柴油发动机或柴油发动机—电动机、传动装置、自行胶轮底盘、操纵台等。其车身结构有两种基本形式，即铰接式和整体式。

轮式前装机与单斗挖掘机一样，都属于间断作业式的采装设备。其操作程序：铲臂下放，使铲斗处于水平位置；铲斗在装载机推压力的推动下插入矿（岩）堆；铲斗向上提起，铲取矿岩，并把铲臂连同铲斗举起一定高度；前装机驶向卸载地点；铲斗向下翻转卸载；前装机返回装载地点，并将铲斗下放至初始位置，然后重复同样过程。

与单斗挖掘机比较，轮胎式前装机具有以下主要优点：

（1）重量轻，制造成本低。

（2）行走速度快，最大运行速度每小时可达 35km。因此，在一定的运距范围内，可用它直接进行装载和运输。

（3）尺寸小、机动灵活，可在挖掘机不能运行的复杂条件下进行工作；对采装地点分散和复杂矿床的分采适应性强。

（4）作业效率不受台阶（或爆堆）低的影响。

（5）爬坡能力大，可在 20°左右的坡道上运行。

（6）除完成主要采运作业外，还可更换各种工作机构，完成露天矿的各项辅助作业，如堆垒爆堆、清雪、修路、运送零件及电缆。

前装机的主要缺点是：

（1）对矿岩块度适应性差，使生产能力受影响。

（2）工作规格较小，适应的台阶高度有限，一般不超过 10m。

（3）轮胎磨损较快，使用寿命短。因此，在挖掘坚硬矿岩时，应采取措施减少轮胎的磨损，如经常清理工作面的矿岩，尽量避免轮胎打滑，在轮胎上加装保护链或采用履带垫轮胎等。

由于轮胎式前装机具有机动灵活、设备投资少等优点，因此用途的广泛性远远超过其他采装机械。近年来它在一些露天矿山使用已日益增多。

前装机在国内外大型露天矿中，主要作为辅助设备，而在中、小型露天矿，尤其是一些非金属露天矿，一般常用它进行装载作业。轮胎式前装机在露天矿有以下几种使用情况：

（1）作为主要采装设备直接向自卸汽车、铁路车辆、移动式胶带运输机的受矿漏斗装载。

（2）当运距不大时，作为主要采装运输设备取代挖掘机和自卸汽车，将矿石直接运往溜井、铁路车辆的转载平台，以及从贮矿场向固定破碎设备运矿或从爆堆中采装矿石运至移动式或半固定式破碎设备。

（3）当剥离工作面距排土场较近或剥离工作量不大时，可用前装机将岩石直接运到排土场。在大型露天矿中，可作高台阶排土场的倒运设备。

（4）在大型露天矿可用作辅助设备。如：代替推土机堆集爆破后飞散的矿岩，从工作面将不合格大块运往二次破碎地点，建筑和维护道路，平整排土场，向挖掘机和钻机运送燃料、润滑材料和重型零件，清除积雪等。

（5）在大型露天矿和多金属矿体、多工作面开采时，可用前装机与挖掘机配合工作，以减少装载时间和降低采装成本。例如用前装机采装爆堆高度小的部分；用前装机将爆破后飞散的矿岩堆集起来并装入汽车，为大型挖掘机创造良好的工作条件。

（6）用前装机代替挖掘机和自卸汽车掘进露天堑沟，可减少堑沟宽度和掘沟工程量，提高掘沟速度。

（7）在电铲移动过程中，可以参加辅助作业移动电缆和电杆。在铁路运输的矿山可以用来移道等辅助作业。

4.3 运 输 工 作

采掘工业区别于其他工业部门特别是加工工业的显著标志之一，在于运动是生产过程的主要环节。作为采掘工业的分支露天开采，其生产的特点还在于不仅要采掘和运输有用矿物，而且要采掘和运输大量的废石。露天矿生产过程是以完成一定量的剥离岩石量和采出矿石量为目的。此外，露天矿基本建设的重要工程项目，是建设运输通路，进行基建剥离。这一切都与运输工作紧密相关。如果运输能力不够，必将直接影响基本建设和生产任务的完成。如果运输工作发生故障，运输中断，则势必造成矿山生产、基建等工作的停顿。因此，露天矿的运输环节，恰如矿山生产的大动脉，是十分重要的。除此以外，从矿山基建投资和生产成本来看，矿山运输的基建投资额约占总投资费用的60%左右，而运输成本往往占矿石总成本的一半。由此可见，正确地选择和配置运输设备，合理地组织运输工作，对完成矿山生产任务、提高矿山生产能力、降低矿石成本、提高劳动生产率都有着重大的意义。

露天矿运输工作所担负的任务是将露天采场内采出的矿石运至选矿厂、破碎厂或贮矿场，将剥离的废石运至排土场，以及把材料、设备、人员运送至所需的工作地点。因此，露天矿运输系统是由采场运输、采矿场至地面的堑沟运输和地面运输（指工业场地、排土场、破碎厂或选矿厂之间的运输）所组成，这也称为露天矿内部运输；而破碎厂或选矿厂、铁路装车站、转运站至精矿粉或矿石的用户之间的运输称为外部运输。如果选矿厂或破碎厂等距矿山较远，则矿山至它们之间的运输也属于外部运输的范围。本章主要介绍露天矿内部运输的方法。

露天矿运输是一种专业性运输，与一般的运输工作比较，有如下特点：

（1）冶金露天矿山运输量较大，剥离岩石量常是采出矿石量的数倍，无论是矿石或岩石，它们的体重大、硬度高、块度不一。

（2）露天采矿范围不大，运输距离短，运输线路坡度大，行车速度低，行车密度大。

（3）露天矿运输与装卸工作有密切联系，采场和排土场中的运输线路需随采掘工作线的推进而经常移设，运输线路质量较低。

（4）露天矿运输工作复杂，由山坡露天转入深凹露天后，运输工作条件发生很大变化，为了适应各种不同的工作条件，需要采用不同类型的运输设备，也就是说，运输方式的改变，会给运输组织工作带来许多新的问题。

根据以上特点，对露天矿运输应提出下列要求：

（1）运输线路要简单，避免反向运输，尽量减少分段运输。因此，在决定开拓系统时，必须保证有合理的运输系统。

（2）运输设备要有足够的坚固性，但不能过分笨重和复杂。要有较高的制造质量，以保证安全可靠的运转。

（3）运输设备的能力要有一定的备用量，以适应超产的需要。设备数量也应有一定的备用量，特别是易损零件和部件，以便运转中损坏时能及时更换。

（4）要进行经常和有计划的维护和检修，以确保运输设备技术状态良好。

（5）要有合理的调度管理和组织工作，使运输工作与矿山生产各工艺过程紧密配合，确保采掘工作正常进行。

露天矿运输方式可分为铁路运输、汽车运输、带式运输机运输、提升机运输、架空索道运输、无极绳运输、自溜运输和水力运输等。其中以铁路运输、汽车运输和带式运输机应用广泛，特别是前两者最多。提升机运输和自溜运输只能在一定条件下作为露天矿整个运输过程的一环，常常需要和其他运输方式相配合。水力运输用于水力冲采细粒软质土岩时，工艺简单，效率很高，但受运输货载条件的严格限制，应用的局限性很大。近年来，露天矿运输除了在上述各类常用的运输方式中向大型和自动化发展外，还创造了一些新的方式，如胶轮驱动运输机等。

铁路运输曾经是我国露天矿应用最广泛的一种运输方式，但近年来，汽车运输的应用已有了极大的增加，特别是新建矿山大部分都采用汽车运输。随着露天开采向深部的发展，采用单一的运输方式已不尽合理，这就需要发挥各种运输方式的特点，找出其最佳配合，以适应深凹露天矿生产上的需要和取得较好的经济效果。因此，联合运输已成为深凹露天矿运输方式的发展方向。目前采用较多的是铁路—汽车联合运输、汽车—运输机联合运输和汽车—溜井联合运输等。

4.3.1　铁路运输

铁路运输是一种通用性较强的运输方式。在运量大、运距长、地形坡度缓、比高不大的矿山，采用铁路运输方式有着明显的优越性。其主要优点是：

（1）运输能力大，能满足大中型矿山矿岩量运输要求，运输成本较低。

（2）能和国有铁路直接办理行车业务，简化装、卸工作。

（3）设备结构坚固，备件供应可靠，维修、养护较易。

（4）线路和设备的通用性强，必要时可拆移至其他地方使用。

但铁路运输也有其致命的缺点：

（1）基建投资大，建设速度慢，线路工程和辅助工作量大。

（2）受地形和矿床赋存条件影响较大，对线路坡度、曲线半径要求较严，爬坡能力小，灵活性较差。

（3）线路系统、运输组织、调度工作较复杂。

（4）随着露天开采深度的增加，运输效率显著降低，据认为，铁路运输的合理运输深度只在 120～150m 以内。

由于上述缺点，限制了它在露天矿的应用范围，当前已很少采用这种单一的运输方式。但由于技术经济条件所限，目前这种运输方式在露天矿运输中仍占一定的比例。

铁路运输工作分有车务、机务、工务、电务等四项内容。其中车务是指列车运行组织工作，机务是机车车辆的出乘、维护及检修，工务是指线路的维修和拆铺，电务则负责一切信号、架线、供电及通信联络等。下面仅就铁路线路、机车车辆、运输参数的计算介绍铁路运输在露天矿的应用。

4.3.1.1　矿山运输牵引机车

铁路运输大型矿山一般情况下采用准轨铁路运输，中小型矿山一般采用窄轨铁路运输。采用电力机车和内燃机车牵引，而且逐渐以电力机车为主。

A　矿用牵引电机车

工矿电力机车一般按使用场所、供电制式、电压等级和轨距等不同进行分类。

（1）按使用场所分为露天电力机车、地下电力机车和特殊用途（如隔爆、防水等）电力机车。

（2）大型电机车按供电制式的不同，分为直流电机车和交流电机车两大类。这两类电机车在国内外工矿企业都有应用。国外大型露天矿山广泛采用交流电机车，其供电电压有 6kV、10kV 工频交流制的，也有采用与干线通用的 15kV、25kV 单相工频交流制的。少数露天矿山采用直流电机车，供电电压为 1.5kV 和 3kV。在我国工矿铁路的运输中，一般采用直流电机车，其供电电压为 1.5kV 直流电。

现阶段国内露天矿多使用大吨位准轨 80～200t 粘重的架线式工矿电机车，少数露天矿采用窄轨架线式电机车。

交流电机车与直流电机车相比，有较多优点：1）交流电机车的电气设备可以不受架线电压限制，选用理想的参数，因此各项技术经济指标都较直流电机车高；2）交流电机车的牵引特性较直流电机车平坦，空转稳定性比直流电机车高；3）交流电机车不需要启动电阻，实现平滑调节技术成熟。

（3）按电源取得方式分为架线式电机车和蓄电池式电机车。

（4）按电压等级分类有250V、550V、660V电机车和1.5kV（高压）电机车。

（5）按粘着重量大小分类有小型（2～20t）、中型（40～60t）和大型（80～150t及以上）电机车。

（6）按轨距尺寸分类有窄轨电机车、标准轨电机车。窄轨机车运输的轨距有1067mm、1000mm、900mm、762mm和600mm，其中轨距为1000mm的轨距称米轨；标准轨距为1435mm（国际轨距）；大型露天矿电机车运输采用的都是标准轨距电机车（俗称准轨），小型露天矿和井下电机车采用的都是窄轨电机车。

（7）按机车轴数分为二轴、三轴、四轴、五轴、六轴和八轴机车。

电机车的特点有：

（1）运量大，运距长，运量在1000万吨/年以上，服务年限较长，生产持续时间足以偿还巨额基建投资的矿山，运输距离长，铁路运输平均运距在3km以上。

（2）运输范围广，可以运输任何性质的矿岩，不受气候条件的影响，节能清洁，环保性好，维修简便。

（3）运输成本低，运行阻力不大，动能消耗小。

（4）基建工程量较大，初期投资较大。

（5）线路坡度小，受矿体埋藏条件的影响大，受开采深度的限制，采用机车运输的大型露天矿，随着开采深度的不断下降，露天采场的垂直高度越来越大，采场的作业面积越来越小，从而要求机车线路的坡度增大，线路的曲率半径减小。

（6）机动灵活性差，在工作面移动线路比较困难，工作复杂而费时间。

SS4改进型电力机车（见图4-41）是由各自独立的又互相联系的两节车组成，每一节车均为一完整的系统。其电路采用三段不等分半控调压整流电路。采用转向架独立供电方式，且每台转向架有相应独立的相控式主整流器，可提高粘着利用。电制动采用加馈制动，每台车四台牵引电机主极绕组串联，由一台励磁半桥式整流器供电。机车设有防空转防滑装置。

图4-41　电力机车实物图

每节车有两个BO转向架，采用推挽式牵引方式，固定轴距较短，电机悬挂为抱轴式半悬挂，一系采用螺旋圆弹簧，二系为橡胶叠层簧。牵引力由牵引梁下部的斜杆直接传递到车体。空气制动机采用DK-1型制动机。其主要技术参数：额定功率：6400kW；持续牵引力：450kN；最大牵引力：628kN；持续速度：50km/h；最大速度：100km/h；悬挂方式：半悬挂式；制动方式：电阻制动、空气制动；电制动功率：5300kW；机车总重：184t；轴荷重：23t；车钩中心距：2×16416mm。

电机车的重量分配到动轮上的重量称为电机车的粘着重量，矿山用的电机车所有轮轴一般都是主动轮，即每一轮轴上都装有一台电动机来带动轮轴转动，没有导轮和从轮。所以它的粘着重量即等于电机车的重量。为了增加电机车的粘着重量，准轨电机车广泛使用配重。但配重受牵引电动机的容量限制。大型电机车的配重不得超过机车重量的 20%～25%，小型电机车的配重不得超过机车重量的 30%～40%。

　　B　矿用牵引内燃机车

　　内燃机车是以内燃机为原动力，通过传动装置驱动车轮的机车。内燃牵引机车优点是运行方便，机动灵活，运输距离长短均宜，又没有电力机车架线等辅助设施，投资相对较少。

　　（1）按动力系统组成分类。

　　1）以内燃机为原动机的机械传动牵引机车。这种内燃机车多为中小型，匹配功率较小（20～100kW）；窄轨型（600mm、762mm、900mm）较多，准轨型（1435mm）较少。内燃机车多数用在中小型露天矿山。

　　内燃机车是以内燃机为发动机，以液体燃料（柴油、汽油等）为能源。它由车体、转向架、内燃发动机及其向主动轴传递动力的传动装置、辅助装置和机车操纵装置所组成。内燃机车依其内燃机向主动轴传动的方式不同，可分为机械传动的内燃机车、电力传动的内燃机车和液压传动的内燃机车。这种机车牵引性能好，效率最高，不需要架线和牵引变电所，因而机动灵活，很适合露天矿生产的需要。

　　2）以柴油机为原动机的电力传动牵引机车。这种机车功率大（可达 5000kW），单位功率的体积小，牵引性能好，工作安全可靠；许多零部件可与电力牵引机车通用，便于采用先进的电子技术。其多数用于大中型露天矿山。按内燃机车的牵引发电机和电动机所用电流制度的不同分为直—直流电力传动、交—直流电力传动、交—交流电力传动三种。

　　（2）按传动系统组成分类。根据发动机对驱动轮对传动的形式，内燃机车可分为直接传动式、液力传动式、机械传动式和电气传动式四种，后者用得较多，因为电气传动在牵引力的调节方面具有较大的伸缩范围。直接传动装置和机械传动装置多用于中小型内燃机车，液力传动和电气传动多用于大型内燃机车。

　　（3）按轨距分类。内燃机车的使用地点和用途不同，所采用的轨距也不相同，目前世界上约有 30 多种轨距，对应的机车分窄轨机车、准轨机车和宽轨机车三类。我国直线轨距标准是 1435mm，这也是国际标准轨距。直线轨距小于 1435mm 的称为窄轨，使用最多的是 600mm、762mm、900mm、1000mm 和 1067mm，个别国家还有 1200mm。南非和南部非洲国家使用 1067mm 窄轨轨距。

　　直线轨距大于 1435mm 的称为宽轨，最多的是 1524mm，最宽者为 2133mm。

　　我国内燃机车常用轨距为 762mm、900mm 和 1435mm。

　　东风 8B 型内燃机车（见图 4-42）柴油机的最大运用功率为 3680kW，通过驱动一台三相交流同步牵引发电机，产生三相交流电，经硅整流后输送给牵引电动机，经牵引齿轮驱动轮对。

　　机车车体为棚式侧壁承载结构，两端设司机室，任何一

图 4-42　内燃机车实物图

端均可操纵机车。机车从前至后分为第 1 司机室、电气室、动力室、冷却室、辅助室和第 2 司机室。燃油箱设在主车架中部下方，蓄电池组装在燃油箱两侧。机车走行部为两台可互换的三轴转向架，采用低位四连杆机构牵引和橡胶堆旁承，橡胶堆旁承与轴箱弹簧组成两系悬挂。牵引电动机为轴悬式安装。机车制动系统采用 JZ-7 型制动机，可单独制动机车或整个列车，可在长大坡道上实施电阻制动。

　　C　牵引机车选型

　　露天开采的矿山根据矿山开拓方式、地表地形、生产规模、电力供给、能源供应情况选择内燃机车或者电力机车。一般电力机车运行平稳，事故较少，维修工作量小，运输成本较低，露天矿山广泛使用。也有小型露天矿山选用窄轨电机车。

　　（1）选用的机车的工作环境和线路状况，如海拔高度、湿度和坡度等，要与机车参数相符。

　　（2）选用的机车的粘着重量与矿山的阶段运输量相匹配，以获取最大技术经济效率。

　　（3）按选用的矿车形式选择机车的规格。矿车为电动自翻车时需配有辅助发电机的电机车。

　　（4）准轨 100t、150t 以上的大功率机车用于年采剥总量为 500 万～1000 万吨及以上的大型露天矿。

　　（5）窄轨电机车（9t、10t、20t、40t）和窄轨内燃机车（12t、14t、15t、28t、40t）用于年采剥总量为 600 万吨以下的中、小型露天矿。

　　（6）窄轨电机车牵引无制动装置的矿车时，一般只适用于在 15‰以下的坡道上运行。

　　（7）坑内型的机车一般不宜于在露天矿用。

　　（8）轨距选择：1435mm 轨距适用于年采剥总量为 300 万～500 万吨以上的露天矿；762mm 轨距一般用于年采剥总量为 80 万～300 万吨的露天矿；600mm 轨距一般用于年采剥总量为 80 万吨以下的露天矿。

　　（9）如矿山内外部已有铁路运输时，新建铁路轨距要统一。

　　（10）条件适合的矿山采用牵引机组和重联机车。牵引机组和重联机车与单台牵引机相比，有许多优点：1）增加了列车的有效载重量，提高了机车运输效率；2）可加大铁路的线路坡度，一般能在 60‰的坡度上正常运行，使用新型牵引机车组可能把线路坡度提升至 80‰；3）扩大了机车运输在露天矿的使用范围；4）降低了运输成本。

　　4.3.1.2　矿用运输车辆

　　露天矿铁路运输用的车辆种类很多，按其用途分为：供运载矿岩的矿车；运送设备、材料的平板车；运送炸药的专用敞车；其中用量最多的是大载重的自卸矿车（自翻车），如图 4-43 所示。

　　矿山用的主要有准轨自翻矿车、准轨侧卸矿车、准轨底卸矿车、准轨平车、准轨敞车等。

　　自卸车由走行部分、车架、车体、车钩及缓冲装置、制动装置和卸车装置等部分组成，如图 4-44 所示。走行部分包括轮对、安置轴瓦和润滑用的轴箱、弹簧、转向架。所谓轴距是指轮轴之间的距离。最前轴与最后轴之间的水平距离称为全轴距；转向架前后两轴间的距离称为固定轴距（也称刚距）；两轴车的全轴距即为固定轴距。线路最小曲线半

图 4-43　KF60AK 型自翻车

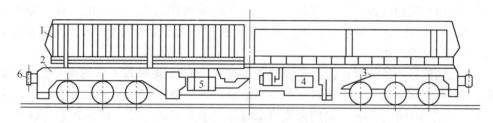

图 4-44　宽轨自翻车示意图

1—车厢；2—车底架；3—转向架；4—倾翻机构；5—制动装置；6—车钩

径就是由刚距决定的，刚距越大，要求的最小曲线半径也越大。

车钩为牵引、连接、缓冲之用。在车辆设置的缓冲装置，一般为弹簧缓冲器。

制动装置由制动机和传递制动的传动装置组成。矿用自翻车上装有手制动机和气制动机。气制动机用压气是由机车的压风机供给。通常为送风缓解，放气制动。

卸载装置主要由卸载（举升）缸及其与车厢和车架相连接的杠杆连接机构等组成。卸载可借助于压气（或液压）来实现。卸载时，压气由机车上的压风机经管路送入同侧的两个卸载缸，而活塞杆将车厢的一侧举起，当举到一定高度时，车厢自动倾翻，货载随即卸出。货载卸完后，排出卸载缸中的压气，车厢靠其自重下落而还原位。卸车的动力除了压气以外，还有用液压的。

矿用自卸车的主要技术指标有载重、车厢容积、自重和自重系数（自重与标记载重之比）等。

4.3.2　汽车运输

汽车运输主要优点为：（1）汽车运输具有较小的弯道半径和较陡的坡度，灵活性大，特别是对采场范围小、矿体埋藏复杂而分散、需要分采的露天矿更为有利。（2）机动灵活，可缩短挖掘机停歇时间和作业循环时间，能充分发挥挖掘机的生产能力，与铁路运输比较可使挖掘机效率提高 10%~20% 。（3）公路与铁路运输相比，线路铺设和移动的劳动力消耗可减少 30%~50% 。（4）排土简单。采用推土机辅助排土，所用劳动力少，排土成本较铁路运输可降低 20%~25% 。（5）便于采用移动坑线开拓，因而更有利于中间开沟向两边推进的开拓方式，以缩短露天开矿基建时间，提前投产和合理安排采矿计划。（6）缩短新水平的准备时间，提高采矿工作下降速度，汽车运输每年可达 15~20m，铁路运输的下降速度只能达 4~7m。（7）汽车运输能较方便地采用横向剥离，挖掘机工作线长度比铁路运输短 30%~50% 。（8）采场最终边坡角比铁路运输大，因此可减少剥离量，降低剥采比，基建工程量可减少 20%~25% ，从而减少基建投资和缩短基建时间。

汽车运输主要缺点为：（1）司机及修理人员较多，约为铁路运输的 2~3 倍；保养和修理费用较高，因而运输成本高。（2）燃油和轮胎耗量大，轮胎费用约占运营费的 1/5~1/4，汽车排出的废气污染环境。（3）合理经济运输距离较短，一般在 3~5km 以内。（4）路面结构随着汽车重量的增加而需加厚，道路保养工作量大。（5）运输受气候影响大，汽车寿命短，出车率较低。

选择合理的运输方式是露天矿设计工作的重要内容。由于汽车运输具有很多优点。所以在露天矿山运输中已占有很重要的地位。汽车运输可作为露天矿山的主要运输方式之一，也可以与其他运输设备联合使用。随着露天矿山和汽车工业的不断发展，汽车运输必将得到更加广泛的应用。

汽车运输的适用条件为：（1）矿点分散的矿床。（2）山坡露天矿的高差或凹陷露天矿深度在 100~200m 左右，矿体赋存条件和地形条件复杂。（3）矿石品种多，需分采分运。（4）矿岩运距小于 3km，采用大型汽车时，应小于 5km。（5）陡帮开采。（6）与胶带运输机等组成联合开拓运输方案。

汽车运输对汽车的要求，矿用汽车的工作条件不同于其他一般汽车的工作条件。矿用自卸汽车的工作特点是：运输距离短，启动、停车、转变和调车十分频繁，行走的坡道陡、道路的曲率半径小，有时还要在土路上行走。另外，电铲装车时对汽车冲击很大。因此，对矿用自卸汽车在结构上应满足下列要求：（1）由于电铲装车和颠簸行驶时，冲击载荷剧烈，因此，车体和底盘结构应具有足够的坚固性，并有减振性能良好的悬挂装置。（2）运输硬岩的车体必须采用耐磨而坚固的金属结构。（3）卸载时应机械化，并且动作迅速。（4）司机棚顶上应有防护板，以保证司机的安全，对于含有害矿尘的矿山，司机室要密闭。（5）制动装置要可靠，起步加速性能和通过性能应该良好。（6）司机劳动条件要好，驾驶操纵轻便，视野开阔，矿用自卸汽车使用柴油机作为原动机，因为柴油机比汽油机有许多突出优点，更适用于矿山条件。

4.3.2.1　矿用自卸汽车

A　自卸汽车分类

按卸载方式露天矿山使用的自卸汽车分为后卸式、底卸式和自卸式汽车系列，图 4-45 为矿用自卸汽车外观图。矿山广泛使用后卸式汽车。

（1）后卸式汽车。后卸式汽车是矿山普遍采用的汽车类型，有双轴式

图 4-45　自卸汽车外观图

和三轴式两种结构形式。双轴汽车虽可以四轮驱动，但通常为后桥驱动，前桥转向。三轴式汽车由两个后桥驱动，它用于特重型汽车或比较小的铰接式汽车。本节主要论述后卸式汽车（以下简称自卸汽车）。

（2）底卸式汽车。底卸式汽车可分为双轴式和三轴式两种结构形式，可以采用整体车架，也可采用铰接车架。底卸式汽车使用很少。

（3）自卸式汽车系列。由一个人驾驶两节或两节以上的挂车组。自卸式汽车列车主要由鞍式牵引车和单轴挂车组成。由于它的装卸部分可以分离，所以无需整套的备用设备。美国还生产双挂式和多挂式汽车列车，主车后带多个挂车，每个挂车上都装有独立操纵的发动机和一根驱动轴。重型货车多采用列车形式，运输效率较高。

矿用自卸汽车按动力传动形式分为机械传动式、液力机械传动式、静液压传动式和电传动式。矿用自卸汽车根据用途不同，采用不同形式的传动系统。

（1）机械传动式汽车。采用人工操作的常规齿轮变速箱，通常在离合器上装有气压助推器。这是使用最早的一种传动形式，设计使用经验多，加工制造工艺成熟，传动效率可达90%，性能好。但是，随着车辆载重量的增加，变速箱挡数增多，结构复杂，要求操纵熟练，驾驶员也易疲劳。机械传动仅用于小型矿用汽车上。

（2）液力机械传动式汽车。在传动系统中增加液力变矩器，减少变速箱挡数，省去主离合器，操纵容易，维修工作量小，消除了柴油机波及传动系统的扭振，可延长零件寿命；不足之处是液力传动效率低。为了综合利用液力和机械传动的优点，某些矿用汽车在抵挡时采用液力传动，起步后正常运转时使用机械传动。世界上30~100t的矿用自卸汽车大多数采用液力机械传动形式。20世纪80年代以来，随着液力变矩器传递效率和自动适应性的提高，液力机械传动已可完全有效地用于100t以上乃至327t的矿用汽车，车辆性能完全可与同级电动轮汽车媲美。

（3）静液压传动式汽车。由发动机带动的液压泵使高压油驱动装于主动车轮的液压马达，省去了复杂的机械传动件，自重系数小，操纵比较轻便；但液压元件要求制造精度高，易损件的修复比较困难，主要用于中小型汽车上。20世纪70年代以来，在一些国家得到发展，如载重量分别为77t、104t、135t、154t等型矿用自卸汽车均采用这种传动形式。

（4）电传动式汽车（又称电动轮汽车）。它以柴油机为动力，带动主发电产生电能，通过电缆将电能送到与汽车驱动轮轮边减速器结合在一起的驱动电动机，驱动车轮传动，调节发电机和电动机的励磁电路和改变电路的连接方式来实现汽车的前进、后退及变速、制动等多种工况。电传动汽车省去了机械变速系统，便于总体设计布置；还具有减少维修量、操纵方便、运输成本低等特点，但制造成本高。采用架线辅助系统双能源矿用自卸车是电传动汽车的一种发展产品，它用于深凹露天矿，这种电传动汽车分别采用柴油机、架空输电作为动力，爬坡能力可达18%；在大坡度的固定段上采用架空电源驱动时汽车牵引电机的功率可达柴油机额定功率的2倍以上，在临时路段上，则由本身的柴油机驱动。这种双能源汽车兼有汽车和无轨电车的优点，牵引功率大，可提高运输车辆的平均行驶速度；而在临时的经常变化的路段上，不用架空线，可使在装载点和排土场上作业的组织工作简化。

矿用汽车按驱动桥（轴）形式可分为后轴驱动、中后轴驱动（三轴车）和全轴驱动等形式；按车身结构特点分为铰接式和整体式。

　　用来运输矿岩的自卸式汽车列车基本上是由鞍式牵引车和单轴挂车组成。极其复杂的矿山条件决定了汽车列车的比功率变化范围很大。一般汽车列车的组成是主车后带有几个挂车，每一个挂车上都装有独立操纵的发动机和一根驱动轴。美国 MRS 公司（生产牵引车）和切林其库克公司（生产挂车）就生产这种汽车列车。挂车是由半挂车和前面的两轴小车组成，在每个两轴小车上各装一个独立操纵的发动机。两轴小车中的一根轴是驱动轴。半挂车和每个挂车的载重量都是 75t，车厢最大堆装容积为 50m³。由牵引车、半挂车和三辆挂车组成的这种汽车列车，其总载重量为 300t，车厢总堆装容积是 200m³，发动机总功率为 1400 马力（约等于 1029kW）。

　　目前重型自卸汽车均以柴油机作动力（即发动机），因为柴油机比汽油机有更多的优点。

　　柴油机与汽油机相比，柴油机的热效率高，柴油价格便宜，柴油机比汽油机的经济性好，柴油机燃料供给系统和燃烧都较汽油机可靠，不易出现故障，柴油机所排出的废气中，对大气污染的有害成分相对少一些，柴油的引火点高，不易引起火灾，有利于安全生产。但是柴油机的结构复杂、重量大；燃油供给系统主要装置要求材质好、加工精度要求高，制造成本较高。启动时需要的动力大；柴油机噪声大，排气中含二氧化碳与游离碳多。

　　B　自卸汽车动力传输方式

　　国内外矿用自卸汽车种类很多，载重吨位也各不相同，其动力传动方式主要有机械传动、液力机械传动和电力传动三种。

　　（1）机械传动。由发动机发出的动力，通过离合器、机械变速器、传动轴及驱动轴等传给主动车轮，这种传动方式为机械传动。一般载重量在 30t 以下的重型汽车多采用机械传动，因为机械传动具有结构简单、制造容易、使用可靠和传动效率高等优点。例如，交通 SH361 型、克拉斯 256B 型和北京 BJ370 型汽车均采用机械传动方式。

　　随着汽车载重量的增加，大型离合器和变速器的旋转质量也增大，给换挡造成了困难。踩离合器换挡时间长，变速器的齿轮有强烈的撞击声，使齿轮的轴承受到严重的损坏，因而要求驾驶员有较高的操作技巧。另一方面，由于机械变速器改变转矩是有级的，而当道路阻力发生变化时，要求必须及时换挡，否则发动机工作不稳定、容易熄火，尤其是在矿区使用的汽车，道路条件较差，换挡频繁，驾驶员易于疲劳，离合器磨损极其严重，故对大吨位重型自卸汽车，机械传动难以满足要求。

　　（2）液力机械传动。由发动机发出的动力，通过液力变矩器和机械变速器，再通过传动轴、变速器和半轴把动力传给主动车轮，这种传动为液力机械传动。目前，世界上 30～100t 的矿用自卸汽车基本上均采用这种传动方式。

　　由于液力变矩器的传递效率和自适应性能的提高，它可自动地随着道路阻力的变化而改变输出扭矩，使驾驶员操作简单。液力变矩器能够衰减传动系统的扭转振动，防止传动过载，能够延长发动机和传动系统的使用寿命，因此，近 20 年来，液力机械传动已完全有效地应用于 100t 以上乃至 160t 的矿用自卸汽车上。车辆的性能完全可与同级电动轮汽车媲美。它的造价又比电动轮汽车低，可见，从发展趋势看，它有取代同吨位电动轮汽车的可能。

上海产的 SH380 型、俄国产的别拉斯 540 型和美国产的豪拜 35C 型和 75B 型汽车都采用液力机械传动系统。

（3）电力传动。发动机直接带动发电机，发电机发出的电直接供给发动机，电动机再驱动车轮，这种传动方式为电力传动。

根据发电机和电动机形式不同，电力传动可分为 4 种：

1）直流发电机—直流电动机驱动系统。直流发电机发出的电能直接供给直流电动机。这种传动装置的优点就是不通过任何转换装置，因此系统结构简单。其缺点是直流体积大、重量大和成本高，转数又可能很高。所以，这种传动系统很少应用。

2）交流发电机—直流电动机驱动系统。交流发电机发出的三相交流电，经过大功率硅整流器整流成直流电，再供给直流电动机。目前国内外大吨位矿用自卸汽车均采用这种传动形式。

3）交流发电机—整流变频装置—交流电动机驱动系统。交流发电机发出的交流电经过整流和变频装置以后，输送给交流电动机，也就是逆变后的三相交流电的频率根据调速需要是可控制的。这种传动的优点是结构简单，电机外形尺寸小，可以设计制造大功率电动机，运行可靠，维护方便。

4）交流发电机—交流电动机驱动系统。同步交流发电机发出的电能送给变频器，变频器再向交流电动机输送频率可控的交流电。这种传动系统对变频技术和电动机结构都有较高的要求。目前尚未推广使用。

电力传动的汽车结构简单可靠，制动和停车准确，能自动调速，没有机械传动的离合器、变速器、液力变矩器、万向联轴节、传动轴、后桥差速器等部件，因而维修量小。而且，电力传动牵引性能好，爬坡能力强，可以实现无级调速，运行平稳，发动机可以稳定在经济工况下运转，操作简单，行车安全可靠。所以，经济效果比较好。但电力传动的汽车自重较大、造价较高，再由于电机尺寸和重量的限制，载重量在 100t 以上的自卸汽车才适合采用电力传动。例如，别拉斯 549 型、豪拜 120C、200B 型和特雷克斯 33-15B 型矿用自卸汽车均采用电力传动系统。

C 自卸汽车选型

露天矿采场运输设备的选择主要取决于开拓运输方式，而影响开拓运输方式的因素又很多，因此，选择开拓运输方式必须通过技术经济比较综合确定。影响开拓运输方式选择的主要因素是矿山自然地质条件、开采技术条件（如矿山规模、采场尺寸、生产工艺流程、技术装备水平及设备匹配）、经济因素等。

影响露天矿自卸汽车选型的因素很多，其中最主要的是矿岩的年运量、运距、挖掘机等装载设备斗容的规格及道路技术条件等。

在露天矿汽车运输设备中，普遍采用后卸式自卸汽车。载重量小于 7t 的柴油自卸汽车常与斗容 $1m^3$ 的挖掘机匹配，用以运送松软土岩和碎石；中小型露天矿广泛使用 10 ~ 20t 的机械传动的柴油自卸汽车；大型露天矿使用载重量大于 20t 的具有液压传动系统的柴油机自卸汽车和载重量大于 75t 的具有电力传动系统的电动轮自卸汽车。

为了充分发挥汽车与挖掘机的综合效率，汽车车厢容量与挖掘机的斗容量之比，一般一车应装 4~6 斗，最大不要超过 7~8 斗。

为了充分发挥汽车运输的经济效益，对于年运量大，运距短的矿山，一般应选择载重大的汽车，反之，应选择载重小的汽车。

露天矿自卸汽车的选型，还应考虑汽车本身工作可靠、结构合理、技术先进、质量稳定、能耗低等条件，以及确保备品备件的供应，车厢强度应适应大块矿石的冲砸。当有多种车型可供选择时，应进行技术经济比较，推荐最优车型。一个露天矿应尽可能选用同一型号的汽车。

（1）对于矿用汽车，由于运距较近，道路曲折，坡道较多，其行车速度受行车安全的限定，因此，厂家定的最大车速不是反应运输效率的性能指标。

（2）最大爬坡度与爬坡的耐久性指标。若矿山坡度较大，坡道较长，就应设法了解清楚，才能决策。

（3）汽车的质量利用系数小，说明汽车的空车质量大，虽在一定程度上反映了汽车的强度和过载能力好。但过载能力还涉及很多因素，如发动机的储备功率、车架、轮胎和悬架的强度等。因此，仅凭质量利用系数很难做出准确的判断。另一方面，空车质量较大，汽车的燃油经济性必然较差，故需要进行综合考虑。

（4）汽车的比功率（即发动机功率与汽车总质量的比值）一般能表明汽车动力性的好坏。但动力性涉及总传动比和传动效率等其他因素，仅凭比功率也难以做出准确判断。而且，增大比功率，虽能改善动力性，但一般而言，由于储备功率过大，汽车经常不在发动机的经济工矿下工作，汽车的经济性能较差。

（5）从理论上说，车厢的举升和降落时间将会影响整个循环作业时间，影响运输效率。但是不同车型的举升，降落的时间相差不过几秒最多几十秒，因此对总的效率影响不大，可以不作重点考虑。但选型时却要注意车厢的强度能否适应大块岩石的冲砸。

（6）短轴距的 4×2 驱动的矿用汽车的最小转弯半径为 $7 \sim 12m$，而且与吨位的大小成正比关系。同吨位不同车型的矿用汽车的转弯半径差异不大，一般都能够适应矿山道路规范的要求。但是，三轴自卸汽车的转弯半径比上述数值要大得多，往往很难适应矿山的道路。因此，小型矿山若选用 $20t$ 的公路用三轴自卸汽车，而矿山的弯道又较多，就应慎重地考察其适应性。

（7）一般情况下，矿用汽车的最小离地间隙能够满足露天矿山道路上的通过性要求。但若矿山爆破后矿岩的块度较大，汽车又装得很满，加之道路坑洼较多，容易掉石，就应注意最小离地间隙的大小是否合适，或在实际使用中采取防护措施，以防止前车掉石撞坏后车的底部（一般是发动机油底壳、变速器底部或后桥壳）。

（8）制动性能的好坏，对矿用汽车至关重要。它不仅是安全行车的保证，而且也是下坡行车车速的主要制约因素，直接影响生产效率的高低，因此应作重点考察。对于以重载下坡为主的山坡露天矿，则一定要选用具有辅助减速装置（例如电动轮汽车的动力制动、液力机械减速器中的下坡减速器）的汽车，对采用机械变速器的汽车，应尽量增设发动机排气制动装置。

（9）燃油消耗即燃油经济性是一个重要指标。但实际上厂家资料往往差别不大，而实地考察得到的数据由于矿业条件各异，缺少可比性，加之管理上的因素，真实的油耗很难获得，必须具体分析。

（10）汽车的可靠性、保养维修的方便性、各种油管的防火安全措施以及技术服务或供应零配件的保证性等，虽然较难用具体的数值表示，并且较难获得，却是十分重要的因素，应充分考虑这些因素。为此，在矿用汽车选型时，除广泛收集各种汽车的性能指标、进行比较筛选外，还要通过各种渠道（实地考察、访问用户等），收集一般资料上未能反映出的使用寿命、可靠性和维修性等情况。

（11）对备件供应问题，必须在购车之间就给以重视。对厂商的售后服务的实际情况，应作切实的考察，对常用备件的国内供应保证，应在购车时就同步地具体落实。对于主要总成和重要的零配件近期内无法落实供应或质量不能保证的车型，即使整车购置价格便宜，购置时还应十分慎重。

（12）对进口车型样本所载指标，应择其重要的，经过国内使用核实。

（13）注意主要总成及任选件的选用。矿用汽车的很多总成，如发动机型号、车厢容积、制动方式和启动方式等，均有多种可供用户选择。此外，还有一些任选件，如驾驶室空调、冷却系散热器的自动百叶窗、排气制动装置、自动润滑装置和轮胎自动充气等，供用户选装。因此，在选定基本车型后，应在签订合同时给予落实。

4.4　排　土

4.4.1　排土方式

4.4.1.1　推土机排土

露天矿推土机排土大多数采用汽车运输。推土机的排土作业包括汽车翻卸土岩、推土机推土、平整场地和整修排土场公路。推土机外形如图 4-46 所示。汽车运输推土机排土场的布置如图 4-47 所示。

图 4-46　推土机外形图

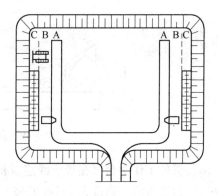

图 4-47　汽车运输推土机排土场

推土机是一种多用途的自行式土方工程建设机械，它能铲挖并移运土壤。例如，在道路建设施工中，推土机可完成路基基底的处理，路侧取土横向填筑高度不大于 1m 的路堤，沿道路中心线向铲挖移运土壤的路基挖填工程，傍山取土修筑半堤半堑的路基。此外，推土机还可用于平整场地、堆集松散材料、清除作业地段内的障碍物等。

汽车进入排土场后，沿排土场公路到达卸土段，并进行调车，使汽车后退停于卸土带背向排土台阶坡面翻卸土岩。为此，排土场上部平盘需沿全长分成行车带（A）、调车带

（B）和卸土带（C）。调车带的宽度要大于汽车的最小转弯半径，一般为 5~6m；卸土带的宽度则取决于岩土性质和翻卸条件，一般为 3~5m。为了保证卸车安全和防止雨水冲刷坡面，排土场应保持 2% 以上的反向坡，如图 4-48 所示。在汽车后退卸车时，要有专设的调车员进行指挥。

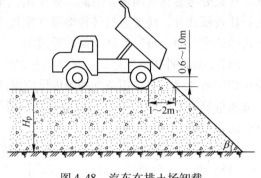

图 4-48 汽车在排土场卸载

当汽车在卸土带翻卸土岩后，由推土机进行推土。

推土机的推土工作量包括两部分，推排汽车卸载时残留在平台上的土岩和为克服下沉塌落进行整平工作。

在雨季、解冻期、大风雪、大雾天和夜班，汽车卸土时应距台阶坡顶线远些，因为这时边坡的稳定性和行车视线都比较差。特别是在夜班，有时推土机的推土量几乎与汽车卸土量相等。

推土机排土方法具有工序简单、堆置高度大、能充分利用排土场容积、排弃设备机动性较高、基建和经营费少等优点，因而它在汽车运输露天矿中得到了广泛的应用。

4.4.1.2 前装机（铲运机）排土

前装机（铲运机）排土方法就是以前装机作为转排设备，其作业方式如图 4-49 所示。在排土段高上设立转排平台。车辆在台阶上部向平台翻卸土岩，前装机在平台上向外进行转排。由于前装机机动灵活，其转排距离和排土高度都可达到很大值。

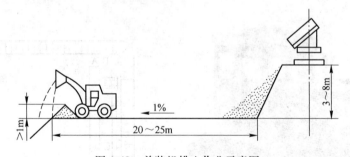

图 4-49 前装机排土作业示意图

前装机的工作平台可在排土线建设初期，由前装机与列车配合先建成一段，然后纵横发展。平台边缘留一高度大于 1m 的临时车挡，以保证前装机卸土时的安全。为了排泄雨水，平台应向外侧有一定排水坡度，并每隔一段距离在车挡上留有缺口。临时车挡随排、随填、随设。

转排平台高度应根据岩石松散程度，发挥设备效率和作业安全性确定，一般为 4~8m。为了使列车翻卸与前装机转排工作互不影响，每台前装机作业线的长度应为 150m 左右。

前装机运转灵活，一机多用，用它进行排土，可使铁路线路长期固定不动，路基比较稳固，因而适应高排土场作业的要求，效率高，安全可靠。

4.4.1.3　挖掘机排土

单斗挖掘机排土的工作情况如图 4-50 所示。排土段分成上下两个分台阶，挖掘机站在下部分台阶的平盘上。车辆位于上部分台阶的线路上，将土翻入受土坑，由挖掘机挖掘并堆垒。在堆垒过程中，挖掘机沿排土工作线移动。由此可见，单斗挖掘机排土工序和排土犁排土相似，包括列车翻卸土岩、挖掘机堆垒、移设铁路。

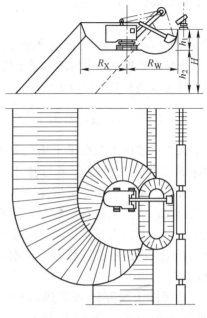

首先，列车进入排土线后，逐辆对位将土岩翻卸到受土坑内。受土坑的长度不应小于一辆自翻车的长度。它设在电铲与排土线之间，坑底标高应比电铲行走平台低 1.0～1.5m，这主要为防止大块岩石滚落直接冲撞电铲。为保证排土线路基的稳固，受土坑靠路基一侧的坡面角应小于 60°，其坡顶距线路枕木端头不少于 0.3m。

列车翻卸土岩时有两种翻卸方式，一种是前进式翻卸，即自排土线入口处向终端进行翻卸。该翻卸方式由于从排土线入口开始，电铲也是前进式堆

图 4-50　单斗挖掘机排土工作面

垒，故列车经过的排土线较短，线路维护工作量小，列车是在已经堆垒很宽的线路上运行，路基踏实，质量较好，可提高行车速度。对松软土岩的排土场在雨季适用此法。它的最大缺点是线路移设不能与电铲同时作业。另一种是后退式翻卸，即从排土线的终端开始向入口处方向翻卸，电铲也是后退式堆垒。

随着列车翻卸土岩，电铲从受土坑内取土，分上、下两个台阶堆垒。向前面及侧面堆垒下部分台阶的目的是为给电铲本身修筑可靠的行走道路，向后方堆垒上部分台阶的目的则是为新设排土线路修筑路基。由于新堆弃的土岩未经压实沉降，密实性小，孔隙大，考虑到其沉降因素，需使上部分台阶的顶面标高比所规定的排土场顶面标高要高。

在实践中，电铲有下列三种堆垒方法：

（1）分层堆垒。电铲先从排土线的起点开始，以前进式先堆完下部分台阶，然后从排土线的终端以后退式堆完上部分台阶，电铲一往一返完成一个移道步距的排土量。这种方法电缆可以始终在电铲的后方，没有被岩石压埋之虑，同时在以后退方式堆垒上部分台阶时，线路即可从终端开始逐段向新排土线位置移设，使移道和排土能平行作业，当电铲在排土线全长上排完排土台阶的全高后，新排土线也就跟着移设完毕，这时电铲再从起点开始按上述顺序堆垒新的排土带。该法的缺点是电铲堆垒一条排土带需要多走一倍的路程，增加耗电量，且挖掘机工作效率不均衡，一般在堆垒下部分台阶时效率较高，而堆垒上部分台阶时效率较低。

（2）一次堆垒。电铲在一个排土行程里，对上、下分台阶同时堆垒，电铲相对一条排土带始终沿一个方向移动（前进式或后退式）。如果第一条排土带采取前进式，则第二条排土带必然就采取后退式，这样交替进行，使电铲的移动量最小。当电铲采取前进式堆垒

时，线路的移设工作只有在电铲移动到终端排完一条排土带之后才能进行。这时电铲要停歇一段时间。当采取后退式堆垒时，排土和移道则可同时进行。这种堆垒方法电铲行程最短，但需要经常前后移动电缆。

（3）分区堆垒。把排土线分成几个区段，每个区段长通常为电铲电缆长度的 2 倍，即 50～150m 左右。每个分区的堆垒方法按分层堆垒方式进行，一个分区堆垒完毕，再进行下一个分区的堆垒。分区堆垒是上述两种堆垒方式的结合，它具有分层堆垒的优点，特别是当排土线很长时，其效果最为明显。

4.4.1.4　人工自溜排土

人工自溜排土是在排土场内采用自溜运输的方式，人工配合进行排土。如图 4-51 所示，矿车利用一定坡度，自溜至排土工作线，由人工或自动翻车装置将土岩翻于一侧，然后空车又依一定坡度溜离排土场。排土场的平整及移道工作则由人工进行。

自溜排土线路的布置形式有环行式 ［见图 4-51（a）］ 和折返式 ［见图 4-51（b）］ 两种。环行式的优点是：空重车滑行方向相同，不需调头错车；道岔少运行安全；便于采用自动翻车复位装置，实现运输排卸自动化。但缺点是：随排土场的发展，自溜线路要经常移设调整；占地面

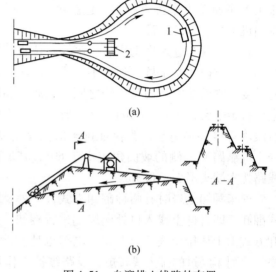

图 4-51　自溜排土线路的布置
（a）环行式；（b）折返式
1—翻车器；2—卷扬

积比较大；当线路中间发生故障时，全线受影响。折返式的自溜线路占地少，但进入排土地点后需要人力推车和翻车。

当采矿场与排土场间的高差较大，且排土场居于高处时，往往需用绞车把岩石重车提升至排土场和把空车下放回采矿场，而在排土场内空重车道的高度差，则由设在空车线上的爬车器来补偿。

自溜排土一般只设置一个排土阶段。由于矿车较小，因此堆置高度较高。这种排土方法需用设备少，排土成本低。但排土能力不大，且要有足够的排土场地，只能用于窄轨运输的小型露天矿，只要条件适宜，它是小型露天矿实现排土自动化的有效途径。

4.4.1.5　人造山排土

人造山排土是用卷扬机将土岩重车沿斜坡道提升到一定高度，在翻车架上进行翻卸，翻卸的土岩逐步向上堆置而成山峰状，故称之为人造山，其布置形式如图 4-52 所示。

岩土的排卸形式有前倾式和侧卸式两种。当采用侧卸式时，来自采场的重车需经漏斗将土岩转载至特制的双边侧卸式矿车或 V 形矿车中，然后由卷扬机将矿车沿钢轨提升到自动翻车架，矿车借助导向曲铁及导向轮的作用，自动翻卸并恢复原位。翻车架可随上岩堆积高度的增高而沿斜坡向前移动。

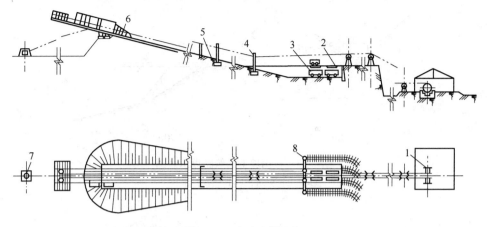

图 4-52 人造山排土场

1—卷扬机；2—漏斗；3—矿车；4—压绳轮；5—保护网；
6—翻车架；7—拉紧绞车；8—转盘

当采用前倾式卸载时，可用翻斗式矿车或箕斗。前者由采场驶来的矿车就不需倒装转载，而直接挂车由卷扬提升至翻车架上卸载。如果采用箕斗，则中间必须设有转载仓或转载漏斗，来自采场的废石矿车先将废石卸入转载仓或漏斗中，废石经转载设施进入箕斗再提升翻卸。

人造山排土的主要设施包括斜坡道、卷扬机、提升容器、装卸设备和安全装置等。

斜坡道有单车道和双车道两种，其倾角一般在30°以下。当采用矿车提升时，根据矿山使用经验，以 18°～22° 为宜；当采用箕斗提升时，为 20°～30°。卸载架倾斜角为 8°～10°。

无论采用何种提升容器，在卸载处均需设置卸载架（翻车架），使容器进入卸载架后能自动卸载。卸载架位于人造山的最高点，为避免雷击，要安设避雷器。同时为使卸载架和导向轮牢固，人造山的前方地面上要设拉紧绞车。斜坡道上也要设置安全道岔及防跑车装置。

4.4.2 排土场的建设

排土场建造是露天矿建设时期的主要工程之一，同时，随着露天矿生产的发展，也需要改造或新建排土场。排土场的建设与其所用的排土方法有密切的联系。对大多数排土方法来说，排土场的建设主要是修筑原始路堤，以便建立排土线进行排土。

在山坡地形上修筑原始路堤的方法比较简单，只要沿山坡修成半挖半填的半路堤形式即可。当路基宽度小于8m时可用推土机推平，路基宽度 8～12m 时，则用电铲或柴油铲挖掘修筑，经推土机平整后即可铺上排土线路，如图4-53所示。

由于地形条件的限制，常遇到排土线需横跨深谷的情况，为了避免一次修筑高路堤或修建桥梁而花费大量投资，可采取先开辟局部排土段，加宽排土带宽度，用废石逐渐填平深谷后，再贯通排土线的方法，如图4-54所示，鉴于深谷和冲沟通常是汇水的通路。在雨季里，排土场滑坡的地段往往是在冲沟的地方。为此，在用上述方法填平深沟时，应排弃透水性较好的岩石，以保证排土场的稳定。

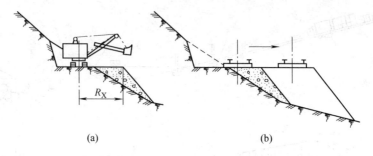

图 4-53 在山坡上修筑路堤示意图

(a) 电铲修筑；(b) 铺设排土线

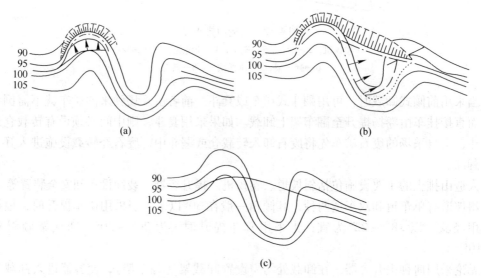

图 4-54 初始排土线横跨深谷时的贯通方法

(a) 初始路基及部分移动线；(b) 移动线延伸及扩展；(c) 形成全部初始路基

在平地上修筑原始路堤比在山坡上复杂。这时需要分层堆垒和逐渐涨道。根据具体情况，可采用不同方法。

(1) 人工修筑。如图 4-55 所示，这种方法是先在地面修筑路基，铺上线路，然后向两侧翻土。翻土后用人力配合起道机将线路抬起，向枕木下及道床上填土，并作捣固使线路结实。接着又按上述方式重复进行，以达所需的高度。每次起道可提高 0.2～0.4m。对于排土量小的小型矿山，限于设备条件可用此法。

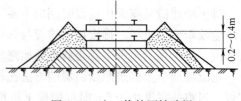

图 4-55 人工修筑原始路堤

(2) 电铲修筑。如图 4-56 所示，电铲先自取土坑挖土在旁侧堆筑路堤，为了加大第一次堆垒的高度，电铲也可在两侧取土，即在两侧均设取土坑。路堤平整后铺上线路，然后由列车翻土，再按照电铲排土堆垒上部分台阶的方法，逐次向上堆垒各个分层。有条件时可采用长臂电铲或索斗铲堆垒。

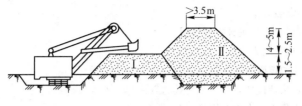

图 4-56　电铲修筑原始路堤

（3）推土机修筑。用推上机堆垒的方法如图 4-57 所示。一般是用两台推土机从两侧将土推向路堤，使之逐渐增高。这种方法适用于修筑高度在 5m 以下的路堤。

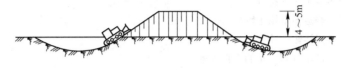

图 4-57　推土机修筑原始路堤

4.4.3　排土线的扩展

当用挖掘机排岩时，各排土线可采用并列的配线方式，如图 4-58 所示。其特点是：各排土线保持一定距离，以避免相互干扰和提高排岩效率。

采用汽车运输，推土机排土时排土场的扩展方式有多层排岩和单层排岩两种方式。当排土场位于山谷内的时候，排土线从最高处开始扩展，

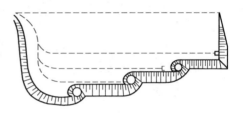

图 4-58　挖掘机并列排岩

初始排土平台比较狭窄，要加强汽车的调度，缩短入换即等待卸车的时间。随着排土场的扩展，排土平台增大，再加上汽车运输的灵活性，调度简单。排土线的扩展方式采用直线或弧形延展。减少推土机的移动距离，增加排卸后土岩的沉降时间，保证人员和设备的安全。对于其他形式的排土场，可以采用多层排岩的方式来延展排土场，利用推土机采用图 4-57 所示的堆垒方法，在排土平台上向上修筑道路，形成初始排土平台，建立初始排土工作线。逐渐形成多层排岩，各层排土线的发展在空间与时间关系上要合理配合。为保证安全和正常作业，建立各分层之间的运输联系，上、下两台阶之间应保持一定的超前距离，并使之均衡发展。

 习　题

4-1　阐述穿孔工作在露天开采的重要性。
4-2　阐述露天开采常用穿孔设备。
4-3　阐述潜孔钻机的凿岩原理及在露天开采中的应用。
4-4　阐述牙轮钻机的凿岩原理及在露天开采中的应用。
4-5　阐述如何提高潜孔钻机的效率。
4-6　阐述如何提高牙轮钻机的效率。

4-7　阐述露天开采常用爆破方法。

4-8　阐述混装炸药车在露天开采爆破中的作用。

4-9　阐述常用提高爆破质量的方法。

4-10　阐述临近边坡常用的爆破方法。

4-11　阐述露天开采常用采装设备。

4-12　阐述前端装载机在露天开采中的用途。

4-13　说明单斗挖掘机的采装方式及工作程序。

4-14　阐述单斗挖掘机工作面主要参数。

4-15　阐述如何提高电铲生产能力。

4-16　阐述露天开采运输工作的特点。

4-17　阐述露天开采铁路运输常用车辆。

4-18　阐述露天开采公路运输的特点。

4-19　阐述如何提高电动轮自卸汽车的工作效率。

4-20　阐述露天开采汽车运输常用排土方法。

5 生产剥采比

5.1 生产剥采比的变化规律

剥采比是露天矿开采的重要技术经济指标。无论是研究露天矿工程发展程序，还是确定露天矿生产能力、圈定露天开采境界等，都与这一指标密切相关。本章的任务就是从分析矿山工程发展程序对生产剥采比的影响入手，介绍初步确定生产剥采比的方法。

5.1.1 生产剥采比的基本概念

所谓生产剥采比是指露天矿在一定的生产时期内剥离岩石量与采出的矿石量的比值。其单位可用 m^3/t 表示，也可用 m^3/m^3、t/t 表示。时间通常以年、季、月为单位来计算。例如，某年共剥离岩石 300 万米^3，采出矿石 400 万吨，则该年度生产剥采比为 $0.75m^3/t$，同样可以得到某季、某月的生产剥采比。因此，生产剥采比的计算公式为

$$n = \frac{V_i}{P_i} \quad m^3/t \tag{5-1}$$

式中　V_i——某生产时期的剥岩量，m^3；

　　　P_i——某生产时期的采出矿量，t。

生产剥采比是编制采掘进度计划的重要指标，它决定着露天矿剥采总量的大小。一个矿山的生产规模，不仅以矿石的产量来表示，而更主要的是应以采剥总量来衡量。特别是对于一些生产剥采比较大的黏土、有色金属露天矿来说、剥岩量远远超过采矿量，这就更不能忽视岩石的开采了。

露天矿的采剥总量也称矿岩生产能力，它与生产剥采比和矿石生产能力的关系为

$$A = \frac{A_P}{\gamma_P} + nA_P \tag{5-2}$$

式中　A——露天矿矿岩生产能力，m^3/a；

　　　A_P——露天矿矿石生产能力，t/a；

　　　n——生产剥采比，m^3/t；

　　　γ_P——矿石容重，t/m^3。

当生产剥采比的单位取 m^3/m^3（或 t/t），相应地 A_P 的单位取 m^3/a（或 t/a）时，式（5-2）可写成如下的形式：

$$A = A_P(1 + n) \quad （m^3/a \text{ 或 } t/a） \tag{5-3}$$

从式（5-3）可见，在一定的矿石生产能力下，露天矿的采剥总量取决于生产剥采比的大小。而露天矿的设备数量、人员数量和地面设施的规模等又主要是由矿岩生产能力所决定的。因此，生产剥采比往往是影响露天矿基建投资和生产成本的重要因素。

露天矿是在一定的地质条件下，按照一定的开采境界和一定的矿山工程发展程序进行

开采的，生产剥采比有客观的变化规律。矿山工程发展程序不同，生产剥采比的变化规律也有所不同，矿山工作人员的任务是认识生产剥采比变化规律与矿山工程发展程序间的联系与制约关系，从而合理地安排矿山工程发展程序，控制生产剥采比的变化，使矿山经济合理并持续地进行生产。

5.1.2 生产剥采比的变化

在露天开采过程中，工作帮的范围和位置随着矿山工程的发展而不断改变。随着工作帮空间位置由上向下的逐渐降低，就会陆续包括一些新的工作台阶和结束一些工作台阶。总的趋势是工作帮的范围最初很小然后逐渐增大，增加到最大限度之后（工作帮上部台阶达到露天矿地表境界时），则又逐渐减小。显然，由于工作台阶位置和数量的改变，相应的剥离岩石量和采出矿石量也会改变，从而使生产剥采比不断变化。

5.1.2.1 工作帮及工作帮坡角

露天矿生产通常由数个台阶进行开采，由这些进行开采的台阶组成的边帮称为露天矿工作帮。它是由若干进行开采的台阶坡面和工作平盘构成的，其形态取决于组成工作帮的各台阶间的相互位置，也就是取决于台阶高度、平盘宽度和台阶坡面角等要素。

在露天开采过程中，保持工作帮上各工作平盘的正常宽度，是保证露天矿正常生产的基本条件。工作平盘的大小，取决于采掘、运输设备规格、运输线路数目及调车方式，以及所需的回采矿量。在不得已的情况下，工作平盘的宽度可允许减到最小值，即除回采矿量的宽度外，布置采掘运输设备和正常作业所必需的最低限度值，该值称为最小工作平盘宽度。当工作平盘宽度小于最小工作平盘宽度时，就会严重影响穿孔爆破、采装、运输的正常进行，在上部工作平盘未恢复到最小宽度之前，下部台阶的矿山工程不能进行，因而工作线的推进速度降低，使生产计划不能完成。因此，保持最小工作平盘宽度是露天矿生产的起码条件。

工作帮坡面是通过工作帮最上一个台阶和最下一个台阶的坡底线所构成的假想平面，工作帮坡角是指工作帮坡面与水平面的夹角。由图 5-1 可知

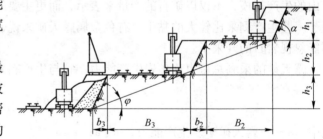

图 5-1 露天矿工作帮

$$\tan\varphi = \frac{h_2 + h_3}{b_2 + b_3 + B_2 + B_3} \tag{5-4}$$

其普通的表达方式为

$$\tan\varphi = \frac{\displaystyle\sum_{i=2}^{k} h_i}{\displaystyle\sum_{i=2}^{k} h_i\cot\alpha + \sum_{i=2}^{k} B_i} \tag{5-5}$$

若工作帮上各台阶高度、台阶坡面角和工作平盘宽度均相等时

$$\tan\varphi = \frac{h}{h\cot\alpha + B} \tag{5-6}$$

式中　　h——台阶高度，m；

$\quad\quad\quad\alpha$——台阶坡面角，(°)；

$\quad\quad\quad B$——工作平盘宽度，m。

由式（5-6）可以看出，工作帮坡角的大小取决于台阶高度、台阶坡面角和工作平盘宽度三个要素。通常 h 和 a 都是定值，因此当 B 为最小值时，则工作帮坡角 $\varphi = \varphi_{max}$，当单台阶逐层开采时，$\varphi = \varphi_{min} = 0$。由此可知，露天矿工作帮坡角随着 B 值的调节而变化，其变化范围介于 $\varphi_{max} = \varphi_{min}$ 之间。

通过上述分析说明，工作帮坡面和工作帮坡角是表示工作帮上剥采阶段空间位置的几何参数。因此，在研究矿山工程发展程序、露天矿生产能力和编制采掘进度计划时，为简便起见，在断面图上可以不画出工作台阶的具体形态和位置，而以工作帮坡面和工作帮坡角代替实际工作帮的形态和位置，依此进行计算也能得到足够精确的结果。

5.1.2.2　矿山工程发展程序不变情况下的生产剥采比变化规律

露天矿矿山工程发展程序包括台阶开采程序、工作帮的推进、新水平开拓延深等内容。所谓矿山工程发展程序保持不变，是指在整个露天开采期间，剥离工程按一定的工作线推进方向、一定的新水平开拓延深方向和各开采台阶之间保持一定的空间关系，即按固定的工作帮坡角发展。按此条件矿山工程发展的过程如图 5-2 所示。

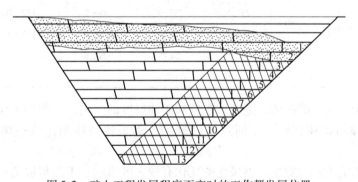

图 5-2　矿山工程发展程序不变时的工作帮发展位置

按图 5-2 可计算出每延深一个水平所剥离的岩石量和采出的矿石量，以及相应的生产剥采比，所得数值列于表 5-1 中，并以图 5-3 表示。图中横坐标表示矿山工程发展深度，纵坐标表示矿山工程延深一个水平所采出的矿岩量和生产剥采比。由图 5-3 可以看出，每延深一个水平所采出的矿岩量是不同的，生产剥采比随矿山工程的延深而变化。开始需要大量剥离而不采矿，随后开始出矿但要采出更多的岩石，这时生产剥采比随矿山工程的延深而不断增大，达到一个最大值后便逐渐减小。这

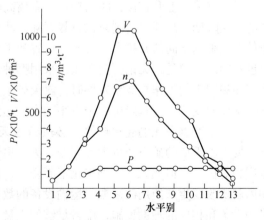

图 5-3　每延深一个台阶所采出的矿石量、岩石量和生产剥采比

个最大值期间称为剥离高峰期或称生产剥采比高峰期。高峰期一般发生在凹陷露天矿工作帮上部接近地表境界部位。生产剥采比的这种变化规律，是一般倾斜矿体具有的普遍规律。

表 5-1　采剥量计算表

水平别	矿石 /×10⁴t	土 /×10⁴m³	岩石 /×10⁴m³	土岩合计 /×10⁴m³	累　计		生产剥采比 /m³·t⁻¹
					土岩/×10⁴m³	矿石/×10⁴t	
1		56.2		56.2	56.2		∞
2		176.8		176.8	233.0		∞
3	102.5	303.0	14.5	317.5	550.5	102.5	3.10
4	158.0	367.9	248.4	616.3	1166.8	260.5	3.90
5	156.5	415.3	624.9	1040.2	2207.0	417.0	6.65
6	155.0	121.6	941.1	1062.7	3269.7	572.0	6.86
7	154.0		812.4	812.4	4082.1	726.0	5.28
8	152.0		662.2	662.2	4744.3	878.0	4.36
9	150.5		496.0	496.0	5240.3	1028.5	3.31
10	149.5		408.0	408.0	5648.3	1178.0	2.73
11	148.0		237.9	237.9	5886.2	1326.0	1.61
12	146.5		178.4	178.4	6064.6	1472.5	1.22
13	145.0		28.0	28.0	6092.6	1617.5	0.19
合计	1617.5	1440.8	4651.8	6092.6			

近水平和倾角较小的矿体，随地形条件和矿体厚度的变化，生产剥采比也具有相应的变化规律。与倾斜矿体比较，不同点仅仅是生产剥采比高峰期比较平缓，持续的时间较长。

工作帮坡角的大小，对生产剥采比的变化有较大的影响。工作帮坡角较小时，剥采比初期上升较快，剥离高峰发生较早，然后在一个很长时期内剥采比逐渐下降。工作帮坡角较大时，剥采比上升较慢，时间较长，剥离高峰发生在开采到较深的位置，也即发生在生产的较晚时期，高峰之后剥采比急骤下降。此外，对于同一露天矿场，即在同一矿床埋藏条件下，采用不同的开拓方案、掘沟位置和工作线推进方向时，生产剥采比的具体变化情况也不相同。但是，无论哪类矿床，采用哪种开拓、开采方法，只要矿山工程按不变的发展程序和固定的工作帮坡角发展时，露天矿生产剥采比变化的共同规律是：生产剥采比随开采深度而变化，并且经历一个由小到大，达到高峰后再逐渐减小的过程。

上述生产剥采比的变化规律，必然给露天矿生产带来不利的影响。因为在正常情况下，要求露天矿的矿石产量大致不变，为了更有效地使用露天矿的大型机械设备，其数量也应相对稳定。但如果生产剥采比不断变化，露天矿的矿岩总产量也就逐年变化，这在短期内就要改变生产使用的采掘、运输设备的数量，如到剥采比高峰期，更要求短期集中大量的设备和相应的辅助设施，配备足够的人员，高峰过后又要削减，这样短期的增减，必将降低设备的利用率，使基建费用增大，生产成本增高，并且使露天矿的生产组织工作复杂化。因此，必须对生产剥采比进行调整，使之在一定时期内相对稳定，以达到经济合理地开采矿床的目的。

5.2 生产剥采比的调整

5.2.1 概述

所谓生产剥采比的调整，就是设法降低高峰期的生产剥采比，使露天矿能在较长时期内以较稳定的生产剥采比进行开采。为此，应首先了解影响生产剥采比变化的因素，以便找出调整的具体方法。

影响生产剥采比变化的因素很多，概括起来有两个方面：

（1）自然因素：包括地质构造、地形、矿体的埋藏深度、厚度、倾角和形状等。这方面因素是客观存在的，人们只能通过地质勘探工作充分地认识它，以便更准确地掌握生产剥采比的变化规律。

（2）技术因素：主要指开拓方法、开拓沟道的位置、工作线推进方向、矿山工程延深方向以及开段沟长度、工作帮坡角等。这方面因素是人为的，人们可以根据客观条件和需要予以改变，使生产剥采比达到较长时间的均衡。

因此，生产剥采比的调整主要是通过改变矿山工程发展程序来实现的。下面重点讨论以改变台阶间的相互位置、开段沟长度和矿山工程延深方向对生产剥采比进行调整的方法。

5.2.2 生产剥采比的调整方法

5.2.2.1 改变台阶间的相互位置调整生产剥采比

用改变台阶间的相互位置，即改变工作平盘宽度的方法，可以将生产剥采比高峰期间的一部分岩石提前或移后剥离，从而减小高峰期生产剥采比的数值。

如图 5-4 所示，在剥离高峰期被提前完成的剥离量为 ΔV_1，移后完成的剥离量为 ΔV_2，则减小的生产剥采比 Δn 为

$$\Delta n = \frac{\Delta V_1 + \Delta V_2}{P_n} \quad (m^3/t) \quad (5\text{-}7)$$

式中　P_n——剥离高峰期采出的矿石量，t。

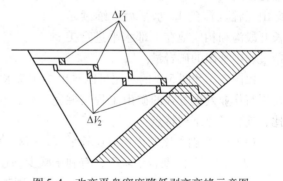

图 5-4　改变平盘宽度降低剥离高峰示意图

改变工作平盘宽度调整生产剥采比是有一定限度的。减小后的工作平盘宽度，一般不得小于最小工作平盘宽度；加大后的工作平盘宽度，也应使露天矿能保持足够的工作台阶数目，以满足配置露天矿采掘设备的需要。当在特大型露天矿工作台阶的数量很多，工作线长度很富裕的情况下，也可以使部分工作平盘宽度小于最小工作平盘宽度，做到有计划地缩小，有计划地恢复，有计划地推进，在仍能保持正常生产的情况下，达到较大幅度地调整生产剥采比的目的。例如，我国抚顺西露天矿走向长度6km，工作台阶多，工作线很长，在正常情况下，仅有60%左右工

作平盘大于最小工作平盘宽度。

改变工作平盘宽度容易实现，一般能适应原有的生产工艺，不影响总的开拓运输系统，是露天矿调整生产剥采比的主要措施之一。实际上露天矿的工作平盘宽度经常是处于变动之中的，因此它也是露天矿生产过程中自始至终存在的客观现象。我们的任务是要掌握变动工作平盘宽度的规律，以便有效地调整露天矿的生产和生产剥采比，使之满足生产计划的要求。

5.2.2.2　改变开段沟长度调整生产剥采比

开段沟的最大长度通常等于该水平的走向长度，最小长度一般不小于采掘设备所要求的采区长度，例如，采用铁路运输时要求长一些，采用汽车运输时可以短一些，最短可以只挖一个基坑，而使露天矿工作线推进方向改变，由垂直走向推进变为沿走向推进。

现举例说明改变开段沟长度时对剥采比的影响。

在图 5-2 同样条件下，安排新水平开拓准备最初形成的开段沟长度等于走向长度的 1/3，约 700m，然后随矿山工程的发展逐步延长。也就是掘完 700m 开段沟长度后，在该水平就开始扩帮，这时扩帮与延长开段沟平行作业。这种发展方式是露天矿矿山工程发展程序的普遍形式。

矿山工程按上述方式发展时，每下降一个水平采出的矿岩量和生产剥采比如图 5-5 所示。图中 13′ 和 13″ 为矿山工程延深到 13 水平后，继续延长开段沟和相应地在上部水平进行扩帮过程中采出的矿岩量。

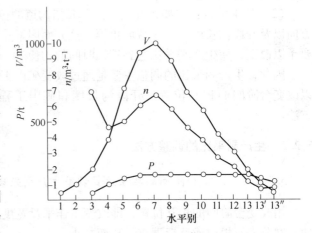

图 5-5　最初开段沟长度等于走向长度 1/3 时的 P、V、n 变化图

由图 5-5 和图 5-3 的对比可以看出，在新水平开拓准备时，采用延长开段沟长度和扩帮平行作业发展方式的矿山工程与掘完开段沟全长后再进行扩帮发展方式的矿山工程相比，前者具有下列特点：

（1）生产剥采比变化相对比较平缓，高峰值下降。

（2）出矿前的剥岩量减少，有利于减少基建工程量。

显然，最初开段沟的长度越短，上述差别越大，降低生产剥采比高峰值和减少基建工程量的效果越显著。由此可见，汽车运输无开段沟逐步扩展工作线的矿山工程发展方式是优越的。当矿体覆盖层厚度和矿体厚度差别较大的情况下，在覆盖较浅和矿体较厚的区段先掘开段沟，然后再逐步延长的发展方式，将会达到更好的效果。

此外，当矿体沿走向厚度不同时，生产剥采比达到高峰期，适当地减缓或停止推进矿体较薄区段的工作线，可以降低生产剥采比高峰值。这是山坡露天矿经常采用的调整生产剥采比的措施之一。

应当指出，对于铁路运输的露天矿，由于要求的最小采区长度较长，改变开段沟长度的幅度不大，因此，单纯采用这种方法调整生产剥采比很难得到明显的效果，应配合采取其他的措施。

5.2.2.3　改变矿山工程延深方向调整生产剥采比

如图5-6所示的矿山工程初期沿山坡 *AB* 延深，以加速采出矿石和减少掘沟工程量。当生产水平最低标高达到 *B* 点后，矿山工程改沿 *BC* 方向延深，以减少初期生产剥采比。当露天矿最低水平到达 *C* 点之前，为了保证露天矿持续生产，应完成 *BCED* 或 *BCED* 扩帮工程量。若扩帮工程由外向内进行时，则应完成 *BCED* 扩帮工程量，此时，矿山工程应由 *B* 沿山坡 *BD* 延深到 *D*，然后，沿露天矿开采境界延深到 *E*。若由内向外扩帮时，应完成 *BCED* 扩帮工程量，此时，自上而下沿 *BC* 方向往外扩帮。此外，为了降低剥离高峰值，顶帮也可以同时采取压缩上部工作平盘宽度的措施，相当于设立临时顶帮开采境界 *FGH*。此时，*FHJK* 的扩帮工程量应在工作帮达到 *IH* 位置之前完成。显然，由于改变矿山工程延深方向而使不同时期的矿岩采出量得到改变，从而达到调整生产剥采比的目的。

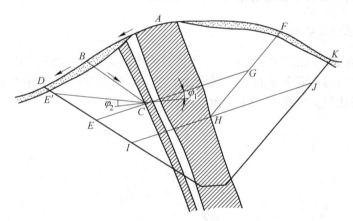

图5-6　改变矿山工程延深方向调整生产剥采比示意图

改变矿山工程延深方向往往涉及一定时期露天矿开采境界的变动，因而也是分期开采的境界划分问题。关于这一问题，将在露天矿分期开采一章中予以详细讨论。

除上述调整生产剥采比的方法外，用改变开段沟的位置和工作线推进方向也可以对生产剥采比进行调整。但是，不同的开段沟位置和工作线推进方向，要求与采用的生产工艺和开拓系统相适应。因此，开段沟的位置与工作线推进方向的改变，往往会影响整个生产系统的变化，所以在露天矿生产过程中，一般不轻易改变工作线推进方向。通常是在设计中研究几个可能的工作线推进方案时，综合考虑矿山工程发展程序、生产工艺、开拓系统、矿山基建工程量和生产剥采比诸因素，从全局出发，选择其中一个合理的工作线推进方案。

应当指出，无论采用什么样的开段沟位置和工作线推进方向，只要工作平盘宽度保持不变，在整个生产过程中，仍然保持着生产剥采比变化的一般规律，仍然存在着生产剥采比的高峰期。此时，仍需借助于改变工作平盘宽度、开段沟长度等措施对生产剥采比作适当的调整，以利于在露天矿持续地经济合理地开采矿石。

5.3　生产剥采比的均衡

为了安排露天矿的生产和确定露天矿的设备、人员数量和辅助设施的规模，必须确定露天矿整个发展过程中不同阶段的剥采比。它是生产前预计的数值，称为计划生产剥采比，以区别生产中产生的实际生产剥采比。本节所讨论的生产剥采比均指计划生产剥采比。

露天矿的生产剥采比一般通过编制长远的采掘进度计划和年度采掘计划来确定。然而，编制采掘进度计划的工作量较大。因此，编制长远采掘进度计划的年限不宜过长，矿山工程发展程序的方案也不能过多。为了把握露天矿整个发展过程中不同发展阶段的生产剥采比数值，以及由于进行矿山工程发展程序、生产工艺和开拓运输系统等方案比较的需要，通常在编制采掘进度计划之前，初步计算和确定露天矿不同发展阶段的计划生产剥采比。该剥采比是根据一定的矿山工程发展程序和生产剥采比变化的情况，经过调整后得出的，故称为均衡生产剥采比。本节重点讨论初步确定均衡生产剥采比的方法。

5.3.1　利用采剥关系发展曲线确定均衡生产剥采比

5.3.1.1　采剥关系曲线

确定均衡生产剥采比的实质是在整个生产过程中调整某些发展阶段的剥岩量，以求得出一个在较长时期内稳定不变的生产剥采比。这一工作可以在矿岩量变化曲线 $V = f(P)$ 图上或生产剥采比变化曲线 $n = f(P)$ 图上进行，如图 5-7 所示。

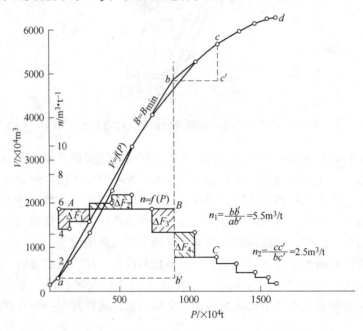

图 5-7　矿岩量变化曲线和生产剥采比变化曲线图

5.3.1.2　利用 $V = f(P)$ 图确定均衡生产剥采比

$V = f(P)$ 曲线就是露天矿剥岩和采矿累计量关系曲线，如图 5-7 所示。图中横坐标为采出矿石累计量，纵坐标为剥离岩石累计量。这一曲线反映了露天矿在不同开采深度下的采剥关系。

显然，$V = f(P)$ 曲线的斜率就是生产剥采比。$V = f(P)$ 曲线的斜率不断变化，表明露天矿按固定的矿山工程发展程序时，在发展过程中生产剥采比的变化情况。

在露天矿实际生产中，剥岩量的累计值一般不能小于矿山工程按最小工作平盘宽度发展时的剥岩量，即实际的矿岩累计量变化曲线上的各深度点，不得在 $B = B_{min}$（$\varphi = \varphi_{max}$）时的 $V = f(P)$ 曲线上各对应点之下。同时，为了使露天矿保持一定生产能力所必需的工作线长度或同时工作台阶数，实际的矿岩累计量变化曲线上的各深度点一般不会超出 $B = B_{max}$（$\varphi = 0$）时的 $V = f(P)$ 曲线上各对应点之上。因此，均衡生产剥采比通常只能在这两条曲线之间来寻求。为了减少作图和计算工作量，一般情况下可以不画 $B = B_{max}$ 时的 $V = f(P)$ 曲线，而使实际的矿岩累计量变化曲线接近 $B = B_{min}$ 时的 $V = f(P)$ 曲线。

根据上述原理，只要我们作出 $B = B_{min}$ 时的 $V = f(P)$ 曲线之后，便可在接近该曲线处画出保持一定斜率的直线，此直线即代表某一时期的均衡生产剥采比。如图 5-7 中第 1 期均衡生产剥采比为 ab 直线，第 2 期均衡生产剥采比为 bc 直线。以后则随 $B = B_{min}$ 时的 $V = f(P)$ 曲线的变化，逐步减小生产剥采比，此时：

第 1 期均衡生产剥采比为

$$n_1 = \frac{bb'}{ab'} = 5.5 \text{m}^3/\text{t}$$

第 2 期均衡生产剥采比为

$$n_2 = \frac{cc'}{bc'} = 2.5 \text{m}^3/\text{t}$$

在确定均衡生产剥采比时，可按上述方法同时作出几个方案，经详细比较后再择优确定。确定的一般原则是：

（1）尽量使初期剥岩量较少，以利于减少基建投资和扩大再生产。

（2）最大均衡生产剥采比的数值最好小一点。在此之前，生产剥采比可逐步增大，以后再逐步减少。不要产生骤然波动，以免人员、设备随之发生突然变动。

（3）最大生产剥采比均衡的时间不宜过短，尤其是机械化程度比较高的矿山。因为生产过程中以最大生产剥采比进行生产的时间过短，就要相应地在这一短的时间内大量增加设备和人员，这一段时间过去后又得大量缩减，这不仅使露天矿有关投资不能充分利用，同时也给生产组织工作带来很大困难。该段时间的长短可根据具体条件确定，一般不短于 $5 \sim 10$ 年，通常机械化程度低的矿山取小值，反之取大值。露天矿附近有其他矿山，而设备和人员便于调动，产量趋于平衡时也可以取小值。

5.3.1.3 利用 $n = f(P)$ 图确定均衡生产剥采比

将图 5-7 的横坐标定为采出矿石累计量，纵坐标改为生产剥采比，即可作出 $n = f(P)$ 曲线。根据 $n = f(P)$ 曲线图，可以将第 1 期生产剥采比调整为 AB 线，均衡生产剥采比 $n_1 = 5.5 \text{m}^3/\text{t}$，第 2 期生产剥采比调整为 BC 线，均衡生产剥采比 $n_2 = 2.5 \text{m}^3/\text{t}$，$AB$ 线上下的调整面积相等，即 $\Delta F_1 = \Delta F_2$。两者在数量上代表调整的剥岩量，ΔF_1 为提前剥离量，ΔF_2 为高峰期减少的剥离量。

提前剥离量或减少的剥离量可用下式表示：

$$\Delta F = \sum np = \Delta V \tag{5-8}$$

式中　　n——均衡生产剥采比，m^3/t；

　　　　p——以均衡生产剥采比 n 采出的矿石量，t；

　　　　ΔV——提前或减少的剥岩量，m^3。

提前剥离意味着早期应加速上部剥离台阶的推进，即相应地加大工作平盘宽度，改变工作台阶间的相互位置，以达到调整生产剥采比的目的。

利用 $V = f(P)$ 和 $n = f(P)$ 曲线图确定均衡生产剥采比各有优缺点，$V = f(P)$ 曲线图较 $n = f(P)$ 曲线图更为直观和明确，而且可以表示出超前的剥岩量。而 $n = f(P)$ 曲线图则能比较清楚地表示生产剥采比的变化和数值。为此，可以在一张图上同时作出 $V = f(P)$ 和 $n = f(P)$ 曲线（见图5-7），这样能更好地反映出调整前后剥岩量和生产剥采比的变化情况。

5. 3. 1. 4　$V = f(P)$ 和 $n = f(P)$ 曲线的绘制

采剥关系发展曲线的一般绘制步骤如下：

（1）根据拟定的矿山工程发展程序，绘制按最小工作平盘宽度发展延深到各水平时的露天矿场平面图。平面图上绘有各水平的工作线位置。为了减少绘图工作量，图上只画出台阶坡顶线或坡底线位置即可。通常每下降一个水平绘制一张平面图，为了减少工作量，后期可每隔数个水平绘制一张平面图。

（2）将上述平面图上的工作线位置画到分层平面图上。对于矿体较长、产状稳定、地质构造和地形简单的情况下，可直接把各水平工作线位置画在断面图上以便计算（见图5-2），这样能减少绘图和计算工作量。但其精确性较差。

（3）计算矿山工程下降一个水平采出的矿石量、剥岩量和生产剥采比，列成表格，见表5-1。

（4）以采出的矿石累计量为横坐标，以剥岩累计量和生产剥采比为纵坐标，作出 $V = f(P)$ 和 $n = f(P)$ 曲线图，如图5-7所示。

综合上述，采剥关系曲线图能密切反映现代露天矿生产的实际情况，用它来确定均衡生产剥采比是比较科学和明确的。

5. 3. 2　用相应已知的剥采比推算最大均衡生产剥采比

在黑色金属露天矿设计中，较多的采用经验的方法初步确定均衡生产剥采比，以作为编制采掘进度计划的原始依据。这种方法通常是根据平均剥采比、最大的水平分层剥采比或相邻几个台阶的最大平均剥采比与均衡生产剥采比之间关系的统计资料，结合采矿场的实际矿岩埋藏条件、开采技术条件以及设计者的工作经验，选取一经验系数（或称剥离超前系数），再以该系数乘相应的剥采比来推定可能出现的最大均衡生产剥采比。

$$n_{\max} = kn' \tag{5-9}$$

式中　　$n_{\max}$——最大均衡生产剥采比，m^3/t；

　　　　k——经验系数，其值见表5-2；

n'——平均剥采比或最大分层剥采比或相邻几个台阶的最大平均剥采比，m^3/t。

表 5-2　k 值的统计参考值

类　　别	波　动　值	常　见　值	平　均　值
与平均剥采比之比值	1.06 ~ 1.55	1.1 ~ 1.5	1.3
与最大分层剥采比之比值	0.75 ~ 1.0	0.81 ~ 0.94	0.87
与相邻几个台阶最大平均剥采比之比值	0.8 ~ 0.99	0.84 ~ 0.94	0.89

根据鞍山黑色金属矿山设计院过去对 17 个露天矿的设计统计资料，最大均衡生产剥采比与上述各种剥采比之间的比值关系见表 5-2。

在应用表 5-2 所列比值时，按常见值选取比较合适。从表 5-2 中可见，以与相邻几个台阶最大平均剥采比之比值波动范围较小，故通常是用该剥采比来推算最大均衡生产剥采比。

这种确定方法应用简便，计算工作量小，但准确性差。主要存在下列问题：

（1）由设计统计资料得出的系数值波动范围较大，不能体现具体矿床埋藏条件、开采技术条件对均衡生产剥采比的影响。对于同一矿床和同样开采技术条件下，不同的设计者所确定的系数值不同，甚至可能相差很大。因此所推算出最大均衡生产剥采比数值的合理性，在很大程度上取决于设计者的经验，对此无法进行检查和评价。

（2）露天矿生产剥采比的变化和水平分层剥采比的变化之间没有一定的规律性，因此，这种机械地利用经验系数确定均衡生产剥采比的方法，显然是不够科学的。

（3）遇有多方案比较、需要提供几个最大均衡生产剥采比的数值时，不能简单地提出各方案剥采比的可靠资料。用这方法确定的均衡生产剥采比不能作为方案比较的依据。

总之，上述两种确定均衡生产剥采比的方法各有优缺点。但是无论采用哪一种方法确定的均衡生产剥采比，最后都需通过编制采掘进度计划进一步验证。

均衡生产剥采比确定之后，生产中应认真贯彻"采剥并举、剥离先行"的方针，做到有计划合理地组织生产，保证露天矿稳产高产。

露天矿生产具有较大的灵活性和伸缩性，在一定时期内降低生产剥采比，少剥岩、多采矿，以满足国家在该时期内对矿石的需求是可能的，也是允许的。但是，这并不意味着可以否定或改变露天矿应遵循一定的矿山工程发展程序和按一定的生产剥采比进行生产的客观规律性。当在一定时期内多采矿时，必须以提前加强剥离和事后加强剥离的办法予以保障，即采取"以剥保采、以采促剥"的方针，保证露天矿持续生产，避免出现采剥失调和生产上的马鞍形现象。

在实践中，随着生产情况和地质资料的变化，对原先确定的生产剥采比应及时检验和修改，以便正确指导和组织生产。

5.4　均衡生产剥采比的实现

均衡生产剥采比的实现方法是减少露天矿初期生产剥采比和基建工程量，这对节约基建投资和加速露天矿建设有重大意义。一个经济合理的开采方案，既要求均衡生产剥采比较小，同时基建剥离工程量也应较小。因此，在最后确定均衡生产剥采比时，要考虑减少基建工程量的措施。减少初期生产剥采比和基建工程量，主要是通过合理安排矿山工程发展程序来达到的，因为矿山工程发展程序本身与生产工艺、开拓运输系统等密切相关，所以要求矿山工作人员能善于处理生产工艺、开拓运输系统、矿山工程发展程序和生产剥采比之间的矛盾，全面而合理地解决露天矿生产工艺和矿山工程发展程序等，以减少矿山基建工程量。

5.4.1 合理布置开段沟的位置

工作线推进方向与开段沟的位置是密切相关的。工作线初始位置和推进方向，取决于开段沟的位置。然而，不同的开段沟位置和工作线推进方向，又要求与采用的生产工艺、开拓运输系统相适应。同一露天矿采用不同的开段沟位置，对生产剥采比和基建工程量有重大影响。

为了方便起见，以一规则矿体为例，来分析不同的开段沟位置对均衡生产剥采比和基建工程量的影响。在同一露天矿场中，沟的位置和矿山工程发展方向分别示于图 5-8 中。由于都是采用折返沟开拓，其境界相同，故平均剥采比都相等。四个方案的工程量和剥采比指标计算结果见表 5-3。

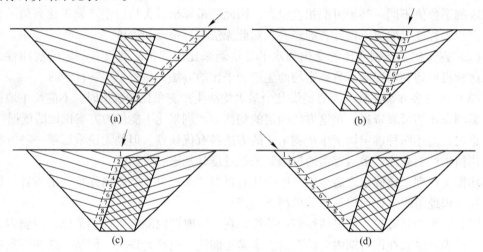

图 5-8 开拓沟道位置的四个方案

（a）沿底帮开拓；（b）沿下盘开拓；（c）沿上盘开拓；（d）沿顶帮开拓

表 5-3 各开拓沟道位置方案的剥采比指标

开拓沟道位置	$n_{\mathrm{p}}/\mathrm{m}^3 \cdot \mathrm{m}^{-3}$	$V_0/ \times 10^6 \mathrm{m}^3$	$n/\mathrm{m}^3 \cdot \mathrm{m}^{-3}$	μ	λ
（a）沿底帮开拓	2.23	3.1	2.66	0.12	1.36
（b）沿下盘开拓	2.23	1.8	2.77	0.07	1.33
（c）沿上盘开拓	2.23	2.2	3.34	0.09	1.64
（d）沿顶帮开拓	2.23	8.0	2.53	0.31	1.64

表 5-3 中 λ 和 μ 值表示经济合理的两个指标。其计算公式为

$$\lambda = \frac{n}{n_{\mathrm{p}} - n_0} \tag{5-10}$$

$$\mu = \frac{n_0}{n_p} \tag{5-11}$$

$$n_0 = \frac{V_0}{p}$$

式中 n——均衡生产剥采比；

　　n_p——平均剥采比；

　　n_0——初始剥采比；

　　V_0——初始剥离量；

　　p——露天矿的总采矿量。

由式（5-10）和式（5-11）可知，若露天矿境界相同时，n_p 是一个常数，系数 λ 和 μ 均随着 n_0 的增大而增大，因此，μ 是表示基建工程量大小的系数，而 λ 则是能综合表示均衡生产剥采比 n 和初始剥采比 n_0 的系数。λ 值较小的开拓方案，不仅正常生产时期的剥离量较小，而且基建时期的剥离量也不大。

从表5-3 所列的数值可见，（a）、（d）两方案分别在露天矿底帮和顶帮固定坑线位置掘沟，远离矿体，见矿慢，基建工程量大，均衡生产剥采比小。因此，为了减小初期生产剥采比和基建工程量，开段沟的位置应接近矿体和设在矿体较厚、覆盖层较薄的地段，并以此决定工作线的推进方向。然而，在矿体较陡的情况下，接近矿体掘开段沟，工作线向两侧推进，势必要求采用移动坑线开拓，这只能适应汽车运输条件，如果采用铁路运输则会带来一定困难。

正确决定开段沟的位置必须以可靠的地质勘探资料为依据，特别要充分了解矿体在地表的出露情况，这是进行地质勘探工作和审核地质资料时所必须注意的。

5.4.2 采用组合台阶分组开采的方法

如前所述，工作帮坡角的大小，对生产剥采比变化有较大的影响。工作帮坡角越大，初期的生产剥采比越小，在采出相同矿石量的情况下所需的剥离量越少，这对于减少基建工程量、降低初期生产成本、早出矿多出矿是有利的。但工作帮坡角不能任意增大，从式（5-6）可知，当工作平盘宽度最小时，台阶单独开采的工作帮坡角达到最大值，此值一般在 15° 左右。如果要超过最大值，则必须相应地改变台阶的开采顺序，改为分组开采。近代大型挖掘机和汽车的使用，为这种开采方式提供了必要的条件。组合台阶分组开采是将若干个相邻的台阶合成一组，每组台阶保留一个较宽的工作平盘，在一组台阶内，采用横向工作面、纵向推进的方式逐层往下开采，每层推进一定宽度的采掘带，上部分层对下部分层保持一定的超前距离。由于一组台阶只有一个较大的平盘宽度，这样它的工作帮坡角可较陡。目前，国外不少露天矿都把这种开采方式作为降低初期生产剥采比的重要措施予以肯定，我国弓长岭铁矿也正在进行试验。实践证明，分组开采对加速矿山建设、强化露天矿生产具有重要的意义。

5.4.3 采用较短的开段沟长度

在生产工艺条件允许的情况下，采用较短的开段沟长度，以后再逐步延长和增加工作线长度，可以减小初期生产剥采比和采矿基建工程量。

　　最小的开段沟长度一般不短于采掘设备要求的采区长度，它因生产工艺的不同而异。采用铁路运输时，用短开段沟开采较难实现。若采用汽车运输，则开段沟可以很短，甚至是无段沟而只挖一个基坑，在爆堆上设临时运输干线，工作线横向布置沿走向推进。这样就能达到减小初期生产剥采比和基建工程量的目的，加快露天矿建设。

5.4.4　露天矿采用分期开采

　　当开采下延较深、储量较大、服务年限长的矿床时，露天矿的最终开采境界往往很大，这时为了减小初期生产剥采比和基建工程量，可采用分期开采的方法。

　　分期开采是指在最终开采境界内的适当地段，确定一个小境界，初期在小境界内生产，以后再分期扩大，从而把大量的岩石推迟到若干年后剥离，减少初期剥岩量，缩短基建时间，使露天矿提前达到设计产量，因此它是大型露天矿减小基建工程量的有效措施。

　　上述措施，在一定条件下，对减小初期生产剥采比和矿山基建工程量都有不同程度的效果，但各种措施也有各自的适用条件。因此，在实际生产和设计工作中，应根据具体情况，决定采取相适应的措施，才能达到预期的目的。

 习　题

5-1　阐述生产剥采比的概念。

5-2　阐述生产剥采比的变化规律。

5-3　阐述生产剥采比的调整方法。

5-4　阐述均衡生产剥采比的确定。

5-5　阐述生产剥采比的均衡方法。

6 露天矿生产能力

露天矿生产能力是矿山企业的主要工作指标之一，它标志着一个矿山的生产规模，其大小通常用矿石年产量和矿岩年采剥总量两个指标来表示。因为每个露天矿的矿床赋存条件、开拓方法和矿山工程发展程序等各不相同，生产剥采比差别很大，生产能力只用矿石年产量表示，不能充分反映露天矿的生产规模，而应同时采用年采剥总量共同表示。

露天矿的矿岩年生产能力和矿石年生产能力之间的关系，可以通过生产剥采比进行换算。矿山的矿石生产能力通常由委托设计部门根据国民经济计划和市场需求的要求事先予以确定，并载明于设计任务书中。设计部门的任务是根据矿山地质条件和开采技术经济条件，对既定的生产能力进行验证，以保证在一定的投资和设备供应的条件下，完成国家所规定的任务。有时上级主管部门不规定矿山的生产能力，而由设计部门根据国民经济发展的需要和矿山的具体条件，权衡利弊，初步确定矿山的生产能力，送交上级主管部门审批下达，作为矿山设计的依据。

露天矿的生产能力是设计和建设露天矿企业的主要依据，是决定一系列重大技术经济问题的基础。例如，矿山的职工人数和投资总额、矿山主要设备的类型和数量、辅助车间和选矿厂的规模、技术构筑物的结构和尺寸、供电和供水设施等等，同时对劳动生产率、产品成本等技术经济指标也具有决定性的影响。因此，在进行矿山设计时，需对设计任务书中规定的矿山生产能力进行技术可能性和经济合理性的验算，若发现规定的生产能力不合理时，则应重新提出技术上可能和经济上合理的矿山生产能力，上报主管部门，经审批下达后，再按合理的矿山生产能力进行设计。

影响露天矿生产能力的因素主要在采矿技术和经济这两个方面。采矿技术方面的因素有同时进行采矿的工作面数、矿山工程发展速度、运输线路的通过能力等。经济方面的因素有露天矿工业储量的保有年限、基建投资、劳动生产率和矿石成本等。

总之，影响露天矿生产能力的因素是多方面的，因此，在确定露天矿生产能力时，应根据国家对矿石的需要、矿山资源情况、开采技术条件和经济合理性等，全面分析加以确定。特别要处理好国家需要与技术可能的矛盾，以及技术可能与经济合理的矛盾，使之能满足国民经济建设计划的要求。

6.1 按可能有的采矿工作面数目确定生产能力

采装工作是露天矿生产的主要环节，现代化露天矿的主要生产设备是挖掘机，同时进行采掘矿石的挖掘机生产能力之和就是露天矿的矿石生产能力。因此，露天矿的生产能力取决于采矿挖掘机的平均生产能力、采矿台阶上可能布置的挖掘机台数和同时采矿的台阶数目。其计算公式为

$$A_P = Q_{WP}N_{WP}m \tag{6-1}$$

式中　A_P——露天矿矿石产量，t/a；

Q_{WP}——采矿挖掘机的平均生产能力，$t/(a \cdot 台)$；

N_{WP}——采矿台阶上可能布置的挖掘机台数，台；

m——同时采矿的台阶数目。

采矿台阶上可能布置的挖掘机台数，取决于一台挖掘机所服务的采区长度和采矿台阶的工作线长度。可按下式计算：

$$N_{WP} = \frac{L_P}{L_0} \tag{6-2}$$

式中　L_P——采矿台阶工作线长度，m；

　　　L_0——采区长度，m。

按式（6-2）计算得出的挖掘机台数再根据采矿工作组织条件及露天矿运输组织条件加以修正。同时采矿的台阶数目，主要取决于矿体的厚度、倾角、工作帮坡面角和工作线推进方向。下面以规则层状急倾斜矿体为例进行计算，如图6-1所示。图6-1（a）表示从下盘向上盘推进，图6-1（b）表示从上盘向下盘推进。

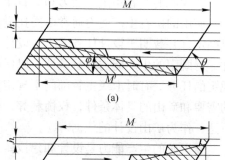

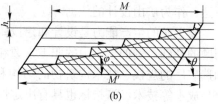

从图6-1中看出，采矿工作帮的水平投影长度为

$$M' = \frac{M}{1 \pm \cot\theta \times \tan\varphi} \tag{6-3}$$

图6-1　同时工作的采矿台阶数目计算示意图

式中　M'——采矿工作帮的水平投影，m；

　　　M——矿体水平厚度，m；

　　　θ——矿体倾角，（°）；

　　　φ——工作帮坡面角，（°）；

"$\pm$"——采矿工程从下盘向上盘推进时取"$+$"，反之取"$-$"。

当工作平盘宽度相同时，可能同时工作的采矿台阶数为

$$m = \frac{M'}{B + h\cot\alpha} \tag{6-4}$$

式中　B——工作平盘宽度，m；

　　　h——台阶高度，m；

　　　α——台阶坡面角，（°）。

将式（6-3）代入式（6-4）中得

$$m = \frac{M}{(1 \pm \cot\theta\tan\varphi)(B + h\cot\alpha)} \tag{6-5}$$

上述计算只适用于比较规则的层状急倾斜矿体。当矿体形状复杂时，一般不可能明确划分出剥离台阶和采矿台阶，许多台阶既采矿又剥岩。在这种情况下，可以用露天矿分层平面图，在图上求出工作线在不同位置时的长度，以此来确定可能布置的挖掘机台数，求算露天矿可能有的矿岩生产能力。为明确起见，可把计算结果列于表格中，见表6-1。

表6-1 按可能有的工作面数目计算生产能力

深度	70	60	50	40	30	15	0	-15	-30	-45	-60	-75	总计工作线长度/m	挖掘机台数	可能有的矿岩生产能力 $/\times10^6\,m^3\cdot a^{-1}$	剥采比 $/m^3\cdot m^{-3}$	可能有的矿石生产能力 $/\times10^6\,m^3\cdot a^{-1}$
30	820/2	1340/2	1680/3	890/2									6300	9	6.0	6.50	0.8
15	950/2	1500/3	2220/3	1310/2	930/2								8430	12	7.6	5.24	1.2
0	820/2	1360/2	1850/3	2020/3	1320/2	1160/2	930/2						9460	16	8.0	1.62	3.0
-15	750/1	1340/2	1450/2	1630/3	1760/3	1850/3	1830/3	930/2					11540	19	9.5	0.70	5.6
-30	510/1	1020/2	1200/2	1240/3	1470/3	1590/3	1750/3	960/2	1040/2				10780	20	10.0	0.60	6.2
-45	500/1	580/1	610/2	860/2	1130/2	1430/3	1510/3	1630/3	1680/3	700/1			10630	19	9.5	0.61	5.9
-60	350/1	470/1	550/1	700/1	810/2	910/2	990/2	1160/2	1300/2	1310/2	1280/2		9830	18	9.0	0.18	7.6
-75			410/1	540/1	650/1	710/1	880/2	980/2	1080/2	1150/2	1350/2	1300/2	7050	15	7.5	0.25	6.0

注：分子表示该工作台阶的工作线长度，分母表示可能布置的挖掘机数。

6.2 按矿山工程延深速度确定生产能力

6.2.1 矿山工程发展速度

矿山工程发展速度是表示露天矿开采强度大小的指标。在露天矿生产过程中，工作线不断向前推进，开采水平不断下降，直至最终开采境界。因此，矿山工程发展速度以工作线的水平推进速度和矿山工程垂直延深速度表示。前者是指工作线单位时间的水平推进量，后者是指露天矿开段沟沟底单位时间的下降量。

台阶工作线推进速度可按下式计算：

$$V = \frac{N_i Q_P}{L_i h} \quad (m/a) \tag{6-6}$$

式中　N_i——某台阶工作的挖掘机数目，台；

　　　Q_P——挖掘机平均生产能力，$m^3/(a\cdot台)$；

　　　L_i——某台阶工作线长度，m；

　　　h——台阶高度，m。

全露天矿工作线推进速度为

$$V_C = \frac{N_{WC} Q_P}{\sum L_i h} \quad (m/a) \tag{6-7}$$

式中　N_{WC}——全矿用于正常采掘的挖掘机总数，台；

$\sum L_i h$ ——全矿各台阶工作线长度与台阶高度乘积之和，即工作帮垂直投影面积，m^2。

由式（6-7）可知，当挖掘机数一定时，工作线推进速度随着挖掘机的平均生产能力的增大而提高，随着台阶数目的增多而降低。若加大工作线推进速度，则需增多一个台阶上的挖掘机数目，提高挖掘机效率，或在一定条件下缩短工作线长度和降低台阶高度。但最根本的措施是采用高效率的采运设备。

矿山工程延深速度是根据新水平的准备时间所完成的阶段高度，折合成每年下降进尺，故又称年下降速度。其计算式为

$$u = \frac{h}{T} \quad (m) \tag{6-8}$$

式中 h——新水平台阶高度，m；

      T——新水平开拓准备时间，a。

对于开采水平和近水平（倾角小于 10°）矿体的露天矿来说，除了基建以外一般不存在降深问题，此时，矿山工程发展速度只表现为工作线推进速度，它对露天矿可能达到的生产能力起主要作用。两者的关系为

$$A_P = V_P L_P M \eta_s \gamma_P \tag{6-9}$$

式中 A_P——露天矿矿石生产能力，t/a；

      V_P——采矿工作线推进速度，m/a；

      L_P——采矿工作线长度，m；

      M——矿体水平厚度，m；

      γ_P——矿石容重，t/m；

      η_s——采矿过程中的回收率，即采出的原矿量与矿石工业储量之比：

$$\eta_s = \frac{\eta'}{1 - \rho}$$

      η'——实际回收率（从工业储量中采出的矿石量与矿石工业储量之比）；

      ρ——贫化率。

对于开采倾斜矿体的露天矿来说，矿山工程发展速度主要表现为矿山工程延深速度。但此时工作线推进速度与延深速度保持一定的制约关系，即矿山工程延深速度不但取决于下部新水平开拓准备时间，而且受上部水平工作线推进速度所限制。现以图6-2说明上述两者的制约关系。矿山工程沿矿体底板延深，当由 D 延深至 Q 时，为了保证以上各台阶有足够的工作平盘宽度，若两个方向均按

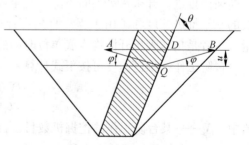

图 6-2   矿山工程延深速度与工作线
推进速度的关系

工作帮坡面角 φ 进行发展，D 点上的工作水平就应分别推进至 A 点和 B 点，因此，矿山工程延深速度和工作线水平推进速度应保持下列关系：

$$u' \leqslant \frac{V}{\cot\varphi \pm \cot\theta} \tag{6-10}$$

式中 u'——矿山工程延深速度，m/a；

　　V——工作线推进速度，m/a；

　　φ——工作帮坡面角，(°)；

　　θ——矿山工程延深角，(°)；

　　±——矿山工程延深方向与工作线推进方向一致为"＋"，反之为"－"。

　　从式（6-8）和式（6-10）可见，矿山工程延深速度同时受水平推进速度和新水平开拓准备时间限制，即

$$\frac{V}{\cot\varphi \pm \cot\theta} \geq u \leq \frac{h}{T} \tag{6-11}$$

　　在露天矿生产过程中，从长期和总体来看，要求 $\dfrac{V}{\cot\varphi \pm \cot\theta}$ 与 $\dfrac{h}{T}$ 值之间要相互适应，但从短期和局部来看，则可以允许某些不适应。当 $\dfrac{V}{\cot\varphi \pm \cot\theta} > \dfrac{h}{T}$ 时，意味着工作线推进速度较快，新水平开拓准备速度较慢，故工作平盘不断加宽。反之，新水平开拓准备速度较快，工作线推进速度较迟缓，故工作平盘逐渐缩小。前者是扩大生产储备或超前剥离过程，后者是压缩剥离增加产量过程。经常调节平盘宽度，是属于矿山工程发展的正常现象。但若工作平盘长期不断加宽，使超前剥离增加到不适当的数量，或反之，剥离过分落后，使工作平盘压缩到小于正常的工作平盘宽度，都会破坏矿山工程发展规律，造成采剥失调，对生产是非常不利的。因此，应采取积极平衡的措施，加强薄弱环节，以适应提高矿山工程发展速度和露天矿生产能力的要求。

6.2.2　矿山工程延深速度的确定

　　对于倾斜和急倾斜矿床而言，矿山工程延深速度对露天矿可能达到的生产能力起主要作用，其大小主要取决于新水平开拓准备时间。

　　新水平开拓准备时间，是指矿山工程延深一个水平所需要的时间。它包括上部相邻水平一定的扩帮时间和新水平的出入沟和开段沟的掘进时间。把完成上述工程而延深的台阶高度及其所需要的时间，按式（6-8）折合成每年垂直下降的米数，即为矿山工程延深速度。

　　在露天矿设计中，新水平开拓准备时间可用下列方法确定。

6.2.2.1　用几何计算新水平准备工程量的方法确定

　　新水平准备工程量包括向新水平开掘出入沟和开段沟，以及为了使新水平能够掘沟，其上部相邻水平所需完成一定扩帮量。考虑到上水平的扩帮与上水平的开段沟掘进，以及与新水平的掘沟，都能在时间上有部分重合。因此，新水平开拓准备时间可用下式计算：

$$T = KT_1 + T_2 \quad （月） \tag{6-12}$$

式中　T_1——为保证新水平掘沟，上水平所需的扩帮时间，月；

　　　　T_2——新水平掘进出入沟及开段沟时间，月；

　　　　K——考虑到 T_1 和 T_2 有可能部分重合的系数，根据实际经验选取，一般 $K = 0.5 \sim 0.7$。

　　上水平的扩帮时间 T_1 取决于所需的扩帮工程量和扩帮挖掘机生产能力。可按图6-3近似地计算为

$$T_1 = \frac{12V_1}{m_1 Q} = \frac{12[B + b + h(\cot\alpha + \cot\beta)]hL}{m_1 Q} \tag{6-13}$$

式中　　B——工作平盘宽度，m；

　　　　b——非工作帮上的平台宽度，m；

　　α，β——开段沟两个侧帮的坡角，(°)；

　　　　L——台阶工作线长度，m；

　　　m_1——扩帮挖掘机台数，台；

　　　　Q——扩帮挖掘机的生产能力，m³/(a·台)；

　　　V_1——准备新水平时，上水平所需的扩帮量，m³。

应当指出，B 值的大小除应大于最小工作平盘宽度以外，还应该使新水平掘开段沟后，保证上水平能形成环形运输线而不使运输中断。只有这样，按式（6-13）计算所得 T_1 值才具有实际的意义。

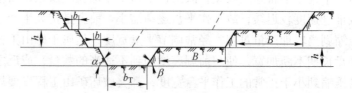

图 6-3　新水平准备工程量计算示意图

新水平掘沟时间 T_2 取决于掘沟工程量和掘沟方法，其计算公式为

$$T_2 = \frac{12V_2}{CQ} \quad （月） \tag{6-14}$$

式中　　V_2——掘沟工程量，m³；

　　　　Q——挖掘机扩帮作业时的生产能力，m³/(a·台)；

　　　　C——掘沟时挖掘机生产能力降低系数。

上述确定新水平开拓准备时间的方法，计算简单，使用方便，但所得结果较为粗略，不能反映新水平准备工作的真实情况。因此，在露天矿设计的实际工作中，主要还是采用下述两种方法确定新水平开拓准备时间。

6.2.2.2　用编制新水平开拓准备工程进度计划的方法确定

编制新水平开拓准备工程进度计划，就是根据矿山所采用的开拓方法，确定新水平准备工程内容，在满足矿山正常生产的条件下，合理安排各工程的施工程序并用图表表示出来，从而得出准备一个新水平的周期时间。

在编制新水平开拓准备工程进度计划前，需准备的资料是：阶段水平分层地质平面图，露天采场开采终了平面图，各阶段的矿岩量表，采用的开拓运输方式、工作线推进方向和采掘要素、斜沟和开段沟的掘进速度等。

下面以汽车运输的矿山为例，说明通过编制新水平准备工程进度计划来确定新水平开拓准备时间的方法。

本例矿山的技术条件为：线路坡度 80‰，台阶高度 12m，使用 4m³ 电铲和 10t 自卸汽车装运。根据新水平开拓准备工程发展程序（见图6-4），将各项新水平准备工程量计算出来，然后根据掘沟和扩帮速度把完成每项工程所需要的时间计算出来，依此即可编制出新水平准备工程进度计划，见表6-2。

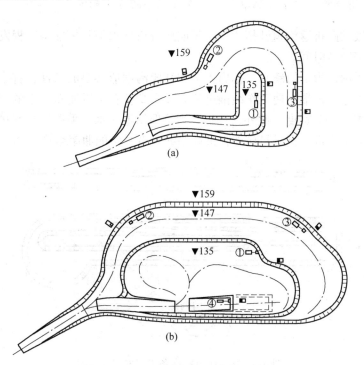

图6-4 新水平开拓准备工程的状态图

(a) 在第1.5个月时的状态；(b) 在第11.5个月时的状态

表6-2 汽车运输新水平开拓准备工程进度计划表

工程项目	规格/m		工程量	进度指标		完成时间/月	电铲号	工程进度/月															
	长	宽	/×10⁴m³	×10⁴m³/月	m/月			1	2	3	4	5	6	7	8	9	10	11	12	13	14	15	16
135 水平																							
斜沟	150	20	—	—	300	0.5	1																
平沟	30	20	—	—	150	0.2	1																
横沟	80	30	—	—	100	0.8	1																
右部扩帮	—	—	10.1	8	—	2.1	1																
左部扩帮	—	—	44.2	4.8	—	7.7①	1																
123 水平																							
斜沟	150	20	—	—	300	0.5	4																
平沟	30	20	—	—	150	0.2	4																
横沟	80	30	—	—	100	0.8	4																
左部扩帮																							

①数值为1号电铲在11.3个月以前的工作量。

由表 6-2 和图 6-4 可知, 新水平准备工程完成一个循环所需的时间为 11.3 个月, 因此, 矿山工程延深速度为 12.7m/a。

6.2.2.3　用分析新水平开拓准备工程发展程序的方法确定

下面以斜坡铁路折返沟道开拓为例, 说明用分析新水平开拓准备工程发展程序的方法确定新水平开拓准备时间。

如图 6-5 所示, 为了给新水平掘出入沟和开段沟创造必要的条件, 首先将上一水平的开段沟 $DABC$ 段进行扩帮, 使工作线推进到 $D'A'B'C'$ 位置, 以便新水平的掘沟工程完成后仍能保持最小工作平盘宽度。此外, 在端部为了保持上一水平采掘线与开拓干线的联络通路, $C'B'$ 段应大量推进, 掘进量应能保证联络线具有一定的曲率半径。

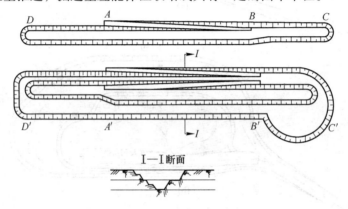

图 6-5　新水平开拓准备工程发展程序图

新水平开拓准备工程发展程序应与要求的矿山工程延深速度相适应。延深要求快, 则新水平开拓准备时间应安排得紧凑些, 投入设备多一些, 扩帮与掘沟尽可能地实行平行作业。否则, 投入的设备不宜过多, 使每台设备有较长的工作线和较好的工作条件。

下面研究上例条件下, 延深速度最快时的新水平开拓准备工程发展程序。

首先确定新水平开拓准备的扩帮、掘沟工程量, 并按式 (6-13) 和式 (6-14) 计算完成该工程量所需的时间, 本例取 $Q = 60 \times 10^4 \text{m}^3/\text{a}$, $C = 0.7$。将计算结果列于表 6-3 中。

表 6-3　新水平准备工程计算表

阶　段	工　程　项　目	工程地段	工程量/m³	所需时间/月
上一水平	出入沟	AB 段	81000	2.32
	开段沟	BC 段	86200	2.46
		BA 段	1124000	3.2
		AD 段	86200	2.46
	扩帮	CB 段	430000	8.6
		BD 段	540000	5.4 (两台电铲同时工作)
新水平	出入沟	BA 段	81000	2.32
	开段沟	AD 段	83200	2.38
		AB 段	112400	3.2
		BC 段	83200	2.38

根据表6-3计算的数值,绘制 $L=f(T)$ 图(见图6-6),以此表示新水平开拓准备工程发展程序的空时关系。图中纵坐标表示工程所在的走向(即开段沟的走向)长度及位置,横坐标表示时间。

如图6-6所示,上水平的 AB 段出入沟和 BC 段开段沟由1号挖掘机完成。当挖成 AB 段出入沟和 BC 段开段沟后,回程掘进 BA 段和 AD 段开段沟。

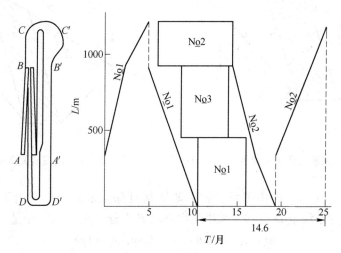

图6-6 新水平开拓准备工程发展程序空时关系 $L=f(T)$ 图

为了缩短新水平开拓准备时间,应尽量使扩帮工程与掘沟工程平行进行。CB 段由于设环线,长度虽只有300m,但扩帮量很大,是影响新水平开拓准备时间的重点地段,为此应尽早进行扩帮。当1号挖掘机掘完 BA 段开段沟200m长度时,立即投入2号挖掘机开始 BC 段扩帮工程,这时1号挖掘机掘沟工作面已距扩帮区段200m,基本上保证了掘沟与扩帮工程互不干扰。当2号挖掘机掘沟工作面距 D 端250m处,再投入3号挖掘机进行扩帮,工作线长度450m。1号挖掘机将开段沟掘完后也投入扩帮,工作线长度450m。当2号挖掘机完成扩帮任务后,又投入新水平掘沟工作,直至将新水平的出入沟和开段沟掘完为止。

自上一水平开段沟掘完,到新水平开段沟掘完的一段时间,为新水平开拓准备时间,本例为14.6个月。由此可求出按新水平开拓准备时间所确定的矿山工程年下降速度。

6.2.3 按矿山工程延深速度确定生产能力的方法

对于开采倾斜和急倾斜矿体的露天矿,其矿石生产能力与采矿工程延深速度直接相关。计算公式为

$$A_{\mathrm{P}} = \frac{u_{\mathrm{P}}}{h} p_{\mathrm{c}} \times \frac{\eta'}{1-\rho} \quad (\mathrm{t/a}) \tag{6-15}$$

式中　u_{P}——采矿工程延深速度,m/a;

　　　h——台阶高度,m;

　　　p_{c}——所选用的有代表性的水平分层矿量,t;

　　　η'——矿石的实际回收率;

p——矿石贫化率。

采矿工程延深速度与矿山工程延深速度的含义不同，它是指露天矿场境界内被开采矿体的水平面每年垂直下降米数，但其数值却取决于矿山工程延深速度的大小。现以一规则矿体为例（见图6-7），说明两者的几何关系。

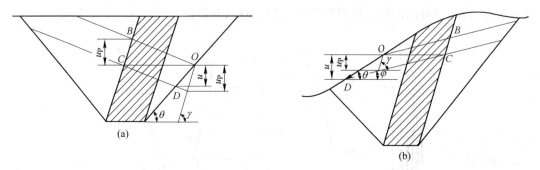

图6-7　采矿工程延深速度（u_P）与矿山工程延深速度（u）的发展关系示意图

如图6-7（a）所示，矿山工程沿露天矿底帮延深，采矿工作线由下盘向上盘推进，当矿山工程由 O 点延深至 D 点时，采矿工程则由 B 点延深至 C 点。于是

$$u(\cot\varphi + \cot\theta) = u_P(\cot\varphi + \cot\gamma)$$

同理，若改变矿山工程延深方向和采矿工作线推进方向［见图6-7（b）］，则

$$u(\cot\varphi - \cot\theta) = u_P(\cot\varphi - \cot\gamma)$$

因此，采矿工程延深速度与矿山工程延深速度的关系式为

$$u_P = u\,\frac{\cot\varphi \pm \cot\theta}{\cot\varphi \pm \cot\gamma} \tag{6-16}$$

式中　φ ——工作帮坡面角，（°）；

　　　θ ——矿山工程延深角，（°）；

　　　γ ——矿体倾角，（°）；

　　　$\pm$——分子中，矿山工程延深方向与采矿工作线推进方向一致时为"＋"，反之为"－"；分母中，采矿工作线推进方向与矿体倾斜方向一致时为"＋"，反之为"－"。

分析式（6-16）可知，在不同的开采条件下，u_P 与 u 间的变换关系为：

（1）当用底帮固定坑线开拓缓矿体（底帮不用剥岩扩帮）或沿矿体与围岩接触带用移动坑线开拓时，$\theta = \gamma$，则 $u_P = u$。

（2）当露天矿沿顶帮或底帮用固定坑线开拓倾斜或急倾斜矿体时［见图6-7（a）］，$\theta < \gamma$，则 $u_P < u$。而且 u_P 与 u 的差值前者比后者大。

（3）当开采矿体与地面倾向相同的山坡露天矿时［见图6-7（b）］，如果 $\theta > \gamma$，则 $u_P > u$。

（4）当开采矿体与地面倾向相反的山坡露天矿时，$u_P > u$。

由此可知，采矿工程延深速度与矿山工程延深速度二者是不等同的。从理论上讲，用采矿工程延深速度确定露天矿生产能力较接近于实际，但由于使用中存在着种种问题，金属矿山设计中很少使用，而通常采用矿山工程延深速度近似地确定矿山生产能力。因此，

式（6-15）可换成

$$A_P = \frac{u}{h} p_c \times \frac{\eta'}{1 - \rho} \quad (t/a) \tag{6-17}$$

按矿山工程延深速度确定生产能力时，应首先确定各工作水平的年下降速度，因为对于同一矿体，不同的开采区段下降速度也不一样。开采山坡部分时，下降速度较快，而开采深凹部分时，由于受掘沟、排水和运输条件的影响，则下降速度较慢。但是，对于矿体几何形状沿倾斜变化不大的露天矿，为了确定露天矿理论生产能力的近似值，不必求出全部工作水平的延深速度，只要计算几组特征值就够了。第一组应选择在露天矿封闭圈以上，估计出露天采矿工作可以正常展开的最上几个水平，分别求出其延深速度。第二组特征值应选择在露天矿封闭圈附近。第三组特征值应按接近露天矿底部的几个水平进行计算。至此，露天矿在地表以上工作时期的平均下降速度可按前两组特征值估计。而在封闭圈以下工作时期的下降速度，可按后两组特征值估计。

矿山工程延深速度，可按上述确定新水平开拓准备时间的方法进行计算。若只作简单地验证生产能力之用时，也可根据当前我国金属露天矿装备水平和开采技术条件，按表6-4所列数据选取。

表 6-4　矿山工程延深速度参考值

开 拓 方 式		开 采 区 段	推荐的延深速度/m·a^{-1}
斜坡铁路	固定坑线	山坡露天	8 ~ 10
		深凹露天	6 ~ 8
	移动坑线	山坡露天	—
		深凹露天	6 ~ 8
斜坡公路		山坡露天	12 ~ 16
		深凹露天	10 ~ 12

确定矿山工程延深速度后，即可在分层平面图上，用求积仪量出所选用的有代表性的水平分层矿量，并换算成矿石的吨数。随后按式（6-17）计算露天矿可能达到的生产能力。

应当指出，上述确定出的露天矿生产能力只是理论的，而实际的生产能力，还必须经过编制采掘进度计划之后才能最终确定。

6.2.4　提高矿山工程延深速度的措施

矿山工程延深速度，是确定露天矿生产能力的主要技术指标。提高矿山工程延深速度，对增加露天矿矿石产量具有重大的意义。矿山工程延深速度的提高，关键在于缩短新水平开拓准备时间。从上述新水平开拓准备工程发展程序安排的实例表明，缩短新水平开拓准备时间的一般措施如下。

6.2.4.1　提高设备的生产能力

设备生产能力是体现生产各个环节的综合指标，因此，要提高设备的生产能力，必须对生产中各个环节采取措施。例如，在新水平开拓准备工程中，用牙轮钻穿孔、采用多排孔微差挤压爆破、配备高效率的挖掘机、用汽车运输等。另外，在组织上组成综合作业队，实行统一领导；在设备、材料供应和人员安排上也应有切实可靠的保证。

6.2.4.2　增加扩帮与掘沟的平行作业时间

缩短采区长度可以增加扩帮与掘沟的平行作业时间，但采用铁路运输时受限制较大，而汽车运输可大大缩小采区长度，能更多地进行平行作业，以缩短新水平开拓准备时间。

此外，在一定条件下也可以改变开掘出入沟和开段沟的时间顺序，增加各项工程的平行作业时间。例如，大孤山铁矿在准备 +6m 水平时，利用上装铲首先挖掘开段沟，在挖开段沟的同时平行开掘出入沟。由于掘出入沟与开段沟同时进行，从而缩短了三个月的掘沟时间，加快了新水平的开拓和准备。

6.2.4.3　安排好新水平开拓准备工程，确保重点工程地段的掘进

安排好新水平开拓准备工程发展程序、确保重点工程地段的掘进是保证新水平开拓准备工程顺利进行和缩短掘沟扩帮时间的中心环节。但只有掌握不同的生产工艺、开拓运输系统和矿山工程发展程序具有的特点，才能作好安排，抓住重点。例如，掘沟与扩帮作业地点的距离，铁路运输比汽车运输要求长得多，铁路运输平装车与上装车也不相同，铁路运输平装车时，为了在沟底设入换站和确保入换条件，视列车长度的不同需保持 200 ~ 400m 以上的距离。

新水平开拓准备工程的重点地段还随矿山工程发展程序和开拓运输系统的不同而异。折返沟开拓运输系统，其端部联络环线部分为重要工程地段，移动坑线开拓系统，两侧推进量不同时，推进量大的一侧为重点工程地段。

在调动采掘运输施工力量确保重点工程地段的掘进时，汽车运输比铁路运输灵活，而斜坡卷扬分段提升灵活性最差。在后者的条件下，为了确保新水平开拓准备工程的顺利进行，往往设置专门服务卷扬设备。

6.2.4.4　处理好上部水平的扩帮与新水平开拓准备工程发展的关系

上部水平的采剥工作的发展，不应限制和阻碍下部新水平开拓准备工程的进行。通常应从保证新水平开拓准备工程顺利持续发展的角度来安排上部水平采剥工作的发展，减小最下部水平的采掘带宽度和爆堆宽度，以缩小工作平盘宽度，就可减少扩帮工程量和缩短新水平开拓准备时间。

总之，结合生产工艺、矿山工程发展程序和开拓运输系统等具体条件，安排好切实可行的新水平开拓准备工程发展程序，采取有效的组织措施，增加平行作业时间，提高设备生产能力，就能够加速新水平的准备，达到提高矿山工程延深速度的目的。

6.3　按经济合理条件验证生产能力

前面对按矿山技术条件确定露天矿生产能力的方法进行了研究，用上述方法所求得的是技术上可能达到的最大生产能力。该生产能力虽然在技术上是可行的，但在经济上不一定是合理的。例如，露天矿的工业储量一定时，以最大的生产能力开采时，其基建费用可能过大，导致不符合国家规定的要求。以最大生产能力开采时，可能很快把矿体采完，而使大型机械设备和矿山的建筑物、构筑物不能得到充分利用。因此，在确定露天矿生产能

力时，除了开采技术因素外，还必须考虑经济影响因素。

关于露天矿经济合理性的论证，无论在理论上还是在方法上，都应该足够的重视。

在一般情况下，露天矿的工业储量一定时，随着生产能力增大，矿石的生产成本下降，而基建投资增加。

用经济合理服务年限确定生产能力，其实质就是在该年限内露天矿生产用的固定资产全部磨损，价值全部摊销在产品成本中回收。

根据我国的矿床资源条件、开采技术条件和经济状况等因素，规定我国冶金露天矿山规模的划分和经济合理服务年限，见表6-5。

表 6-5　冶金露天矿山规模及服务年限的划分

矿山类型		矿石产量		服务年限/a
		年产量/×10⁴t	日产量/t	
大型		>100	>3000	>30
中型	黑色矿山	30~100		15~20
	有色矿山	20~100	600~3000	15~20
小型	黑色矿山	<30		10 左右
	有色矿山	<20	<600	10 左右

按经济合理服务年限验证生产能力时，计算公式为

$$T_{\mathrm{g}} = \frac{p\eta'}{A_{\mathrm{P}}(1 - \rho)} \tag{6-18}$$

式中　T_{g}——露天矿的计算服务年限，年；

　　A_{P}——露天矿的矿石生产能力，t/a；

　　p——露天矿境界内矿石工业储量，t；

　　η'——矿石的实际回收率；

　　ρ——矿石贫化率。

在校验露天矿生产能力时，根据已知的年产量按式（6-18）求得的计算服务年限，如符合规定的经济合理服务年限，则说明该年产量在经济上是合理的。反之，是不合理的。

露天矿的计算服务年限，是按设计年产量求出的矿山存在年限，而矿山实际存在的总年限大于计算服务年限。因为在矿山投入生产后，需有一段时间才能达到设计产量。另外在矿山结尾期间，年产量是逐渐下降的，所以，矿山的总服务年限为

$$T_{\mathrm{c}} = T_0 + T_{\mathrm{z}} + T_{\mathrm{m}} \tag{6-19}$$

式中　T_{c}——矿山从投产到达产的时间，年；

　　T_{z}——矿山按设计产量正常生产的时间，年；

　　T_{m}——矿山结尾时间，年。

矿山计算服务年限为

$$T_{\mathrm{g}} = T_{\mathrm{z}} + \frac{1}{2}(T_0 + T_{\mathrm{m}}) \tag{6-20}$$

在一般情况下，矿山按设计产量生产的时间不应少于总的服务年限的 2/3。从投产到达产时间，大型矿山不应大于 3~5 年，中、小型矿山不应大于 1~3 年。

　　影响露天矿服务年限的因素很多，例如，矿床的赋存条件（赋存要素、矿体形状、涌水情况等）、矿石品位的高低、国家及市场对矿石的需求情况等。但上述方法没有考虑这些因素。例如，有甲、乙两个矿床，露天矿境界内的工业储量相等，按规定的服务年限考虑时，两个露天矿的生产能力应当相同。但是可能在开采甲矿床时，生产剥采比超过乙矿床，这就提高了甲露天矿的产品成本。很明显乙露天矿要比甲露天矿节省大量的生产费用。因此，缩短乙露天矿的生产年限，加大它的生产能力，在经济上是合理的。这样能改善两个露天矿的技术经济指标。

　　考虑到影响露天矿服务年限的其他因素，如具备以下条件：国家及市场急需的资源，开采条件好的富矿、小富矿，附近有远景储量大以及地下水大的露天矿，表 6-5 中所列服务年限可适当缩短。此外，若矿区有几个矿山时，单个矿山的服务年限也可缩短。

　　一般认为，由于露天矿可移设的设备和器材的投资占总投资的比例较大，增大矿石生产能力使提早结束所带来的损失比地下开采的矿山少。因此，按较大的矿石生产能力生产，在经济上是合理的。新建的露天矿通常可以按照最大的矿山工程发展速度可能达到的生产能力进行规划，而以经济合理服务年限加以验证。

　　但应指出，矿山的生产往往是与加工厂、冶炼厂和发电厂等联系在一起的，如果附近资源有限，无接续矿山，那么，随着露天矿的提早结束，将导致相关的加工厂、冶炼厂和发电厂提前报废拆迁。不然，就得从远地运输矿石，这将给提高露天矿生产能力带来经济上不利的一面，这时，对露天矿的生产能力应全面而慎重地研究确定。一般应使露天矿的服务年限不短于有关工厂设备和主要设施的折旧年限。

6.4　露天矿生产能力的调整与提高

　　露天矿的生产能力取决于市场的需要、技术的可能和经济上的合理性。但是，需要与可能之间适应是相对的，不适应是绝对的。因此，要求在全面规划、合理布局的条件下，不断调整和提高露天矿的生产能力，保障生产的可持续发展，以满足国民经济不断发展的需要。

　　露天矿的生产能力，是通过工作平盘宽度和矿山工程延深速度的变化进行调整的。矿山工程延深速度增大，意味着露天矿工作帮切割的矿石量增多，从而使矿石产量有可能迅速提高。因此，加快新水平准备是提高露天矿生产能力的必要条件。然而，矿山工程延深速度应与工作线推进速度相适应，两者的关系主要表现在工作平盘宽度上。当工作线推进速度超过矿山工程延深速度所需要的推进速度时，工作平盘宽度不断加宽。反之，工作平盘宽度不断缩小。

　　工作平盘宽度一般不小于最小工作平盘宽度，以保证采运设备的正常工作条件。如果增加产量的幅度和持续的时间过长而与露天矿的生产潜力不适应时，将使工作平盘宽度小于最小工作平盘宽度，造成露天矿生产储备欠量的局面，这就需要通过提高设备效率、增加设备数量或在一定时期内减少产量来加以调整。

　　既然增加产量是通过压缩工作平盘宽度实现的，那么增产的幅度和持续时间的长短就取决于工作平盘的宽度，取决于日常生产潜力的积累和储备的程度。露天矿能否在较短的时间内，利用这些潜力增加生产还与加宽的工作平盘所在的位置有关。在生产中往往出现工作平盘上部水平宽、下部水平窄的现象，甚至出现剥离上超下欠的被动局面。因此，必须合理安排矿山工程发展程序，并在生产中严格执行定点采掘的措施，即不仅要求在数量上完成计划剥采量，而且必须完成规定地段的剥采量，以保证实现预定的矿山工程发展程序，为持续生产和增产创造良好的条件。

为了在露天矿新水平开拓准备工程发生预期和未预期停顿时，仍能保障露天矿的持续生产，露天矿应具备一定的储备矿量，这是实现"采剥并举、剥离先行"方针的重要保证。储备矿量，是指已完成一定的开拓准备工程，能提供近期生产需要的储量。储备矿量随着生产的进行不断减少，又随着开拓准备工程的进行而不断得到补充，使储备矿量保持一定的数量，是保证露天矿持续生产的必要条件。

我国冶金露天矿储备矿量的划分标准按三级划分，如图 6-8 所示。

开拓储量是指已经完成了开拓工程的阶段标高以上的矿量。开采这部分矿量的主要运输枢纽工程已形成，并已具备了进行采矿准备工作的条件。如深凹露天矿已完成了出入沟，用斜坡卷扬开拓的矿山，已完成卷扬机道的延深工程，并形成了完整的运输系统。

采准储量是指已经完成了采矿

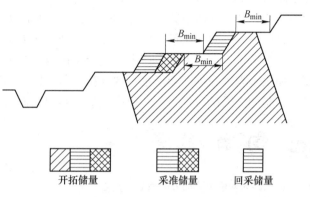

图 6-8　露天矿储备矿量划分图

准备工作的那部分矿量，它是开拓矿量的一部分。所谓完成了采矿准备工作，是指已掘完了开段沟和完成了相应的剥离工作。故采准储量就是指停止上部剥离工作仍能正常采出的那部分矿量。采完时应保留最小工作平盘宽度。当采剥开采境界时，只允许保留必要的运输平台或安全平台宽度。

回采储量是采准储量的一部分，它是指在台阶上矿体的上面和侧面已被揭露出来，相邻的上部台阶停止工作，保留最小工作平盘宽度就能采出的那部分矿量。

由上述可知，储备矿量是随开采时间而变化的量。随着开段沟和剥离工程的发展，开拓储量逐步转化为采准储量。随着采矿工程的进行，采准储量又逐步转化为回采矿量。储备矿量在新水平的开拓准备周期内，由开拓准备工程即将结束前的最小值，跳跃式地增加到开拓准备工程完成时的最大值。由最大值到最小值是逐渐减少的。

储备矿量的大小可以衡量露天矿生产准备进行的程度及剥离工程和采矿工程之间的关系。为了保障露天矿的持续生产，应保持一定数量的储备矿量，保有时间以年或月（即储量除以正常的矿石生产能力）来表示。冶金露天矿规定的储量矿量保有时间见表 6-6。

表 6-6　三级储量保有期限

文件名称	开拓储量	采准储量	回采储量
地质测量工作条例	大型 5 年 中、小型 3 年	大、中型大于 6 个月	大、中型大于 3 个月

文件名称	开拓储量	采准储量	回采储量
冶金矿山基本建设采矿工程 交工和验收的规定	有色 1 年 黑色 2 年	— 黑色 1 年	有色 3~6 个月 黑色 6 个月
有色设计若干原则规定	1 年左右	—	6 个月左右

应该指出，储备矿量的保有时间，由于矿床的赋存条件和矿山工程发展程序的不同，变化范围很大，对保有时间不宜作硬性统一规定，而应根据矿床的具体条件，从实际出发加以确定。这样才能保证露天矿的持续生产，否则就失去控制的意义。根据不同的矿山，开拓储量分别规定为 3~5 年，回采储量分别规定为 4~10 个月。个别矿山因满足质量中和的需要，规定的回采储量高达 18 个月，并规定每季度检查一次。这样根据具体情况因地制宜地规定不同的储量指标，可靠地保证了露天矿生产的正常进行。

综上所述，在露天矿生产中，充分发挥设备的生产效率，按照合理的矿山工程发展程序，加快采剥工程进度和新水平的开拓准备，以增加工作平盘宽度和储备矿量，积累生产潜力，是使露天矿实现高产、稳产和进一步提高矿石产量的根本保证。

习　题

6-1　阐述露天采矿生产能力的概念。

6-2　阐述露天采矿生产能力的验证方法。

6-3　阐述露天采矿生产能力的调整方式。

6-4　阐述提高露天矿生产能力的方法。

6-5　阐述露天矿三级矿量的意义。

7 露天矿采掘计划

7.1 采掘计划基础

任何企业的生产建设，都必须遵循国民经济发展和市场需要的总方针，做到有计划按比例地进行。矿山企业的生产也不能例外，它必须按计划完成各项产品指标，以满足社会主义经济建设的需要。

露天矿生产的特点是：生产对象及工作条件经常变化，矿石的质量、品位、剥采比等波动较大，作业地点分散并经常移动；生产环节多；而且采掘工作又需要自身准备，具有从准备到生产又从生产到新的准备的循环运动规律。因此，制定相当周密的生产计划，其目的就是要把露天矿各生产工艺环节有机地组织起来，保持采剥工作的积极平衡，实现人力、物力、财力的合理部署和使用，以保证矿山持续地均衡生产。

采掘计划是露天矿生产计划中重要计划之一，是指导矿山均衡生产的重要依据，若不按采掘计划进行生产，就会使露天矿产量、质量指标不能完成。因此，根据露天矿的具体情况编制的采掘计划越是完善，对指导矿山均衡生产的价值就越大。而采掘计划编制的精确程度，又常取决于地质资料的准确性。露天矿采掘计划可分为设计中按年编制的露天矿采掘进度计划和生产矿山编制的年度、季度及月的采掘计划。

7.1.1 设计中按年编制的露天矿采掘进度计划

露天矿采掘进度计划通常是以图表的形式来表示的，是设计决定的具体化。它反映矿山工程发展的时间、空间和采剥量三者应遵守的关系。具体地表示了任何一个时间和空间矿山工程发展的状况，包括工作线长度、工作平盘宽度、斜沟及段沟的掘进、上下水平的超前关系、保有的储备矿量、工作面线路和采装运输设备的配置等。

露天矿采掘进度计划是以年为单位编制的，任务是在全面系统考虑露天矿各生产工艺环节配合的基础上，把初步确定的矿山生产能力和生产剥采比予以验证并最终确定下来，从而可以比较准确地确定露天矿的基建时间、基建工程量、投入生产的时间、达到生产能力的期限、设计的年生产能力以及矿山采剥总量，并按此计划计算各个时期所需要的设备、人员和材料及其他矿山设施等。

7.1.2 生产矿山编制的年度、季度及月的采掘计划

生产矿山的采掘计划是露天矿生产计划的核心，它是编制其他计划的基础。根据计划时间的长短，可分为：

（1）年度采掘计划主要是以当年国家下达的产品产量、质量及技术定额等指标为编制依据，并根据技术设计中的采掘进度计划要求来安排该年度的采掘工作。

（2）季度采掘计划根据国家批准的年度采掘计划而编制，是年度计划的具体化。

（3）月采掘计划根据每月的生产具体情况，安排具体措施，以保证季度和年度计划的完成。

此外，生产矿山有时还根据需要，定期编制比较概略的五年或五年以上的长远计划，它是技术设计的补充和具体化，可以促进矿山均衡和超额完成生产任务，合理平衡人员、设备和材料的需要量。

本章主要讨论露天矿采掘进度计划和年度采掘计划的编制。在此之前，先介绍矿山工作制度和基建工程量的确定。

7.1.3　矿山工作制度

矿山工作制度确定的合理与否，直接关系到矿山能否合理使用劳动力、充分发挥设备潜力以及使各工艺环节的密切配合，从而影响矿山可能达到的生产能力。它是编制露天矿采掘计划的重要依据之一。

设计中要确定的工作制度主要包括矿山的年工作制、班工作制、主要生产作业和设备的工作制。

（1）矿山的年工作制度。矿山可按两种工作制度进行生产，一种是连续工作制，另一种是间歇工作制。前者是矿山生产不间断，人员轮休。后者是星期日休息或间周休息，全部停产。

根据矿山采用的年工作制度，即可确定矿山年工作日数。在确定年工作日数时，应考虑气候条件和主要机械设备（如破碎机）检修而使全矿停产的影响。

（2）矿山的班工作制度。目前，设计和生产的大、中型露天矿大都采用三班 8 小时工作制。某些大型矿山个别作业（如装运）则采用 12 小时为一班的两班工作制。只有在矿山产量很小，不考虑照明设备的情况下，才采用一班 8 小时工作制。在多雨、严寒或炎热地区，可适当减少工作班数和每班工作小时数。

（3）主要生产作业和设备的工作制。一般来说，设计中主要生产设备的工作制度均与矿山的年工作制、班工作制相同。但对于大型机械化开采的矿山，在计算设备的年工作日时，应扣除因设备本身检修而停工的时间，因为设备不可能全年连续运转，其作业天数必然要少于矿山全年工作日数。

每台钻机的年检修时间为 20～25 天，故采用连续工作制时，全年工作日数为 310～320 天，采用间歇工作制时，全年工作日数为 284～290 天。

每台挖掘机的年检修时间为 30～40 天，故采用连续工作制时，全年工作日数为 300～310 天；采用间歇工作制时，全年工作日数为 265～275 天。

对于中、小型露天矿的凿岩、装矿、运输设备，在设计中一般都给予一定数量的备用，当设备检修时，可以备用设备代替作业。因此，设计时对这些设备的全年工作日数，可按全矿的工作制计算。

在设计中正确确定矿山工作制度十分重要。合理的工作制度一般应满足下列要求：

（1）保证矿山正常的持续生产和各生产工序之间的合理配合与衔接；

（2）充分利用生产设备和有利于设备的维护检修工作；

（3）有利于提高矿山生产能力和劳动生产率，节约资金，降低生产成本；

（4）组织管理工作简便，生产安全。

根据我国目前情况，大多数露天矿采用连续工作制，而间歇工作制采用较少，因为间歇工作制由于设备有时停工，使设备不能得到充分利用。同一矿山，开采规模不变时，采用连续工作制比间歇工作制，可以节省设备数量，从而节约基建投资。另外，在生产方面可以提高采掘运输设备的年生产能力。

7.1.4 基建工程量的确定

露天矿从开始建设到结束整个存在期限，可分为四个时期。

（1）露天矿建设时期：即由露天矿的准备工作开始，到露天矿投入生产这一段时间。

（2）达到设计生产能力时期：即露天矿投入生产后到达设计生产能力这一段时间。

（3）正常生产时期：即露天矿按设计生产能力进行正常生产时期，这段时间最长。

（4）露天矿结束时期：在这段时期内，露天矿的生产能力由于工作线长度缩小而逐渐下降，直到最后结束露天矿场的开采工作。

露天矿的建设时期，是建成并保证以后矿山能正常持续生产的时期，在这个时期内由基建投资完成的工程量叫做基建工程量。在矿山建设费用总额中，采矿基建工程费用占很大比例，一般为20%～40%，有些矿山还要更大一些。基建工程量定得太多，增加初期的基建投资，积压资金，拖延投产时间，反之，则造成生产被动，长期达不到设计规模。因此，正确确定采矿基建工程量具有重大意义。

7.1.4.1 采矿基建工程项目

采矿基建工程项目一般包括以下内容：

（1）露天矿达到设计规模以前（具备相应的储备矿量）所需完成的全部开拓及排水工程。主要包括运输线路、卷扬机道（包括甩车道）、溜井、溜槽、平硐、井筒以及排水疏干的井巷工程和排水沟等。

（2）投产以前掘进的开段沟和采矿剥离工程。

7.1.4.2 露天矿投产的条件

采矿基建工程量的确定是以矿山投产为界的，在矿山投产时，一般必须具备下列条件：

（1）正常生产所需要的外部运输、供电及供水等工程均应建成完整的系统。

（2）破碎厂、选矿厂、压气、通风、卷扬机房、机修等设施均应全部或部分建成满足生产需要的规模。

（3）矿山的内部已建成完整的矿石和废石运输系统。

（4）投产时必须保证矿石产量指标达到规定的标准，并在经济上要有所积累。表7-1所示为黑色金属露天矿投产时年产量应达到的指标。

（5）投产后产量有增长的可能，投产时应保有与当时规模相适应的储备矿量，且必须达到规定的标准。

投产达到设计生产能力的时间应符合表7-1所规定的年限。

表 7-1　露天矿投产时的产量指标及达产期限

规模 指标	矿石年产量/ $\times 10^4 t \cdot a^{-1}$		
	>100	30~100	<30
投产后初期的年产量占设计产量的比例	$\frac{1}{4}$ ~ $\frac{1}{3}$	$\frac{1}{2}$ ~ $\frac{1}{3}$	$\frac{1}{2}$
投产至达产期限/a	3~5	1~3	1~3

根据矿山具体条件，完成上述必要的工程项目，并使剥离工程满足了矿山持续正常生产的要求后，即可投入生产。

基建工程量和基建所需要的时间，可利用分层平面图，根据上述要求编制基建进度计划确定。

7.2　露天矿采掘进度计划的编制

7.2.1　露天矿采掘进度计划的基本内容

如前所述，采掘进度计划是矿山设计的重要文件。它明确表示矿山工程在空间上和时间上在露天采矿场内的发展。只有通过编制采掘进度计划，才能最后确定矿山完成产量和质量指标的可能性，确定采剥总规模、投产时间、达产时间及产量逐年发展。

7.2.1.1　采掘进度计划图表

表 7-2 反映各台阶剥离、采矿、开拓采准等工作的发展与配合；采掘设备的数量及其配置、工作类别（开沟或扩帮）、调动情况；出入沟和开段沟工程量以及逐年的矿岩采出量等。

采掘进度计划图表要逐年编制，一般编到设计计算年以后 3~5 年。所谓设计计算年是矿石已达到规定的生产能力和以均衡生产剥采比开始生产的年度，其采剥总量开始达到最大值。在特殊情况下，如分期开采的矿山，则应编制整个生产时期的。

7.2.1.2　采掘水平分层平面图

图 7-1 是以地质分层平面图为基础编制而成的。在此分层平面图上，应有逐年采掘的矿岩量、作业挖掘机的数目和台号、出入沟和开段沟的位置、矿岩分界线、开采境界以及年末工作线的位置等。

7.2.1.3　采矿场年末开采综合平面图

图 7-2 是以采掘水平分层平面图为基础编制而成。图 7-2 中绘有各水平的工作线位置、出入沟和开段沟的位置、挖掘机的配置、矿岩分界线、开采境界和运输站线设置等。

7.2.1.4　产量逐年发展图和表

图 7-3 和表 7-2 是在采掘进度计划图表编制完成的基础上整理绘制出来的。采掘计划只编到设计计算年后 3~5 年，以后的产量可以 3 年或 5 年为单位粗略确定。

表 7-2　某矿采掘进度计划表

各工作水平矿岩量

工作水平/m	富矿 ×10⁴m³	富矿 ×10⁴t	贫矿 ×10⁴m³	贫矿 ×10⁴t	合计 ×10⁴m³	合计 ×10⁴t	岩石 ×10⁴m³	岩石 ×10⁴t	矿岩合计 ×10⁴m³	矿岩合计 ×10⁴t
地表~140	—	—	—	—	—	—	41.5	107.9	41.5	107.9
140~115	98.0	333.2	46.3	129.7	144.3	462.9	204.4	531.4	348.7	994.3
115~101	86.7	294.8	90.5	254.9	177.2	549.7	304.3	791.1	481.5	1340.7
101~87	88.5	300.6	126.6	355.9	215.1	656.5	398.3	1035.6	613.4	1692.1
87~73	92.2	313.4	168.8	474.6	260.9	788	476.6	1239.2	737.5	2027.3
73~59	71.1	241.7	210.9	588.7	282	830.4	521	1354.5	803	2184.9
59~45	46.8	159.2	219.1	601.9	266	765.1	496.2	1290.1	762.2	2055.2
45~30	58.4	198.5	232.8	641.4	291.2	839.9	447.1	1162.5	738.3	2002.3

采掘进度（工作内容 / 电铲编号 / 各年进度）

工作水平/m	工作内容	电铲编号	1965	1966	1967	1968	1969	1970	1971	1972
地表~140	剥岩	N_1	0+0+18=18	0+0+23.5=23.5						
140~115	路堑	N_2	3.2+0.7+29=32.9							
	采矿	N_3	1.3+1.7+16.3=19.3							
	剥岩	N_2		25+10.5+44.5=80	38.8+14.5+52.5=105.8	29.7+18.9+63=110.7				
115~101	路堑	N_4		0.2+2+28.3=30.5						
	采矿	N_4		0+2.1+11.4=13.5	0+0+4.5+24.3+19.8+37=81.2					
	剥岩	N_5				20+17.1+68.9=106	15.8+23.8+71=110.6	18.6+6.4+75=110	7.8+9.3+8.1=25.2	
101~87	路堑	N_1			0+0+40=40					
	采矿	N_1			0+5.4+19.5=24.9	14+26.9+64.1=105	27.5+15.1+67=109.6	23.8+11.4+19.8=55		
	剥岩	N_6							12+20+16=48	36+46.4+23.2=73.2
87~73	路堑	N_7				0+3.1+22.9=26				
	采矿	N_7					0+0.5+8.8=9.3	13.2+20.3+46.5=80	20+21.8+38.1=80	25+17.8+68.8=111.6
	剥岩	N_3								
73~59	路堑	N_2					0+0+21.1=21.1			
	采矿	N_6						0+0+21.1=21.1	3.1+24.8+80.1=108	7.5+11.9+59.6=79
	剥岩	N_2								
59~45	路堑	N_7						0+4+6=10		
	采矿	N_5						0+24+56=80	0+1+25.1=26.1	4.2+17.9+66.7=88.8
	剥岩	N_7						0.7+14+55.3=70		
45~30	路堑	N_7								0+0+6.5=6.5

（投产时间：1966年12月半；达到设计产量：1968年12月半）

各年生产指标

单位	1965 ×10⁴m³	1965 ×10⁴t	1966 ×10⁴m³	1966 ×10⁴t	1967 ×10⁴m³	1967 ×10⁴t	1968 ×10⁴m³	1968 ×10⁴t	1969 ×10⁴m³	1969 ×10⁴t	1970 ×10⁴m³	1970 ×10⁴t	1971 ×10⁴m³	1971 ×10⁴t	1972 ×10⁴m³	1972 ×10⁴t
矿石 富矿	4.5	15.3	25.2	85.7	63.1	214.5	63.7	216.6	55.9	190.1	55.6	189.0	43.7	148.7	40.3	137.0
矿石 贫矿	2.4	6.7	14.6	40.9	39.7	111.2	66.0	184.8	76.8	215.0	76.1	213.1	90.9	254.5	94.0	263.2
矿石 小计	6.9	22	39.8	126.6	102.8	325.7	129.7	401.4	132.7	405.1	131.7	402.1	134.6	403.2	134.3	400.2
岩石	63.6	164.6	107.7	280.0	153.6	399.4	218.0	566.8	216.9	563.9	224.5	583.7	222.7	578.8	224.8	584.5
矿岩合计	70.2	186.6	147.5	406.6	256.4	725.1	347.7	968.2	349.6	969.0	356.2	985.8	357.3	982.0	359.1	984.7
剥采比 体积比/m³·m⁻³	9.1		2.7		1.51		1.68		1.63		1.70		1.66		1.68	
剥采比 重量比/t·t⁻¹	7.5		2.2		1.23		1.40		1.39		1.45		1.43		1.46	
电铲台数	3		5		7		7		7		7		7		7	

注：□路堑　富矿＋贫矿＋岩石＝合计

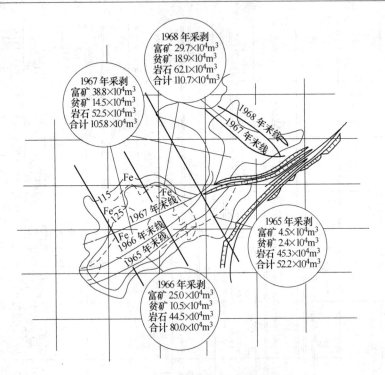

图 7-1　凹山铁矿 115 水平分层平面图

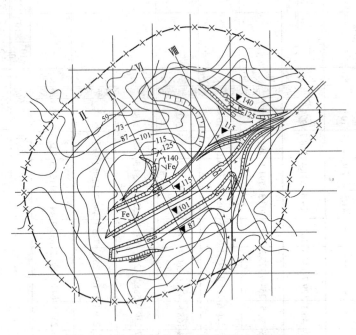

图 7-2　凹山铁矿年末采场开采综合平面图

7.2.2　编制采掘进度计划所需的原始资料及要求

编制采掘进度计划时，必须具备下列资料和数据：

（1）比例尺为 1:1000 或 1:2000 的分层平面图。图上绘有矿床的地质界线、露天采场

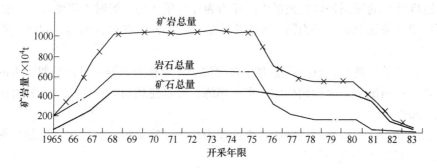

图 7-3 凹山铁矿逐年产量发展曲线图

的开采境界、出入沟的位置等。

（2）分层矿岩量表。在表中按重量和体积分别列出各水平分层在开采境界内的矿岩量，以及体积的和重量的分层剥采比。

（3）露天矿最终的开拓运输系统图。对于扩建和改建的矿山，还要有开采现状图。

（4）露天矿开采要素：采掘带宽度、采区长度、最小工作平盘宽度等。

（5）露天矿的延深方式，工作线推进方向，新水平准备时间，沟的几何要素。

（6）采掘、运输设备的规格，挖掘机的数目和生产能力。

（7）规定的储备矿量指标。

（8）矿石的开采损失率和贫化率。

（9）露天矿开始基建的时间和要求投产的日期。

上述资料和数据备齐后，方可着手编制采掘进度计划。编制时要满足下列要求：

（1）根据露天矿的具体情况，应尽可能地减少基建工程量，加速基本建设，保证在规定的时间内投入生产，投产后应尽快地达到设计生产能力。

（2）保持规定的各级储量指标，以保证产量的均衡。在开采具有多种品级矿石时，还要求各种工业品级的矿石产量和质量保持稳定或呈规律性变化。

（3）正确处理剥和采的矛盾。贯彻"采剥并举、剥离先行、以剥保采、以采促剥"的方针，生产剥采比安排得要经济合理，最大生产剥采比的期限不能过短。

（4）在扩帮条件允许的情况下，要按计划及时开拓准备新水平。扩帮与延深要密切配合，以保证采矿和矿量准备相衔接。在扩帮过程中，一定要遵守选定的矿山工程发展程序。

（5）上、下水平的工作线要保持一定的超前距离，使平盘宽度不小于最小工作平盘宽度。工作线要具有一定的长度，并尽可能地保持规整。要保证线路的最小曲线半径及各水平的运输通路。采掘设备调动不要过于频繁。

7.2.3 编制采掘进度计划的方法和步骤

在设计中，露天矿采掘进度计划是在确定了开采境界、开拓运输系统、工艺选型和开采参数、生产剥采比及生产能力等主要技术问题之后，着手进行编制的。

露天矿采掘进度计划编制方法有两种，一是利用分层平面图进行编制，一是利用综合平面图和横断面图进行编制。金属露天矿通常采用前一种方法，而露天煤矿多采用后一种方法。下面讨论利用分层平面图编制采掘进度计划的方法和步骤。

　　采掘进度计划的编制是以挖掘机生产能力为计算单元的, 同时工作的各水平能配置的挖掘机所完成的采掘总量, 即为露天矿的生产能力。因此, 在进行编制计划时, 首先要确定挖掘机的生产能力和数目。

　　各种工作条件下的挖掘机生产能力 (如掘沟、剥岩和采矿等) 可按类似矿山的实际指标选取。在一般情况下, 因初期操作技术不熟练, 故基建期间的挖掘机生产能力比正常时期低 10%~30%。

　　挖掘机的数目, 可根据规定的矿岩生产能力初步计算确定, 最后通过编制采掘进度计划加以修正。其计算公式为

$$N_{\mathrm{W}} = \sigma A_{\mathrm{P}} \left(\frac{1}{Q_{\mathrm{WP}}} + \frac{n}{Q_{\mathrm{WV}}} \right)$$

式中　　N_{W}——所需要的挖掘机数目, 台;

　　　　σ——开采中的沟量系数, 一般为 1.05~1.1;

　　　　A_{P}——矿石生产能力, t/a;

　　　　Q_{WP}——采矿挖掘机平均生产能力, t/a;

　　　　Q_{WV}——剥岩挖掘机平均生产能力, t/a;

　　　　n——生产剥采比, t/t。

　　根据确定的挖掘机生产能力和数目, 即可在分层平面图上从第一年起逐年编制采掘进度计划。现以凹山铁矿采掘进度计划为例, 说明其编制步骤。

7.2.3.1　逐年按工作水平配置挖掘机

　　逐年编制采掘进度计划时, 首先要配置挖掘机。在配置时除考虑挖掘机作业条件外, 还应符合运输条件。理论上挖掘机台数根据台阶工作线长度确定, 但采用电机车运输和尽头式配线时, 每个工作台阶配置的挖掘机一般不应多于两台, 如果采用环行式配线时, 可布置三台。电机车运输理论上在工作台阶可布置双轨线路, 此时, 每增设一组道岔, 即可多设一台挖掘机, 但实际生产中, 由于双轨线路的铺设, 架线和移道等工作都很繁重, 因而往往只布置单轨线路, 故每个台阶配置的挖掘机不宜超过两台, 否则, 各采区相互影响很大。采用汽车运输限制条件较少, 一般每个台阶可配置 2~4 台挖掘机。

　　此外, 配备于采矿和剥岩的挖掘机数应与当年矿岩能力成比例分配。根据矿山的具体条件, 在达产前应尽快投入全部开采设备, 以技术可能的最大延深速度进行采剥, 争取早日投产和达到设计能力。达产后, 由于各开采水平的工作线较长, 采掘设备、剥采量、延深与扩帮速度等关系的妥善安排与控制就比较复杂。这时, 挖掘机的配置和年末工作线的位置, 需根据分析得出的露天矿逐年延深到达的标高、延深对扩帮的要求、生产剥采比、最小工作平盘宽度、配备挖掘机的可能性与挖掘机的生产能力等因素综合考虑确定。

7.2.3.2　在分层平面图上逐年逐水平确定年末工作线位置

　　如图 7-1 所示, 各水平挖掘机配好后, 根据挖掘机的生产能力, 由露天矿上部第一个水平分层平面图开始, 逐水平用求积仪在图纸上求出挖掘机的年采掘量, 划出年末线的开始与最终位置。

　　因挖掘机在掘沟和正常采掘不同的作业条件下, 其年生产能力不同, 故在用求积仪求

算年采掘的矿岩量时,应将掘沟量和正常采掘量区别出来。

在确定年末线位置时,必须考虑矿山工程正常发展程序、延深对扩帮的要求、矿石年产量、最小工作平盘宽度要求、储备矿量多少、开拓运输线路畅通等。

某水平一年内推进的面积应使用求积仪求算年采掘量。

累计当年各水平的矿岩量即为当年的矿岩生产能力。如果累计当年各水平采出的矿岩量不符合要求时,再对年末工作线位置作适当调整,为了保证达到规定的产量,必要时可将原配置的电铲进行某些调动。

当第一个水平第一年的采掘宽度已求出,并对下部水平已有足够的超前平盘宽度以后,即可开始求第二个水平第一年的采掘宽度,以下类推。

7.2.3.3 确定新水平投入生产的时间

在分层平面图上切割年采掘带的同时,要不断确定新水平投入生产时间。如前所述,上、下两相邻水平应保持固定的超前关系,只有当上水平推进一定宽度后,下水平方可开始掘沟。挖掘机在上水平采掘这个宽度所需要的时间,即为下水平滞后开采的时间。

当多水平同时开采时,各水平的推进速度应互相协调,在一般情况下,上、下两相邻水平结束开采的时间间隔,不应小于开始开采时的时间间隔。

控制上、下水平超前关系的方法是用一张透明纸,把同年各水平的推进位置用不同彩色笔划在透明纸上,检查其间距离是否满足要求,以此作为修正各水平推进宽度的依据。

有时,由于运输条件的限制,上水平局部地段(如端帮)会妨碍下水平的推进,造成下水平工作线推进落后,致使工作线形成不规整状态。一旦上水平开采结束,就应当迅速将下水平工作线恢复正常状态。

在开采复杂矿体时,有时为了获得某工业品级的矿石而需要改变工作线的正常状态,这时,往往是一端加速推进,另一端暂停不前,从而妨碍下水平的推进。同样,这种状态在事后也应立即扭转,使其恢复正常状态。

7.2.3.4 编制采掘进度计划图表

在分层平面图上确定年末工作线位置的同时,编制采掘进度计划图表,在该表中记入每台挖掘机的工作水平、作业起止时间及其采掘量,见表7-3。

表 7-3 凹山铁矿产量发展表

	开 采 年 份	1965	1966	1967	1968	1969	1970	1971	1972	1973	1974
矿岩开采总量	富矿/×10^4t	15.3	85.7	214.5	216.6	190.1	195.5	148.7	137.0	150.2	126.8
	贫矿/×10^4t	6.7	40.9	111.2	184.8	215.0	207.8	254.5	263.2	249.8	273.2
	矿石合计/×10^4t	22.0	126.6	325.7	401.4	405.1	403.3	403.2	400.2	400	400
	岩石/×10^4t	164.6	280.0	399.4	566.8	563.9	583.7	578.8	584.5	613.2	588.4
	矿岩合计/×10^4t	186.6	406.6	725.1	968.2	969.0	987.0	982.0	984.7	1013.2	988.4
剥采比/t·t^{-1}		7.5	2.2	1.23	1.4	1.39	1.45	1.43	1.46	1.54	1.47
W-1002 电铲/台		1	2	1							
W-4 电铲/台		3	5	7	7	7	7	7	7	7	7

续表 7-3

开采年份		1975	1976	1977	1978	1979	1980	1981	1982	1983	
矿岩开采总量	富矿/ $\times 10^4$t	58.8	25.3	15.6	12.9	33.7	5.4	15	3.1	—	
	贫矿/ $\times 10^4$t	337.2	339.4	364.4	365.4	344.7	372.2	293	96.9	38	
	矿石合计/ $\times 10^4$t	396	364.7	380	378.3	378.4	377.6	308	100	38	
	岩石/ $\times 10^4$t	603	275.7	181	129	126	128	31	13	2.6	
	矿岩合计/ $\times 10^4$t	999	640.4	561	507.3	504.4	505.6	339	113	40.6	
剥采比/ $t \cdot t^{-1}$		1.52	0.75	0.49	0.34	0.33	0.34	0.10	0.13	0.07	
W-1002 电铲/台											
W-4 电铲/台		7	5	5	4	4	4	3	2	2	

当多水平同时开采时，一般由一个人掌握采掘进度计划图表，而另外一些人用求积仪分别求出各水平和每台挖掘机的采掘量，以便于互相对照、校核和修正，有时可能根据挖掘机生产能力求得在一定时间内的采掘量，也可能根据一定的采掘量求得挖掘机需要的采掘时间。

采掘进度计划从第一年开始通常编制到计算年以后 3 ~6 年。

7.2.3.5　绘制露天矿年末采场开采综合平面图

综合平面图（又称开采状况图，简称年末图），如图 7-2 所示。该图是以地质地形图和采掘分层平面图为基础绘制成的。绘制时，取透明纸覆在地质地形图上，先描上坐标网和勘探线，再描采场范围以外的地形、矿石和岩石运输线路、矿山车站、破碎厂、排土场、公路等，然后将同年开采的各水平工作面情况（包括工作面位置、地质界线、设备布置、工作面运输线路、会让站、动力线等）描上。从这张图上可以看出，各水平某年的开采位置及采掘的矿岩情况，挖掘机的布置及数量，运输线路的布置和各水平运往破碎厂与排土场的可能性，各水平之间的相互超前关系。

该图每年或隔年绘制一张，直到计算年。

7.2.3.6　绘制逐年产量发展曲线和图表

如图 7-3 所示，横坐标表示开采年度，纵坐标表示采掘总量、矿石量、岩石量。该发展曲线是根据采掘进度计划表中矿岩量数字整理绘制的。

表 7-3 所示逐年产量发展表，也是根据采掘进度计划表中的矿岩量数字和挖掘机配置情况整理得出的。

7.2.4　采掘进度计划的变化与修改

在实践中，采掘进度计划与其他计划一样，毫无改变地按计划全部实现是很少有的。因为从事变革现实的人们常常受到许多限制，在实践中由于前所未料的情况，因而部分地改变原有计划是常有的，而全部地改变计划是少有的，在实际中很难找到一个严格遵照设计的采掘进度计划建设和生产的露天矿。因此，设计工作者和现场工程技术人员应自觉地与工人相结合，参加生产实践，坚持理论联系实际的原则，加强调查研究，及时发现采掘进度计划中的问题，定期进行修改。

事实上，编制的采掘进度计划只是确定了矿山工程发展的一种可能的方式。对于任何矿床来说，矿山工程发展程序都是多样的，设计所确定的方案不一定是最优，况且由于矿山地质资料一般都会有不同程度的变化和组织技术上的原因，往往使生产难以按计划执行。这就需要在实践中对客观认识不断深化的基础上，定期对计划修改或重新编制。为此，一般矿山都设有设计计划科室，定期进行长远设计，即局部修改初步设计以及采掘进度计划等。此外，年度采掘计划的设计也常常对采掘进度计划作必要的修改，以便针对具体情况安排年度的采掘工程。

修改采掘进度计划必须注意以下几点：

（1）结合矿山具体条件，贯彻党的技术经济政策，完成上级机关下达的生产指标。

（2）对矿山的初步和长远设计文件以及矿山客观条件变化的有关资料和实际技术经济指标等，要认真分析研究，做到继承有据，改造有理，长远结合，统筹兼顾。

（3）在修改采掘进度计划时，若变更重大技术问题，应作扩大方案设计或初步设计。

7.3　年度采掘计划的编制

露天矿每年都要编制生产计划，它是组织管理矿山生产的重要文件，一般包括产值计划、产品品种与产量计划、采掘计划、穿爆工程计划、运输工作计划、排土工程计划、线路工程计划、机电设备检修计划以及地质、劳动工资、财务成本等有关方面的计划。其中年度采掘计划是生产计划的核心，是编制其他计划的基础。

7.3.1　年度采掘计划的主要内容及编制依据

年度采掘计划的内容包括图纸、表格和措施部分。图纸和表格是密切相关的，图纸反映各水平年末工作线的位置及相互间的关系，表格中的数据是根据图纸分析计算的结果，通过表格中的有关数据进行综合平衡，如果表中计算的结果不能保证年度计划的完成时，则在表格上进行调整，然后将调整的结果反映在图纸上。如图纸上各水平的相互关系不协调，则需要重新平衡。

为了保证采掘计划的完成，在编制采掘计划的同时，还要制定措施计划。措施计划的项目和内容，应根据生产需要以保证生产计划的完成为原则而定。

属于采掘计划编制的图纸，包括分阶段采剥工程布置平面图（分层平面图）、采掘计划综合平面图、技术措施中单项工程设计施工图。表格部分包括采矿、剥岩作业量计划表、新水平开拓准备工程计划表、设备平衡计划表、露天采矿生产条件变化计划表等。

在编制年度计划前，应具备以下原始资料：

（1）委托设计单位下达的产品数量、质量等计划指标。

（2）露天矿的初步设计和长远规划。

（3）露天矿开采现状综合平面图，图中应包括各生产水平工作线位置、储备矿量分及质量特征、挖掘机的工作位置和已穿孔及正在穿孔的区段、采场内移动线路、动力线路、风水管系统的位置等。

（4）水平分层平面图，图上详细标明开采水平的地质构造情况、各种工业矿石和岩石的分布界限以及矿石成分和品位、采掘工作线的位置等，其比例尺应与综合平面图一致。

（5）开采水平现状的地质测量平面图，图上标明矿岩分布界线、矿岩数量和矿石品位、剩余钻孔的位置和爆破范围等，该图是计算每个采区爆破矿岩的采出量和结存量的依据，其比例尺应与综合平面图一致。

（6）排土场综合平面图，图中应标明生产排土线的位置、排土场扩展的极限位置及其收容能力。

（7）各主要生产环节（穿孔、采装、运输、破碎、排土等）的技术状况、设备数量、效率及计划年度的检修任务和检修计划等。

（8）矿石储量平衡表。

上述资料齐备后，即可着手编制年度采掘计划。

7.3.2　年度采掘计划的编制方法和步骤

年度采掘计划的编制是一个反复相互验证的过程。它既要满足计划指标的要求，又要符合现场实际的情况。其编制的方法步骤基本上与露天矿采掘进度计划相同，现叙述如下：

（1）查定露天矿生产能力和确定主要设备生产效率。为了分析各生产环节对完成生产任务的可能性，找出有利和不利因素，抓住薄弱环节，制定措施计划，以求得生产与需要之间平衡，在编制采掘计划时，应首先根据生产实际情况对露天矿的生产能力进行查定。

生产能力的查定主要从两方面进行，一是根据延深或扩帮速度确定技术可能的生产能力，一是分析各生产环节设备的生产能力是否能满足矿山生产能力的要求。当采矿剥离设备类型相同时，露天矿的生产能力决定于采装、穿孔、机车车辆（或钢绳提升设备）、线路及车站、排土、选矿、检修、供电等环节的能力；当采矿剥离设备类型不同并各自为独立系统时，露天矿的生产能力决定于两个系统薄弱环节的能力。

各生产环节设备的能力可根据露天矿当年或往年实际指标选取，或者对各生产环节进行分析计算确定。

在综合确定露天矿生产能力时，在采掘工程技术条件可能的情况下，应以挖掘机和运输为主，同时考虑穿孔、排土、选矿、供电等能力，充分利用有利因素，克服薄弱环节，以保证挖掘机和运输能力的充分发挥。采取措施后，以挖掘机和运输两大环节中较薄弱环节的能力作为露天矿的综合生产能力。

（2）初步计划矿山的采剥作业量。在确定露天矿的综合生产能力，求得生产与需要的平衡后，便可借助上年度矿石储量平衡表和上年末各工作台阶进度线，进一步查明资源与需要的平衡情况。根据要求的矿石产量质量指标、计划的剥采比、设备状况和排土能力，初步按季度计划出矿山的采剥作业量。

（3）在分层平面图上平衡矿岩产量和确定年末工作线位置。首先根据矿床赋存条件、各水平可能布置的挖掘机数目、原有的工作线位置和工作平盘宽度以及计划年度的产量指标，初步安排各台阶年度计划采掘量，并在分层平面图上，由上水平开始往下逐水平确定年末工作线位置，如图7-4和图7-5所示。

为了便于检查，在各分层平面图上绘出上水平的年末工作线位置。工作线最好能平行推进，保持工作线规整，并符合调整台阶和重点工程的预先设想。然后用求积仪求得年采掘范围的矿岩量，填入表7-4中，如计算出的年度可能采出的矿岩量能满足计划产量的要求，则说明确定的年末工作线位置是恰当的。然后在此基础上计算挖掘机的生产能力，确定挖掘机调动时间，具体地确定各季度和全年的产量指标及工作线的位置，并反映到分层平面图上。若计算结果与原计划要求的产量相差很大时，则应重新调整各水平工作线的位置，重新计划矿岩量，直到符合计划要求为止。

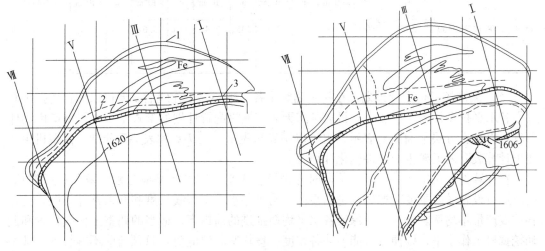

图 7-4　白云鄂博东矿 1620—1634 水平分层平面图　　图 7-5　白云鄂博东矿 1606—1620 水平分层平面图

1—最终境界线；2—上水平年末工作线位置；

3—本水平计划年末工作线位置

表 7-4　年度采剥产量计划表

矿岩类	开采水平	单位	上年完成	本年计划				
				全年	一季度	二季度	三季度	四季度
岩石	1648—1662	10^4t	80	60	24	24	12	
	1634—1648	10^4t	100	30			10	20
	1620—1634	10^4t	15	30	6.5	6	7.5	10
	1606—1620	10^4t	45	20	4.5	5	5.5	5
	1594—1606	10^4t	90	245	55	55	60	75
	1594 段沟	10^4t	70	55	20	20	15	
	合计	10^4t	400	440	110	110	110	110
矿石	1620—1634	10^4t	75	60	15	15	15	15
	1606—1620	10^4t	50	70	17	18	17	18
	合计	10^4t	125	130	32	33	32	33
采剥量总计		10^4t	525	570	142	143	142	143

　　(4) 确定新水平开拓准备工程进度。在确定新水平开拓准备工程进度时，应考虑上、下两相邻水平之间的超前关系，其间距不应小于最小工作平盘宽度，只有当上水平推进到一定宽度后，下水平方可开始掘沟。在山坡露天矿当矿体厚度、倾角沿走向变化不大时，最好是在最上部水平开采结束时新水平即投入生产。深凹露天矿应先验证新水平准备速度与开采强度是否相适应，然后编制新水平准备工程措施计划和工程进度表（见表 7-5）。

该计划应包括掘沟工程量、施工速度、设备的配合等内容。

表 7-5　新水平开拓准备工程计划表

开拓水平	长度 /m	工程量 / ×10^4 m^3	全年		一季度		二季度		三季度		四季度		交工日期 （日/月）
			m	×10^4 m^3	m	×10^4 m^3	m	×10^4 m^3	m	×10^4 m^3	m	×10^4 m^3	
1594—1606 段沟 …… ……	400	20.4	400	20.4	145	7.4	145	7.4	110	5.6			1/9

（5）编制挖掘机配置计划。在初步确定了各水平年末工作线后，便可以配置挖掘机和计划各水平挖掘机的生产能力。目前各露天矿挖掘机配置计划的形式不一，根据矿山具体条件可直接在分层平面图上表示，也可以用表格表示。表 7-6 和表 7-7 分别为挖掘机生产能力计算表和露天矿生产条件变化计划表。

在计算挖掘机生产能力时，若同时开采很多水平，则各水平应分别计算，然后汇总，同时进行设备和各季度采掘矿岩量的平衡。由于各水平工作线长度和开采条件不同，往往各季度产量不均衡。这时，在保证各水平均衡推进的前提下，适当的调整工作线位置和调动挖掘机工作水平，以便尽可能地使各季度产量均衡。但应防止只顾当前不顾长远，乱采乱挖或只采不剥的做法。

（6）绘制采矿场综合平面图。将分层平面图上计划年末开采情况绘制在综合平面图上，同时还要绘出矿岩运输线路，以便看清楚整个采场情况。绘制方法与露天矿采掘进度计划综合平面图相同，如图 7-6 所示。

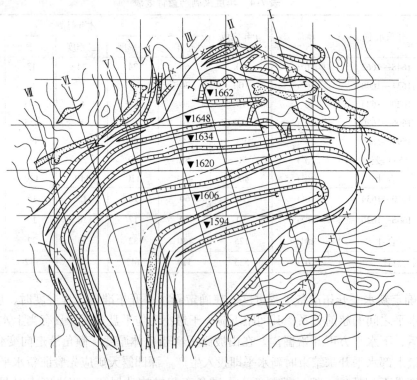

图 7-6　白云东矿采掘计划综合平面图

表 7-6　露天矿采场生产能力计算表

工作水平	开采矿岩类别	全年 效率/$t\cdot台^{-1}\cdot d^{-1}$	全年 工作台日/d	全年 工作量/$\times10^4$t	一季度 电铲号	一季度 效率/$t\cdot台^{-1}\cdot d^{-1}$	一季度 工作台日/d	一季度 工作量/$\times10^4$t	二季度 电铲号	二季度 效率/$t\cdot台^{-1}\cdot d^{-1}$	二季度 工作台日/d	二季度 工作量/$\times10^4$t	三季度 电铲号	三季度 效率/$t\cdot台^{-1}\cdot d^{-1}$	三季度 工作台日/d	三季度 工作量/$\times10^4$t	四季度 电铲号	四季度 效率/$t\cdot台^{-1}\cdot d^{-1}$	四季度 工作台日/d	四季度 工作量/$\times10^4$t
1648—1662	剥岩	3160	190	60	601	3200	75	24	601	3200	75	24	601	3000	40	12				
1634—1648	剥岩	2860	105	30									601	2860	35	10	601	2860	70	20
1620—1634	剥岩	3170	95	30	602	3250	20	6.5	602	3000	20	6	602	3000	25	7.5	602	3330	30	10
1606—1620	剥岩	3080	65	20	603	3000	15	4.5	603	3120	16	5	603	3060	18	5.5	603	3120	16	5
1594—1606	剥岩	3600	680	245	605	3660	150	55	605	3660	150	55	605	3750	160	60	605	3410	220	75
1594掘段沟	剥岩	3620	210	55	607	3660	75	20	607	2660	75	20	607	2500	60	15	607	—	—	—
合计	剥岩	3270	1345	440	608	3280	335	110	608	3270	336	110	608	3250	338	110	608	3270	336	110
1620—1634	采矿	3000	200	60	602	3000	50	15	602	3000	50	15	602	3000	50	15	602	3000	50	15
1602—1620	采矿	2900	238	70	603	2840	60	17	603	3000	60	18	603	2930	58	17	603	3000	60	18
合计	采矿	2950	438	130		2910	110	32		3000	110	33		2960	108	32		3000	110	33
总计	采剥	3110	1783	570	6台	3100	445	142	6台	3140	446	143	6台	3100	446	142	6台	3140	446	143

表 7-7　露天矿生产条件变化表

工作水平	上年末台阶条件 工作线长度/m 矿石 全长	矿石 有效	岩石 全长	岩石 有效	平盘宽度/m 设计最小宽度	实际	本年末台阶条件 工作线长度/m 矿石 全长	矿石 有效	岩石 全长	岩石 有效	平盘宽度/m 设计宽度	实际
1648—1662	200	200	200	200	43	120	200	200	200	200	43	120
1634—1648	240	240	910	850	43	90	240	240	910	800	43	90
1620—1634	430	430	970	730	43	85	430	430	970	970	43	50
1060—1620	300	300	1000	600	43	90~150	500	500	1000	1000	43	70~160
1594—1060			700	700	43	100			1150	1150	43	120
合计	1170	1170	4080	3380			1370	1370	4330	4220		

（7）编制设备计划表。露天矿产量是通过使用设备完成各生产环节的指标来实现的。因此，保证穿孔、采装、运输等各生产环节的设备数量和互相间的密切配合，是完成年产量的重要环节，为此，必须编制设备平衡计划。设备计划见表7-8。

表7-8　设备计划表

项　　目		年平衡计划				
		全年	一季度	二季度	三季度	四季度
电铲 /台	计划需用数	6	6	6	6	6
	其中：生产数	5.5	5.5	5.5	5.5	5.5
	备用检修	0.5	0.5	0.5	0.5	0.5
	现有数	7	7	7	7	7
	计划增减数	−1	−1	−1	−1	−1
电机车 /台	计划需用数	9	9	9	9	9
	其中：生产数	7.6	7.5	7.5	8	7.2
	备用检修	1.4	1.5	1.5	1	1.8
	现有数	8	8	8	8	8
	计划增减数	1	1	1	1	1
翻斗车 /台	计划需用数	124	124	124	124	124
	其中：生产数	108	108	108	112	104
	备用检修	16	16	16	12	20
	现有数	114	114	114	114	114
	计划增减数	10	10	10	10	10
钻机 /台	计划需用数	9	9	9	9	9
	其中：生产数	7.5	7.2	7.6	7.5	7.6
	备用检修	1.5	1.8	1.4	1.5	1.4
	现有数	10	10	10	10	10
	计划增减数	−1	−1	−1	−1	−1

各种设备需要量可按下式计算

$$N = \frac{A}{Q} \tag{7-1}$$

式中　N——需要设备台数，台；

　　　A——矿岩年生产能力，m^3/a；

　　　Q——设备平均生产能力，m^3/a。

式（7-1）计算出的设备台数是全矿的平均值，如各水平的矿岩性质和赋存条件变化很大时，则应按各水平不同作业条件下的设备效率分别计算各种设备的需要量。

 习　题

7-1　阐述矿山常用工作制度。

7-2　阐述露天矿基建期主要建设工程。

7-3　阐述露天矿采掘进度计划的编制方法及步骤。

7-4　阐述露天矿长远计划的编制。

7-5　阐述露天矿年底计划的编制。

参 考 文 献

[1] 陈国山. 露天采矿技术［M］. 北京：冶金工业出版社，2008.

[2] 王云敏. 中国采矿设备手册［M］. 北京：科学出版社，2007.

[3] 杨万根. 金属矿床露天开采［M］. 北京：冶金工业出版社，1998.

[4] 李宝祥. 金属矿床露天开采［M］. 北京：冶金工业出版社，1979.

[5] 陈国山. 采矿学［M］. 北京：冶金工业出版社，2013.

[6] 李朝栋. 金属矿床开采［M］. 北京：冶金工业出版社，1981.

[7] 王青. 采矿学［M］. 北京：冶金工业出版社，2009.

[8] 苑忠国. 采掘机械［M］. 北京：冶金工业出版社，2009.

[9] 李晓豁. 露天采矿机械［M］. 北京：冶金工业出版社，2010.

[10] 陈国山. 矿山提升与运输［M］. 北京：冶金工业出版社，2015.

冶金工业出版社部分图书推荐

书　名	作　者	定价(元)
FORGE 塑性成型有限元模拟教程（本科教材）	黄东男	32.00
PLC 编程与应用技术（高职高专教材）	程龙泉	48.00
Pro/Engineer Wildfire 4.0（中文版）钣金设计与　焊接设计教程（高职高专教材）	王新江	40.00
Pro/Engineer Wildfire 4.0（中文版）钣金设计与　焊接设计教程实训指导（高职高专教材）	王新江	25.00
变频器安装、调试与维护（高职高专教材）	满海波	36.00
磁电选矿技术（培训教材）	陈　斌	30.00
单片机应用技术（高职高专教材）	程龙泉	45.00
电工与电子技术（第2版）（本科教材）	荣西林	49.00
高等数学简明教程（高职高专教材）	张永涛	36.00
高速线材生产实训（高职高专实验实训教材）	杨晓彩	33.00
管理学原理与实务（高职高专教材）	段学红	39.00
计算机应用技术项目教程（本科教材）	时　魏	43.00
建筑 CAD（高职高专教材）	田春德	28.00
建筑力学（高职高专教材）	王　铁	38.00
金属材料及热处理（高职高专教材）	于　晗	33.00
金属矿地下开采（第2版）（高职高专教材）	陈国山	48.00
矿井通风与防尘（第2版）（高职高专教材）	陈国山	36.00
连铸生产操作与控制（高职高专教材）	于万松	42.00
炼钢生产操作与控制（高职高专教材）	李秀娟	30.00
现代企业管理（第2版）（高职高专教材）	李　鹰	42.00
小棒材连轧生产实训（高职高专教材）	陈　涛	38.00
冶金过程检测与控制（第3版）（高职高国规教材）	郭爱民	48.00
冶金生产计算机控制（高职高专教材）	郭爱民	30.00
冶炼基础知识（高职高专教材）	王火清	40.00
应用心理学基础（高职高专教材）	许丽遐	40.00
有色金属塑性加工（高职高专教材）	白星良	46.00
轧钢机械设备维护（高职高专教材）	袁建路	45.00
轧钢原料加热（高职高专教材）	戚翠芬	37.00
中厚板生产实训（高职高专实验实训教材）	张景进	22.00
自动检测和过程控制（第4版）（本科国规教材）	刘玉长	50.00
自动检测及过程控制实验实训指导（高职高专教材）	张国勤	28.00
自动检测与仪表（本科教材）	刘玉长	38.00